D'AGRICULTURE

ET D'HORTICULTURE

à l'usage des Institutions, des Ecoles normales
et des Ecoles primaires

Par M. Hippolyte RODIN

Secrétaire de la Société d'horticulture et de botanique de Beauvais

Membre de la Société botanique de France

Membre correspondant du Comice agricole de Lille, de la Société de pomologie
de Chauny, etc.

PARIS

LIBRAIRIE CLASSIQUE DE ANDRÉ-GUÉDON, ÉDITEUR

Successeur de Mme Ve Thiériot

15, RUE SÉGUIER, 15

1869

NOUVEAU COURS

D'AGRICULTURE

ET D'HORTICULTURE

NOUVEAU COURS

D'AGRICULTURE

ET D'HORTICULTURE

à l'usage des Institutions, des Ecoles normales et des Ecoles primaires

Par M. Hippolyte RODIN

Secrétaire de la Société d'horticulture et de botanique de Beauvais

Membre de la Société botanique de France

Membre correspondant du Comice agricole de Lille, de la Société de pomologie

de Chauny, de la Société Linnéenne du Nord de la France, etc.

PARIS

LIBRAIRIE CLASSIQUE DE ANDRÉ-GUÉDON, ÉDITEUR

Successeur de Mme Ve Thiériot

15, RUE SÉGUIER, 15

1869

PRÉFACE

« Du déclin ou de l'amélioration de l'agriculture
date la décadence ou la prospérité des empires. »
NAPOLÉON III.

Depuis le commencement du gouvernement impérial jusqu'à ce jour, l'agriculture a été l'objet de la sollicitude et des préoccupations des divers ministres de l'agriculture et de l'instruction publique. Nous en trouvons la preuve dans l'institution des concours d'animaux reproducteurs, dont le premier eut lieu à Versailles, en 1850; dans les encouragements accordés au drainage et au défrichement; dans l'abaissement des tarifs des chemins de fer pour le transport des engrais; dans la loi qui ordonne le desséchement des marais, le boisement des montagnes, la mise en culture des terres incultes des communes; dans l'institution du Crédit agricole et de la Caisse d'assurances agricoles; dans la loi votée tout récemment sur les chemins vicinaux; dans l'extension du réseau des chemins de fer, etc., etc.

Mais parmi les nombreuses réformes agricoles accomplies par le gouvernement impérial, la plus importante au point de vue du progrès agricole est, assurément, la mesure qui vient d'être prise par le Ministre de l'Instruction publique, de concert avec le Ministre des travaux publics et de l'agriculture.

Cette mesure a pour objet d'astreindre les instituteurs ruraux

a enseigner à leurs élèves des notions d'agriculture et d'horticulture.

Un programme a été publié en même temps pour répondre
à cette nouvelle extension de l'enseignement.

Ce programme contient les principales questions d'agriculture générale et d'horticulture, que rien ne modifie, ni le
climat, ni le sol, ni les circonstances locales; il s'adresse par
conséquent aussi bien aux écoles normales primaires qu'aux
écoles rurales.

L'initiative, prise par ces deux ministres, nous semble devoir contribuer à faire progresser l'agriculture en habituant
les jeunes gens, dont un grand nombre se destine à la culture, à raisonner les opérations agricoles qu'ils voient tous
les jours pratiquer par leurs parents.

C'est le meilleur moyen de déraciner la routine.

En publiant cet ouvrage, nous avons eu pour but de répondre au programme tracé par M. le Ministre de l'instruction
publique, programme qui embrasse toutes les notions essentielles à connaître pour l'agriculture et l'horticulture.

Sans doute bien des ouvrages, recommandables à plus d'un
titre, ont traité de ces deux sciences au point de vue de l'enseignement; mais, trop développés ou trop concis, ils ne ré-
pondent pas généralement au but du nouveau programme.

D'ailleurs, nous rappelant ces vers de Lafontaine, et les appli-
quant à l'agriculture et à l'horticulture, nous nous sommes dit :

« Mais ce champ ne se peut tellement moissonner
« Que les derniers venus n'y trouvent à glaner? »

Beauvais, le 25 juin 1868

CHAPITRE PREMIER

VÉGÉTATION

« Dans l'air, dans l'eau, aussi bien que dans la terre, se développent des milliers de germes. »

FAUST

Sommaire. — Végétation, tapis végétal. — Individu. — Espèce. — Genre. — Famille. — Habitation. — Géographie botanique. — Son utilité et ses applications. — Durée des végétaux. — Plantes annuelles, bisannuelles, vivaces, ligneuses. — Modes divers de reproduction des plantes. — Reproduction séminipare. — Choix de la semence. — Préparation de la semence. — Chaulage. — Pralinage. — Époque du semis. — Procédés d'ensemencement : 1° à la volée ; 2° au semoir ; 3° au plantoir. — Reproduction gemmipare. — Marcottage ; différents genres. — Bouturage ; différents genres.

Aperçu général sur la Végétation.

1. Végétation, tapis végétal. — Le règne végétal étend son domaine sur la terre entière, depuis la cime des montagnes jusqu'aux plus sombres profondeurs des mers ; sur le Chimborazo, haut de 8,000 mètres au moins, vous trouverez le Lichen géographique, et à 4,000 mètres au fond de l'Océan végètent encore certaines algues.

Cette masse innombrable de végétaux, répartis sur notre globe, forme ce qu'on appelle la végétation ou le *tapis végétal.*

Ce tapis nous plaît par sa variété : c'est lui qui forme le paysage : il a le privilège d'attirer l'attention par l'élégance, le contraste ou l'harmonie des formes végétales. Il n'offre point sur la terre la monotonie que présente aux regards un champ de blé, ni cette fastidieuse mosaïque de plantes toutes différentes et ne se mariant pas entre elles.

Trois éléments spéciaux concourent à former cette harmonie qui fait le charme de la nature végétale : les espèces, les genres, les familles.

2. Espèce. — Si l'on se trouve en présence de plantes cultivées sur une grande échelle, comme, par exemple, un champ de blé, un carré de choux, etc., on aperçoit un grand nombre d'*individus* ayant tous entre eux, pour ainsi dire, un air de famille. Faites abstraction, par un acte de votre intelligence, des traits communs à ce nombre illimité d'individus pour en former un type idéal, une sorte d'individualité collective, durable, qui se rapportera à tous les individus que vous avez trouvés visiblement semblables et vous aurez la véritable définition de l'espèce : c'est la *collection de tous les individus qui se ressemblent les uns aux autres, autant qu'ils ressemblent à leurs parents et à leur postérité.*

3. Genre. — Faites de même pour toutes les espèces visiblement analogues chez lesquelles vous aurez aperçu différents traits communs, et vous arriverez, par la même abstraction, à réunir dans un même groupe idéal toutes les espèces manifestement analogues : c'est le *genre* qui sera donc la collection des *espèces semblablement organisées, quoique différant entre elles par des caractères plus ou moins saillants qui sont le signe distinctif de chacune.*

4. Famille. — La *famille* sera de même la réunion des genres visiblement analogues : un exemple familier fera facilement saisir ces différences et ces analogies.

Tous les rosiers Cent-feuilles forment une *espèce*, les rosiers du Bengale une autre, les rosiers-églantiers une troisième, etc. Mais ces trois ou plusieurs espèces appartiennent au même groupe que vous appelez *rosier*, et qui est le GENRE. La Potentille, la Spirée, le Fraisier, etc., vous paraissent des genres voisins et ont des caractères communs ; ces groupes constituent alors, avec le genre Rosier, la famille des *Rosacées.*

5. Habitation. — On n'a nul besoin d'avoir parcouru l'univers pour savoir que les diverses parties du globe ont chacune leurs végétaux particuliers. Telle plante, dit-on, habite l'Inde ; telle autre l'Italie ; celle-ci a pour patrie l'Afrique, celle-là la

Laponie. Mais il ne faut pas confondre l'*habitation* avec la *station*. La France, par exemple, est l'*habitation* commune de milliers de plantes qui sont dispersées, les unes dans les marais, les autres dans les plaines ; celles-ci ont besoin de l'ombrage de la forêt pour croître, celles-là se plaisent dans les sables salés des bords de la mer. Les espèces se conforment aux lieux qu'elles habitent et affectionnent certains milieux. Le Bluet azuré, l'éclatant Coquelicot, se réfugient en individus nombreux dans nos champs de seigle ou de froment ; la triste Ortie recherche les ruines, les décombres ; la rustique Giroflée s'attache aux vieilles murailles ; les brillantes Clavaires, les Agarics aux chapeaux massifs, se plaisent sur le sol humide de nos bois ; les Lichens couvrent d'une végétation puissante la roche vive, où nul autre végétal ne trouverait à se fixer.

Sans continuer plus longtemps ce tableau que l'imagination de nos lecteurs peut achever, on peut facilement comprendre la valeur de la *station*.

La nature n'est, en réalité, qu'un immense Eden, qu'un jardin où le Créateur a réuni, sous les différentes zônes de la surface terrestre, les types multiples des végétaux dispersés sur la terre.

6. Géographie botanique. — Son utilité, ses applications. — Connaître la situation relative ou absolue des végétaux, leur habitation, leur station, leur nombre, etc., c'est connaître une des parties de la botanique des plus intéressantes et des plus instructives ; la *géographie botanique*.

C'est sur cette connaissance que doit s'appuyer le cultivateur de plantes : pourrait-il, en effet, s'il désire importer une nouvelle espèce de végétaux utiles, lui fournir les conditions favorables à son développement, s'il ignore dans quel milieu primitif elle a végété, quelles sont les conditions nécessaires à son existence ?

Les plantes, dans leur distribution sur le globe, sont bien moins sensibles à la nature minéralogique du terrain qu'aux conditions climatériques proprement dites. Aussi, si nous pouvions, par la pensée, faire un voyage à travers l'univers, à vol d'oiseau, et passer une revue sommaire de la population

végétale de notre planète, nous verrions les grandes circonscriptions botaniques nettement tranchées par des limites
naturelles. La zône équatoriale est le domaine des Palmiers,
des Musacées, des Broméliacées, des Pandanées, des Graminées ligneuses, etc. Les deux zônes tropicales offrent la répétition, mais affaiblie, de la végétation équatoriale par ses
Palmiers, ses Aroïdées, ses Graminées arborescentes, ses
Laurinées, ses Cycadées, etc. Mais on y voit aussi commencer
les Conifères, les Protéacées, les Géraniacées ; la zône juxtatropicale est caractérisée par le Dattier, l'Oranger, le Cotonnier, la Canne à sucre etc. ; la zône tempérée-chaude fournit
toutes les céréales de l'Europe, la Vigne, l'Olivier, le Figuier,
le Grenadier, l'Amandier, les Myrtacées, etc. La zône tempérée-froide devient plus uniforme et la zône arctique se
fait remarquer par sa pauvreté ; les zônes polaires, dépourvues d'arbres, voient croître les Mousses, les Crucifères, les
Saxifragées, les Lichens.

Le nombre des familles végétales, ainsi que les genres et
les espèces, décroît successivement à mesure qu'on s'éloigne
de la région équatoriale pour se porter vers les pôles. Les
conditions d'habitation et de station ne doivent donc pas être
étrangères au cultivateur : aussi ne faut-il pas s'étonner si
la culture ne s'est emparée que d'un nombre restreint de
plantes parmi les 150,000 connues des botanistes. Il devient
difficile pour une multitude de cas, et impossible le plus
souvent, de faire concorder les conditions climatériques
d'une région déterminée avec les conditions si multiples
d'habitation et de stations des plantes distribuées sur la surface du globe. L'action de l'homme, qui s'exerce dans la
culture et dans la manière de fumer les terres, devient le
plus souvent impuissante à faire prospérer, sur une grande
échelle, les plantes cultivées fixées dans des contrées déterminées par certaines variations climatériques, à l'égal des
plantes sauvages que la clémence ou l'intempérie des saisons
fait vivre ou mourir.

Il semble que, sentant cette difficulté dont il ne peut triompher, l'homme ait choisi comme plantes alimentaires, des
plantes *annuelles*, c'est-à-dire qui accomplissent toutes les
phases de leur végétation dans l'espace de quelques mois.
Par là, il a pu se rendre indépendant de la chaleur dessé-

chante des zônes torrides et équatoriales, et du froid destruc-
teur des zônes polaires. Il a dû chercher à cultiver des plantes
qui pourraient se plaire auprès de lui, qu'il lui serait possible toujours de cultiver : aussi les céréales alimentaires
sont-elles annuelles.

S'il a désiré pour les arbres fruitiers plus de multiplicité,
c'est qu'il ne craignait pas de se rendre tributaire de plusieurs pays même disparates, car il s'agissait de son agrément : et remarquons en passant que les arbres qui lui deviennent presque nécessaires comme par exemple, la vigne,
le pommier, sont en nombre limité; s'il déroge à sa règle
de choisir des plantes annuelles comme plantes alimentaires, il les choisit le plus souvent à rhizome, c'est-à-dire
à racines souterraines, bravant sous le sol les intempéries
des saisons, et donnant naissance à des tiges annuelles tra-
versant en quelques mois toutes les phases de leur végétation.

On voit par ces quelques considérations, que ce n'est que
par la connaissance complète de l'altitude et du climat que
l'on pourra compter sur des succès en agriculture

Sans donner à ces réflexions un développement que ne
comportent pas les limites de ce petit ouvrage, elles suffisent
pour fixer l'attention du cultivateur sur la nécessité d'étudier les conditions climatériques nécessaires aux plantes.
Puissions-nous par là leur éviter de cruels mécomptes !

Durée des Végétaux

7. Durée des Végétaux. — S'il est important de
connaître les conditions climatériques des plantes que l'on
veut cultiver, il ne l'est pas moins d'en connaître la durée;
le cultivateur ne pourrait, sans cette notion élémentaire, semer en temps opportun pour recueillir en sa saison le fruit
mûr, et hésiterait sur le mode spécial de culture.

Les végétaux présentent de grandes différences par rapport
à leur durée; les uns meurent dès qu'ils ont donné des
graines, les autres fructifient tous les ans, et attendent un
accident pour terminer leur existence indéfinie.

8. Plantes annuelles. — On nomme *annuelle* la
plante qui parcourt en une seule année toutes les périodes

de son existence et qui ne fleurit qu'une fois dans sa vie ; cependant, parmi les plantes annuelles, il en est que l'on peut conserver plus longtemps, soit en les empêchant de fleurir, soit en retardant la maturité de la graine, car il semble que la fructification soit le but que s'est proposé le Créateur et que la plante conserve sa vie végétative, tant qu'elle n'a pas rempli cette importante fonction.

Certaines plantes annuelles peuvent devenir vivaces si on les multiplie de boutures.

9. Plantes bisannuelles. — Les plantes qui ne fleurissent que la 2ᵉ année sont nommées *bisannuelles*, et il est possible d'en prolonger la durée en entravant leur floraison.

10. Plantes vivaces. — La plante est dite *vivace par les racines*, si la racine dépasse trois ans de durée et persiste plus ou moins longtemps, tandis que sa tige, après s'être couverte de fleurs, meurt et se renouvelle chaque année. De même, on appelle *vivace* la plante dont la racine et la tige meurent la même année, mais qui produit une nouvelle racine, donnant l'année suivante naissance à une nouvelle tige.

11. Plantes ligneuses. — On nomme *plantes ligneuses*, des plantes dont la partie aérienne (tige) subsiste après la floraison comme la partie souterraine (racines). Quelques plantes (les Agave et beaucoup de plantes grasses) ne fleurissent qu'une fois et meurent ensuite, à l'instar des plantes bisannuelles, mais au lieu de fleurir la deuxième année, elles fleurissent longtemps après la naissance.

Les plantes vivaces et ligneuses ne fleurissent généralement pas dans les premières années de leur existence, spécialement dans les cinq premières années ; mais cette floraison plus ou moins tardive est subordonnée au degré de chaleur ou d'humidité du climat, aussi les plantes de cette section fleurissent-elles généralement plus tôt dans les pays chauds que dans les pays froids, et les plantes trop arrosées poussent davantage en bois et en feuilles, et ont de la peine à se *mettre à fruit*. La sécheresse prédispose à la floraison : l'état de vigueur de la plante n'est pas non plus indifférent ; les horticulteurs savent bien qu'une plante souffreteuse fleurit plus rapidement qu'une plante luxuriante de santé : la vigueur nuit beaucoup à la floraison.

Modes divers de reproduction des plantes

12. Modes divers de reproduction des plantes. — Le cultivateur peut résumer tous ses travaux dans les opérations suivantes : multiplier ses plantes, les entretenir, les récolter.

La culture n'est pas une science d'égoïste : l'homme est destiné à vivre en société, et il ne cultive pas seulement pour lui, il cultive aussi pour ses semblables et son but est d'échanger ses produits contre d'autres qui lui manquent, ou contre un prix suffisamment rémunérateur. La multiplication de ses végétaux devient donc une opération des plus importantes.

Il existe pour les plantes deux modes généraux de reproduction : la reproduction par graines (*seminipare*), la plus naturelle, et par suite, la plus universellement employée, et la reproduction par fragments d'elles-mêmes (*gemmipare*), par bourgeons, bulbilles, caïeux, drageons, etc. Il est de l'intérêt de l'agriculteur et de l'horticulteur de connaître ces modes de propagation pour qu'ils puissent les faire tourner à leur profit. Toutes les plantes n'ont pas la même aptitude à se reproduire par graines, ni par bourgeons, et le cultivateur doit modifier les procédés suivant cette aptitude. Nous allons étudier rapidement ces divers modes de propagation des végétaux.

13. Reproduction seminipare. — Le mode de reproduction par *graines* est assurément le plus naturel, celui qui donne les individus les plus beaux, les plus vigoureux et les plus durables ; de plus, il offre l'avantage de faire naître de nouvelles variétés dans les espèces ; mais il faut que l'ensemencement ait été bien fait : trois conditions sont pour ce but essentielles, le bon choix de la semence, sa bonne préparation, et l'opportunité de l'époque où s'opère le semis.

14. Choix de la semence. — Les semences doivent être, autant que possible, saines, composées de graines intactes et douées de leur puissance germinative. Il faut rejeter comme impropres à la germination toutes les graines qui, ayant été recueillies avant leur entier développement, n'ont qu'un embryon ou germe incomplet. On doit, pour s'en assurer, en sacrifier quelques-unes ; pour cela, dans un appartement où règne une température assez chaude et constante, une étable à vaches, par exemple, on place un cuvier plein d'eau, à la surface duquel flottent des plaques de liége couvertes de mousse humide. On sème un certain nombre de graines ; au bout de quelques jours, la radicule est visible chez les grains qui ont germé : on compare le nombre de ces graines avec celui des grains qui n'offrent aucune trace de germination, et d'après cette donnée, on juge si, pour ensemencer le champ, il faudra une plus ou moins grande quantité de graines. Les graines moisies, celles qui sont devenues rances par l'oxigénation de leurs principes huileux, celles qui ont subi des mutilations par les attaques des insectes, celles qui sont trop vieilles, etc, ne donnent généralement aucun résultat et doivent être rejetées.

On voit par là combien sont aléatoires les semis de graines : on comprend aussi qu'elles ne sauraient être semées toutes dans les mêmes conditions : trois agents atmosphériques sont indispensables pour la germination des graines : l'*air*, l'*eau*, et un certain degré de *chaleur* ; de là découlent les lois suivantes :

1° Les graines doivent être d'autant moins enterrées que ces graines sont plus fines, et réciproquement plus les graines sont fines, plus il faut choisir une terre légère et mieux pulvérisée ; en effet, plus la graine sera voisine de la surface du sol, plus elle sera influencée par l'action de l'air, de la chaleur. Aussi, quand les graines sont très-fines souvent on ne les enterre pas, on les répand à la surface du sol que l'on se contente de plomber à l'aide du rouleau ou de tout autre moyen ; de même, plus la graine sera grosse, plus elle veut être enterrée profondément. Une pratique intelligente enseigne au cultivateur à quelle profondeur il doit semer.

2° Le sol doit être à la température requise ; l'étude de la géographie botanique indiquera le degré de chaleur convenable. Les plantes de la grande culture étant généralement rustiques trouvent dans le sol, simplement échauffé par le soleil, la température nécessaire à la végétation. Dans le cas contraire, il faut communiquer à la terre la somme de chaleur nécessaire, ce que font les horticulteurs à l'aide des couches chaudes, des serres à multiplication, des coffres vitrés, des cloches, etc...

3° Les plantes doivent trouver dans le sol l'humidité nécessaire à la germination ; c'est à l'intelligence du cultivateur de régler convenablement ses arrosages de telle sorte que la terre ne se dessèche pas trop rapidement, ou qu'elle ne fasse au contraire pourrir les graines qui lui sont confiées.

15. Préparation de la semence, chaulage. — Avant de déposer la graine dans la terre, le cultivateur doit lui faire subir une préparation convenable qui tend à préserver les céréales de plusieurs maladies, telles que la rouille, la carie, le charbon, ou du moins qui en restreint sensiblement les ravages. Cette préparation est le *chaulage*, opération qui consiste à enduire de chaux la surface des graines immédiatement avant de les semer.

Le chaulage se fait 1° par *aspersion* ; 2° par *immersion* :

Par *aspersion*, on répand la chaux concassée sur le grain, puis on verse de l'eau dessus pour l'éteindre ; ou bien on fait fuser la chaux à l'eau chaude, et on la répand ensuite sur le grain, à l'aide d'une pelle. Dans le procédé par *immersion* on trempe le blé dans la chaux qu'on a fait fuser. Un hectolitre de graines réclame, pour cette opération, environ 4 kilogrammes de chaux pour un hectare.

16. Pralinage. — Souvent encore, au lieu du chaulage, on préfère adopter le *pralinage*. Cette dernière opération ne garantit pas les plantes contre les maladies : elle leur communique une vigueur plus grande ; différentes recettes sont recommandées. Voici une des meilleures : Pour 1 hectolitre de graines, faites dissoudre à froid 2 kilogrammes de nitrate de soude dans 4 litres d'eau, et humectez-en vos graines ; pendant ce temps un autre ouvrier humecte modérément, en les agitant à la pelle, 400 kilogrammes de noir de raffinerie ou noir animal, on brasse ensuite le grain imbibé de la solution de nitrate de soude ou de potasse longtemps et avec soin à la pelle, dans la masse du noir animal jusqu'à ce que le volume des grains soit triplé ou praliné, c'est-à-dire soit de la grosseur environ d'une praline.

17. Époque du semis. — Quant à l'époque des semailles, elle est subordonnée au climat, à la rusticité de la plante, au temps où l'on désire en récolter les produits. Il n'y a pas d'époque fixe pour les semailles, comme on le croit généralement; il faut savoir choisir le moment voulu. Le cultivateur exécutera la semaille de chaque pièce, d'après sa connaissance du terrain et les exigences du climat.

18. Divers procédés d'ensemencement. — Les procédés d'ensemencement sont au nombre de trois : à la *volée*, au *semoir*, au *plantoir*. Ce dernier procédé n'est employé que dans la petite culture, dans la culture maraîchère.

Dans les semis à la *volée*, les graines sont disséminées sans aucun ordre, sur toute la surface du sol à ensemencer. Celui-là sème le mieux qui sait répartir le plus également possible le grain sur le terrain, mais ce n'est qu'une pratique assez longue, qui donne à la main cette habileté voulue qui fait qu'un bon semeur ne sème ni trop dru, ni trop clair; après un semis à la volée on roule la terre avec le rouleau et on achève de recouvrir les graines par un coup de herse.

Les *semoirs* ont été inventés pour remplacer la main-d'œuvre et égaliser le travail. Les semoirs ont l'avantage de répartir le grain aussi également que possible, de l'introduire en même temps dans la terre à la profondeur que l'on désire. Il y a, par ce système, une grande économie de semences, mais en revanche, ces instruments sont coûteux et de grand entretien, il faut pour les conduire un habile ouvrier, et ils exigent plus de temps pour l'accomplissement des semailles.

19. Reproduction gemmipare. — Outre la reproduction seminipare, les végétaux peuvent se reproduire par fragments d'eux-mêmes : c'est le mode de reproduction que l'on a appelé *gemmipare*.

Trois procédés principaux de multiplication s'offrent aux agriculteurs : Le *marcottage* ou *couchage*, le *bouturage*, la *greffe*.

20. Le premier procédé consiste à faire produire des racines à des branches encore attachées à la plante-mère; la nature nous donne l'exemple des marcottages, car les *drageons*, les *rejetons* sont de véritables marcottes naturelles. Le second, à faire naître des racines sur des fragments détachés de la plante. Le troisième, à insérer une partie vivante d'un végétal (œil ou bourgeon) dans un autre végétal avec lequel elle s'incorpore et cependant continue à vivre et à se développer comme sur sa tige naturelle.

Nous donnons tous les développements désirables au chapitre XXI.

Résumé du Chapitre I

1. La végétation est cette masse innombrable de végétaux disséminés sur le globe.

La variété de la végétation provient du mélange des *espèces*, des *genres*, des *familles*.

Les plantes ont leur *habitation* et leur *station*.

2. La connaissance de la situation relative ou absolue des végétaux, de leur habitation, de leur station, etc., constitue la *Géographie botanique*. Les végétaux sont *annuels, bisannuels, vivaces ou ligneux*. La connaissance de la *durée* des végétaux intéresse le cultivateur.

3. Les plantes se reproduisent par graines (*reproduction seminipare*) ou par fragments d'elles-mêmes (*reproduction gemmipare*).

Reproduction seminipare. Le cultivateur doit faire attention à trois conditions essentielles : le bon choix de la semence; sa bonne préparation (*chaulage, pralinage*); l'époque du semis.

Les procédés d'ensemencement sont au nombre de trois : *à la volée, au semoir, au plantoir*.

Reproduction gemmipare. On peut reproduire les végétaux, outre le procédé par semis, par *marcottage, bouturage* et par *greffe*.

CHAPITRE II

DES TERRES, LEUR NATURE & LEURS PROPRIÉTÉS PHYSIQUES

> « Tout sol ne convient pas à toutes les plantes. »
> SCHWERZ.

Sommaire. — Sols ou terrains. — Leur origine. — Terreau ou humus. — Terre argileuse. — Diluvium. — Argile plastique. — Marne. — Terre siliceuse. — Terre de bruyère. — Calcaire. — Craie. — Sol arable. — Alluvions. — Sous-sol. — Avantages et inconvénients des différentes espèces de terres.

21. Sols. — Leur origine. — On nomme *sols* ou *terrains* ces étendues plus ou moins vastes que l'on rencontre à la surface du globe et qui résultent de la désagrégation des roches dont cette surface était primitivement formée. Ces roches, désagrégées par l'action du temps, de l'eau, des agents atmosphériques, etc., sont devenues friables, pulvérulentes, terreuses. On conçoit, d'après cette formation, que la terre propre à la végétation est composée d'éléments divers en rapport avec les éléments des roches qui l'ont constituée. Aussi, trouve-t-on, en faisant l'analyse des terres, de la chaux, de l'alumine, de la potasse sous forme de carbonates, de silicates, de sulfates et de phosphates ; souvent encore on y rencontre du fer, du cuivre, etc., combinés avec d'autres éléments.

22. Humus. — En dehors de ces matériaux appartenant au règne minéral, le sol, sauf de très-rares exceptions, contient encore du *terreau* ou *humus* ; c'est le produit noirâtre de la décomposition des matières animales, minérales ou végétales sous l'influence des agents atmosphériques ; c'est ce produit qui communique aux terres leur couleur plus ou moins brune ou noirâtre ; il est le principe le plus actif de la végétation, et son abondance est un indice du degré de fertilité.

23. Division des terres. — Les terres cultivées, considérées au point de vue de leur nature, se divisent en trois classes principales. 1° Les terres sablonneuses ou siliceuses; 2° les terres calcaires; 3° les terres argileuses, suivant que l'élément dominant est la silice, la chaux ou l'argile.

Le sol cultivable ou *arable* est dans des conditions désavantageuses, quand l'un de ces trois éléments entre seul dans sa composition; la condition la meilleure est quand les trois principes sont mêlés et combinés dans des proportions convenables.

La présence en excès d'un de ces trois éléments suffit pour qu'il donne au sol des modifications particulières et lui imprime un cachet d'où lui vient le nom de terre argileuse, sablonneuse ou calcaire.

Étudions plus en détail la nature de chacun de ces éléments qui intéressent au plus haut degré le cultivateur, et voyons quels caractères particuliers leur impriment leurs propriétés physiques.

24. Argile. — A l'époque des grands cataclysmes de la nature, et pendant les inondations qui les ont suivis, l'*argile* détrempée s'est déposée sous forme de vase ou de limon et a recouvert presque partout le terrain primitif d'une couche que l'on nomme *diluvium*. Aussi, la retrouve-t-on presque dans tous les sols, et c'est sa présence qui fait appeler certains terrains *argilo-calcaires* ou *argilo-siliceux*.

L'argile, exposée au feu, éprouve dans toutes ses molécules un retrait considérable; elle se sèche difficilement, mais elle acquiert à la longue par son exposition au soleil une dureté extrême et cesse de pouvoir être délayée dans l'eau; c'est sur cette propriété qu'est basée l'industrie du briquetier, du potier, du faïencier, du fabricant de porcelaines.

L'argile grasse ou l'argile *plastique* est compacte, douce au toucher, d'un gris ardoisé ou verdâtre, quelquefois d'un blanc-jaunâtre à teintes rosées; elle forme ce qu'on appelle la *glaise* et alors elle est rebelle à toute culture, parce que les terres qui la renferment sont imperméables et retiennent l'humidité à la surface; puis quand cette humidité s'est évaporée elles éprouvent un retrait par la dessication, se fendillent et se crevassent. C'est, en général, l'*argile plastique* dont la présence rend les terres *fortes, grasses, froides* et *humides.*

Une espèce particulière d'*argile*, connue sous le nom de *marne*, doit sa propriété à la grande proportion de carbonate de chaux qu'elle contient ; elle se délaye facilement pour former avec l'eau une bouillie qui n'a pas de liant.

25. Sable. — Le *sable* est de la silice en poudre, mêlée à des traces de matières étrangères, comme l'oxide de fer qui la colore. La *silice* se retrouve à peu près pure dans le cristal de roche, et moins pure dans les pierres meulières, les grès, les cailloux, les silex pyromaques, le granit, en un mot dans toutes les roches qui produisent des étincelles au choc de l'acier, et qui, par la désagrégation, donnent du sable ou du gravier. Le sable est jaune-pâle, rouge, noirâtre, suivant les sels minéraux qui le colorent.

Le sol sableux est par suite diamétralement opposé au sol argileux : rude au toucher, léger, pulvérulent, sans liaison, laissant filtrer l'eau des pluies, s'échauffant facilement, se desséchant de même. Le sable pur serait infertile.

Le sable siliceux fin, contenant des détritus (terreaux) d'autres végétaux qui lui donnent une couleur noire, est une autre espèce de sable que l'on appelle *terre de bruyère* ; il se trouve dans les terrains secs où poussent genêts, bruyères, ajoncs et souvent fougères.

26. Calcaire. — Le *carbonate de chaux* fait donner le nom de *calcaire* au sol où il domine. La chaux, ou matière calcaire, résulte de l'effritement des roches de carbonate de chaux, (marbre, pierre à chaux, bancs que l'on exploite dans les carrières d'où l'on extrait la pierre à bâtir), qui se retrouvent partout dans la nature : à l'état de pureté, c'est la *craie*, remarquable par sa blancheur ; à un état moins pur, les roches calcaires ont un aspect mat et terne : elles peuvent se réduire en poussière et former bouillie : la couleur blanche d'un sol indique que la craie prédomine et le rend stérile ; la couleur jaune ou fauve annonce un mélange d'argile.

L'alliance de deux tiers de craie et d'un tiers en égale quantité d'argile et de sable donne un sol très-fertile et très-estimé que l'on appelle *terre franche.*

Les combinaisons de ces trois éléments varient à l'infini par leurs proportions relatives, d'où les sols *argilo-calcaires, argilo-sableux, ferrugineux,* etc.

Il est important de connaître, avant tout, les qualités et les désavantages de chacune des trois espèces de sols que nous avons énumérés; mais, après cette première distinction des sols d'après leurs parties constitutives, il est essentiel de définir le *sol arable* et le *sous-sol.*

27. Sol arable. — Alluvion. — Le *sol arable* est cette couche superficielle, dans laquelle plongent les racines et entrent les instruments. L'humus, qui se forme chaque année à la surface pénètre dans sa profondeur à l'aide des pluies ou des instruments, et l'améliore continuellement; plus le sol arable est épais, plus il est propre à la culture des arbres fruitiers et plus il est riche, aussi les terres les plus recherchées sont celles des vallées où ont été déposés, pendant des siècles, les limons enlevés aux terrains qui les dominent : par suite de cette accumulation des vases et des matières terreuses que l'on appelle *alluvium,* le *sol arable* des vallées s'est accru en épaisseur et a gagné en fertilité.

28. Sous-sol. — Le *sous-sol* est cette couche sur laquelle repose le sol arable et que ne peuvent entamer les instruments de la culture ; il n'a d'influence que par son degré de perméabilité.

29. Avantages et inconvénients des différentes espèces de terres. — Les terres *glaiseuses* sont humides et froides, les récoltes sont tardives et de médiocre qualité ; elles sont sensibles à l'action des gelées et donnent en général des produits peu savoureux. Les cultures à y approprier sont celles des grands arbres à puissantes racines et celle des plantes annuelles qui donnent peu de chevelu aux racines.

En hiver et au printemps ces terres forment une pâte tenace et difficile aux labours. Le seul moyen de les amender c'est de corriger leur tenacité par un mélange raisonné de sables siliceux ou calcaires, par le marnage, et souvent aussi par le *drainage,* opération qui consiste à faire écouler les eaux à l'aide de tuyaux.

Les terres *argilo-sableuses* se dessèchent facilement

Les argiles *marneuses* se réduisent en bouillie, quand la pluie se prolonge, et sont peu favorables aux semis de printemps. Ceux d'automne souffrent souvent de l'humidité ou de la gelée.

Les sols *crayeux* constituent un sol pauvre; ils s'échauffent peu sous l'action du soleil, se délayent par la pluie, se boursoufflent par les gelées et déchaussent les plantes.

La *terre de bruyère*, par sa légèreté, est favorable à la levée des graines d'une ténuité excessive, à la reprise des boutures, mais elle se dessèche facilement.

Quels que soient les inconvénients du sol qu'il cultive, l'agriculteur ne doit pas oublier qu'avec des soins, de la persévérance, des engrais, de l'intelligence, il peut modifier presque à son gré le sol qui lui est soumis. On rencontre rarement des terrains d'une stérilité absolue qui ne puissent, par une préparation intelligente, être ramenés à un état de fertilité relative. Le cultivateur doit toujours avoir à l'esprit ce dicton populaire :

« Tant vaut l'homme, tant vaut la terre. »

Résumé du Chapitre II

1. Les *terres* provenant de la désagrégation des roches, dont la surface de la terre était primitivement formée, sont composées d'éléments divers : minéraux, chaux, alumine, potasse, débris végétaux, etc.

L'*humus* ou *terreau* provient de la décomposition des matières végétales, etc., sous l'influence des agents atmosphériques.

2. Les terres se divisent en : 1° terres siliceuses ; 2° terres calcaires ; 3° terres argileuses, suivant l'élément dominant.

L'*argile*, déposée au moment des déluges, forme le *diluvium* ; si elle est grasse, elle devient l'*argile plastique* ; la *marne* est une argile calcaire.

Le *calcaire* provient de l'effritement des roches calcaires. L'alliance de deux tiers de craie, d'un tiers d'argile et de sable forme les *terres franches*.

Le *sable* ou silice, s'il contient des terreaux, forme la terre de bruyère.

3° Le *sol* *arable* est la couche superficielle soumise à la culture : le dépôt des limons enlevés des terrains supérieurs forme l'*alluvium*. Le *sous-sol* influe sur la culture par son degré de perméabilité.

Chacune de ces terres a ses avantages et ses inconvénients.

CHAPITRE III.

Des Régions agricoles.

« Toutes plantes ne peuvent végéter dans tous les climats. »
SCHWERZ.

Sommaire. — Lignes de température. — Lignes isothermes, isothères, isochimènes. — Régions vosgienne, séquanienne, girondine, rhodanienne, méditerranéenne. — Climat. — Influence du climat.

30. Lignes de température, — En traitant de la végétation (Chapitre premier), nous avons essayé de faire comprendre le lien qui rattache sur l'univers les espèces végétales à un ensemble de conditions de chaleur, d'humidité, de lumière, de station, etc..., en dehors desquelles elles ne peuvent vivre. Toute l'agriculture consiste, pour ainsi dire, à connaître ce lien et à cultiver les végétaux dans les mêmes conditions, soit artificielles, soit naturelles qu'ils réclament pour accomplir toutes les phases de leur existence. C'est qu'en effet la plupart des plantes, qui font l'objet des soins de la culture et qui intéressent l'industrie, ne sont pas nées sur notre sol et nous sont venues de patries lointaines ; si on les abandonnait à elles-mêmes, elles ne tarderaient pas à disparaître. Aussi, nous ne saurions trop le répéter, la connaissance des climats est de la plus haute importance en agriculture, puisque c'est elle qui, en fixant la station géographique des végétaux et des animaux, doit guider l'agriculteur dans tous les essais qu'il veut tenter.

C'est pour préciser les limites des climats différents qu'un illustre savant, M. de Humboldt, a eu l'idée de tracer sur le globe trois espèces de lignes qui circonscrivent, en les caractérisant, les climats généraux. Ces lignes sont :

1° Les lignes *isothermes*, qui passent par tous les points du globe, ayant même température moyenne annuelle ;

2° Les lignes *isothères*, qui passent par tous les lieux de la terre, ayant même température moyenne en été;

3° Les lignes *isochimènes*, qui passent par tous les lieux, ayant même température moyenne en hiver.

Les lignes isothermes sont loin de se confondre avec les parallèles terrestres, c'est-à-dire avec les cercles qui passent par tous les lieux ayant même latitude.

Les lignes isothères et isochimènes ne sont pas non plus régulières. Outre les climats généraux il y a les *climats locaux*, moins vastes et resserrés sur d'étroits espaces, que circonscrivent une montagne, le voisinage d'une étendue d'eau salée ou d'eau douce, la prédominance de certains vents, etc. La France, par exemple, offre des climats différents au nord et au midi, et il est facile, pour quiconque a étudié les conditions générales de climatologie, d'apercevoir nettement marqués cinq climats généraux délimités par des mers et par des chaînes de montagnes.

31 Régions. — Sans doute la France, tout entière située dans la zone tempérée, ne connaît ni les rigueurs d'un froid qui engourdit la végétation, ni les ardeurs brûlantes d'un soleil qui la dessèche; composée de provinces qui se trouvent comprises entre la ligne isotherme de 10 degrés passant par Dunkerque et Bruxelles, et celle de 15 degrés passant par Marseille, notre patrie jouit d'un climat évidemment tempéré; mais on sait que grâce à l'étendue de son territoire (548700 kilm. carrés), et aux expositions diverses, rien n'est moins uniforme que notre climat qui réunit et résume presque tous les climats européens : aussi peut-il associer aux cultures des pays du nord celles des contrées méridionales. M. Ch. Martins a établi, pour notre pays, cinq grandes divisions climatologiques que l'on nomme *zones* ou *régions agricoles*. Les noms sont empruntés à l'un de leurs caractères géographiques les plus importants.

1° La région *Vosgienne ou du nord-est*, comprise entre le Rhin, les montagnes de l'Argonne, le plateau de la Côte-d'Or, et les sources de la Saône, embrasse l'Alsace, la Lorraine, les Ardennes et la partie montagneuse de la Champagne et de la Haute-Bourgogne : la partie jurassique de la Franche-Comté et toute la Suisse française et la partie montagneuse de la Savoie, bien que plus méridionales, pourraient en faire partie ; l'élévation du sol compense la latitude.

Cette région est froide en hiver, et chaude en été, et remarquable par ses excès de température dans ces deux saisons ; c'est par suite de la prédominance du vent du nord-est, en hiver, que cette saison est rigoureuse.

On peut, sous cette zône, cultiver tous les produits du nord de la France ; et tous les arbres qui, ne redoutant pas 15 degrés de froid au moins, peuvent supporter de grandes sécheresses.

Il faut, à moins d'abris artificiels, renoncer à la culture des légumes et des fruits du midi, ainsi que des végétaux d'ornements demi-rustiques.

2° *La région séquanienne ou du nord-ouest*, comprise entre l'Ardenne, les plateaux de la Champagne et la Haute-Bourgogne, la Loire et le Cher, la Manche et l'Océan, embrasse la Flandre, l'Artois, la Picardie, l'Ile-de-France, une partie de la Champagne et de la Bourgogne, l'Orléanais, la Touraine, l'Anjou, le Maine, la Bretagne et la Normandie.

Cette région, plus tempérée que la précédente, doit, à mesure qu'on se rapproche de l'Océan, sa douceur de climat au voisinage de la mer. De mai en juin, la saison est généralement pluvieuse et sombre, la lumière est moins grande, et la végétation en souffre beaucoup. Néanmoins, cette zône est favorable à la culture des arbres et dans sa partie maritime à celle des gazons ou des pâturages.

3° *La région Girondine ou du sud-ouest* est comprise entre la Loire et le Cher au nord, les Pyrénées au midi. Si l'hiver est assez froid, l'été par compensation est très-chaud, et la température moyenne est plus élevée de deux degrés, au moins, que celle de la zone séquanienne. Une plus grande clarté et des pluies plus abondantes sont les caractères distinctifs de cette région. Elle a les chaleurs du midi sans en éprouver les sécheresses, et est propice à la culture des arbres fruitiers, du maïs, de la vigne, du figuier, des arbres d'agrément, et même des espèces exotiques.

4° La *région Rhodanienne ou du sud-est*, comprend toute la vallée de la Saône et du Rhône, depuis Dijon jusqu'à Viviers, elle est froide en hiver, très-chaude en été, avec le privilège d'une vive clarté solaire, favorable à la culture de la vigne; elle l'est peu pour les plantes fourragères : la culture des céréales y prospère bien, surtout celle du maïs ; les arbres fruitiers, tels que le poirier, y réussissent bien, ainsi que les arbustes à feuilles caduques. La rigueur des hivers exclut presque la culture des figuiers et des arbustes méridionaux.

5° La *région méditerranéenne ou du midi* comprend le Roussillon, la partie maritime du Languedoc, le Comtat Venaissin, la Provence, la Corse, Nice et toute la côte, l'Algérie ; elle est nettement caractérisée, car c'est la plus chaude par la clémence de ses hivers et les ardeurs de ses étés. Elle est éminemment propice à la culture des arbres à feuilles persistantes, du figuier, de l'oranger, du citronnier et des arbres fruitiers, et des légumes.

33. Climat. — Le *climat* d'une contrée en agriculture est l'ensemble des phénomènes atmosphériques qui, exerçant une influence sur les êtres organisés, donnent à la contrée un caractère spécial.

Ces phénomènes ne varient d'une manière sensible qu'à des distances assez grandes : aussi a-t-on, dans chaque pays, tracé de grandes divisions qui forment autant de climats.

La question des climats est de la plus haute importance pour le cultivateur, je dirai même plus, c'est une étude de première nécessité ; car comment peut-il aspirer à tenter des essais pour l'importation de nouvelles races d'animaux ou de végétaux s'il ne connaît, au préalable, les conditions essentielles dont ils ont besoin pour vivre et prospérer ? Cette connaissance des climats doit être un guide dans les essais qu'il désire tenter.

Mais cette connaissance est assez difficile à acquérir : car des causes diverses, des éléments différents concourent à constituer le climat d'un pays ; ce sont, par exemple, la latitude, l'élévation au-dessus de la mer, l'exposition, la nature du sol, les vents dominants, l'étendue relative des terres et des mers, la quantité annuelle des pluies, le voisinage ou l'éloignement des montagnes, des forêts, des grandes masses d'eau, lacs, etc., la marche plus ou moins régulière des saisons, les limites inférieures et supérieures de la température, etc... la température moyenne du lieu pendant l'année, pour l'hiver, pour l'été, etc...

Parmi ces causes, les unes sont indépendantes de l'homme, et sont immuables ; les autres, accidentelles, sont à sa disposition et peuvent être modifiées par le boisement des montagnes, le desséchement des étangs, des marais, des lacs, le défrichement des forêts, les plantations, les abris, les clôtures, les amendements, etc. Mais les trois éléments essentiels et constitutifs d'un climat sont la *chaleur*, l'*eau*, la *lumière*. Quelques exemples feront mieux saisir l'importance de la connaissance des climats pour le cultivateur. Habite-t-il une région basse, entourée de forêts, parsemée d'étangs et abritée par des montagnes, il verra que la température est généralement plus froide, plus humide ? Il doit, s'il apprécie exactement sa situation, modifier le climat à son avantage, à l'aide du défrichement, du desséchement, du drainage, il verra les eaux s'évaporer et la terre s'échauffer, les agents atmosphériques, trouvant un accès plus libre, modifier la végétation, en l'améliorant.

La science enseigne que les végétaux ont besoin pour parcourir toutes les phases de leur évolution d'un certain nombre de degrés de chaleur, il faut donc que le cultivateur ne soit pas étranger à ces connaissances, il serait exposé par suite, à mettre sa culture en opposition complète avec le climat, il faut qu'il sache que l'olivier, par exemple, exige plus de chaleur que la vigne, la vigne plus que le froment, celui-ci plus que le sarrazin ; que le froid a une influence plus désastreuse sur l'oranger que sur l'olivier, sur l'olivier plus que sur l'avoine ; que la lentille, le colza, la vesce, sont plus sensibles au froid que le froment et moins que l'avoine, et que le seigle est la plus rustique de toutes les céréales.

Qui ne sait, par expérience, que le haricot ne supporte pas la plus petite gelée, qu'il en est de même du chanvre, du maïs, du sarrazin.... en un mot, des plantes qui viennent d'une patrie lointaine ? La conséquence est facile à déduire : il ne faudra planter ou semer ces graines qu'après que les gelées ne seront plus à craindre. C'est faute de connaître la température *minimum* que pouvait supporter le blé rouge, importé d'Angleterre en France, que nos agriculteurs ont éprouvé, il y a quelques années, de si cruelles déceptions.

32 Influence du Climat. Le cultivateur doit, avant tout, connaître les conditions nécessaires au développement des végétaux, dont il veut essayer la culture, et des animaux qu'il désire prendre comme auxiliaires. Ces conditions, avons-nous dit, sont les agents physiques, connus sous les noms de lumière et d'obscurité, de température, de sécheresse, d'humidité, etc... Naturaliser une plante, c'est l'entourer de ces conditions, de telle sorte qu'elle prospère loin de sa patrie ; on ne peut arriver à ce but qu'en connaissant le climat sous lequel elle prospère naturellement. Pour faire vivre les animaux et les végétaux dans des climats différents de ceux qui leur sont habituels, toute l'attention des agriculteurs doit se porter sur ce qui se rapporte à la température. Quelques exemples feront ressortir l'influence du climat.

Ce qui influe éminemment sur les végétaux, ce sont les extrêmes de la température et non les moyennes : si, par exemple, il gèle, dans un climat donné, ne serait-ce qu'une fois par an, toutes les plantes sujettes à la gelée en sont exclues, quand même les chaleurs de l'été seraient très-grandes.

Si un cultivateur habite sous un climat généralement humide, il a peu d'influence pour augmenter ou diminuer la quantité d'humidité répartie dans l'atmosphère, mais s'il veut combiner sa culture sur l'état du climat, il ne doit pas moins en tenir compte. C'est ainsi que dans l'Angleterre, où l'atmosphère est généralement humide, les gazons sont toujours très-beaux et se conservent sans peine : sous un tel climat, la culture des prairies réussit admirablement : si l'air est sec, il devient avantageux de cultiver les plantes qui redoutent l'humidité, telles que l'olivier, la vigne, les plantes connues sous le nom de plantes grasses, etc.

Les brouillards ont une importance qu'il ne faut pas négliger, car en troublant la transparence de l'air, ils diminuent la lumière nécessaire aux plantes. Si la gelée survient, quand l'humidité du brouillard est déposée sur des branches délicates, il se forme un givre qui leur nuit et peut les tuer ; si le brouillard se dépose en gouttelettes d'eau dans la corolle des fleurs, il peut empêcher la fécondation et amener la stérilité de la plante. Sans doute, l'agriculteur n'a presque aucun moyen de se défendre des influences atmosphériques dans ses cultures en grand, mais il doit de toute nécessité, étudier son climat, s'il veut diriger le choix de ses cultures ; il est de son intérêt d'adapter au lieu qu'il habite celles qui redoutent le moins les accidents habituels sous ce climat. L'agriculture a été longtemps considérée comme un art de routine ; de nos jours, cette science est entrée dans une voie remarquable de progrès, et elle a rejeté cette pratique grossière qui n'était que le résultat de tâtonnements incertains. Elle s'appuie sur les grandes lois qui régissent la création et cherche, surtout dans l'acclimatation des végétaux et des animaux, à appliquer avec intelligence les notions de la géographie. Or, parmi ces notions, une des plus importantes, assurément, est celle de la connaissance de l'influence du climat.

Résumé du Chapitre III

Les climats différents sont limités par 1° les *lignes isothermes* ; 2° les *lignes isothères* ; 3° les *lignes isochimènes*. Ces lignes forment les *climats généraux*.

En France on peut distinguer cinq *régions agricoles*. 1° la région vosgienne ; 2° la région séquanienne ; 3° la région girondine ; 4° la région rhodanienne ; 5° la région méditerranéenne.

La connaissance du climat est de première nécessité pour le cultivateur, car il est de son intérêt d'adapter au lieu qu'il habite les plantes qui redoutent le moins les accidents habituels à ce climat.

CHAPITRE IV

SUBSTANCES FERTILISANTES

Sommaire. — Engrais. — Fumier d'écurie, d'étables, de bergerie, de porcherie, de basse-cour. — Parcage. — Enfouissage. — Engrais liquide. — Compost. — Amendements. — Argile. — Sable. — Laitiers. — Écobuage. — Son utilité. — Ses résultats.

Engrais.

34. Engrais. — Les cultures diminuent la fertilité des terres, car les plantes ont puisé, dans son sein, à l'aide de leurs racines, les éléments qui étaient nécessaires à leur nutrition. Il est important de restituer au sol les principes enlevés. Sans doute la végétation ne disparaîtrait pas complétement d'un sol épuisé, mais l'agriculture ne retirerait pas, de chétifs produits, un prix suffisamment rémunérateur. A l'aide des *engrais*, on restitue à la terre, au fur et à mesure, les matériaux qui entrent dans la composition des plantes qu'elle doit nourrir. On cherchait à obtenir autrefois le même résultat par la *jachère* ou le repos de la terre. Les agents atmosphériques, dans ce cas, tels que la pluie, la neige, amenaient de nouvelles modifications. Les végétaux, qui croissent naturellement, en se décomposant, laissaient des détritus, les bestiaux qui venaient y paître, la poussière du chemin entraînée par le vent, etc..., formaient autant d'éléments nouveaux de fertilité. Les perfectionnements agricoles ont fait rejeter la jachère et adopter unanimement chez nous les *engrais* comme substances fertilisantes. De nos jours les engrais sont l'âme de l'agriculture, ce que reconnaît le proverbe populaire : « il n'y a pas de bonne terre sans engrais ; » sans engrais, le cultivateur ne récolterait pas de produits avantageux.

Il doit donc 1° s'appliquer à en produire le plus possible ; 2° à n'en laisser perdre aucune partie ; 3° à s'en procurer au dehors, au meilleur marché possible ; 4° à les employer de la manière la plus convenable. On divise généralement les engrais en trois classes distinctes : les *engrais organiques*, les *engrais inorganiques* et les *composts*.

35. Engrais organiques, Fumiers. — Parmi les engrais organiques, le *fumier* de ferme est sans contredit, le plus important, le plus efficace et le plus économique.

Les fumiers se composent de matières végétales, de paille, d'herbes vertes ou fraîches, de feuilles, etc..., provenant de la nourriture des animaux ou de leur *litière*, mélangées et imprégnées de déjections animales. Les matières se trouvent toujours à un certain degré de fermentation qui en amène à la longue la décomposition. Nous disions plus haut que celui qui dirige une exploitation agricole doit s'attacher par-dessus tout à produire la plus grande quantité possible d'engrais de bonne qualité ; on tire de là cette conséquence immédiate que si le cultivateur veut augmenter les produits de ses champs à l'aide des fumiers, il faut, d'abord, qu'il commence à augmenter et à multiplier son bétail. Tout se tient en agriculture : plus il aura de bestiaux, plus il faudra de paille pour litière et de fourrages pour nourriture, plus il obtiendra d'engrais, plus il fumera et plus la terre lui rapportera. Il est essentiel que chacun se pénètre bien de cette vérité.

Les fumiers contiennent des matériaux végétaux et animaux ; par cette double composition ils restituent à la terre tous les principes que les récoltes ont enlevés : ils ont, en outre, une autre action également importante, celle de diviser la terre et de la rendre plus meuble.

L'agriculteur, convaincu de l'importance des fumiers, n'épargnera aucun soin pour obtenir dans les conditions où il se trouve, le plus de fumier possible et le mieux préparé. Il rejettera surtout cette incurie coupable de beaucoup de cultivateurs qui déposent leurs fumiers de manière à recevoir toute la pluie qui coule des toitures des bâtiments ; la pluie entraîne les parties les plus solubles et les plus utiles ; ils perdent ainsi en qualité et leur valeur nutritive est diminuée ;

il ne suffit pas de les mettre à l'abri de la pluie, il faut encore les préserver des ardeurs du soleil qui leur enlèvent leur humidité et retardent la fermentation, et par suite la décomposition. Une condition essentielle à la bonne préparation des fumiers est de conserver les parties liquides, le jus ou *purin*, soit en plaçant le tas de fumier dans un réservoir pratiqué dans le sol, réservoir pavé ou dallé, qui en empêche l'écoulement, soit surtout en dirigeant ces égoûts nutritifs dans des sortes de fosses ou citernes, d'où on les pompe pour les porter sur les prairies, ou, en temps de sécheresse sur les fumiers. S'il n'est pas possible d'établir des réservoirs de purin, il faut s'opposer à la déperdition des liquides, en recouvrant le fond de la fosse, où doivent reposer les fumiers, d'une couche de marne ou de sable destinée à retenir le purin en s'en imbibant.

On doit proscrire aussi la méthode défectueuse qui consiste à porter les fumiers sur les champs, et à les y laisser en tas pendant quelque temps, afin de les exposer à l'air: sous l'influence de l'air qui dessèche le fumier, la fermentation est ralentie, et, si la pluie survient, elle entraîne dans la terre, située sous chaque tas, une grande partie des sucs nutritifs au détriment du sol voisin.

Par la même raison, si l'on enterre trop profondément le fumier, le jus, entraîné par les pluies, est recueilli par la partie du sol au-dessous des racines : trop superficiellement, il se dessèche, et la fermentation est entravée.

Examinons la valeur comparative des diverses sortes de fumiers, car cette comparaison aura son enseignement, et rien n'est à négliger quand il s'agit de fumier, cette base la plus solide d'une bonne agriculture.

Les fumiers d'*écurie* sont plus chauds, plus actifs et doivent être répartis, avec plus d'avantages, dans les terres où domine l'élément argileux, dans les terres fortes.

Les fumiers d'*étable* sont plus frais, plus onctueux, et servent dans les terrains où l'élément siliceux est en excès, à leur donner du liant ou de la consistance.

Les fumiers de *bergeries* ont une grande activité, mais ils ne se produisent pas avec assez d'abondance pour jouer un rôle important en agriculture.

Les fumiers de *porcheries* sont froids, et ont besoin d'être mélangés à d'autres plus actifs.

Les fumiers de *basse-cour* et de *colombier* (colombine) sont très-riches en matières nutritives et ont une grande énergie ; aussi il faut les employer avec ménagement et en les unissant à d'autres moins actifs.

Outre cette première source d'engrais, qui est la plus générale et la plus importante, les cultivateurs s'efforcent de profiter par divers procédés de la totalité des parties nutritives des engrais par le parcage, l'enfouissage, la fabrication des composts et l'emploi des engrais liquides.

36. Parcage. — Le *parcage* est cette pratique agricole qui consiste à faire passer la nuit à un troupeau dans une enceinte mobile et clayonnée qu'on appelle *parc*. Cette pratique, usitée dans les pays de grande culture, où s'élèvent de nombreux troupeaux, n'est utile que lorsqu'on manque de litière, lorsqu'on trouve à vendre ses pailles à un prix avantageux, ou que les terres, trop éloignées de la ferme, nécessiteraient des frais considérables de transport des fumiers. Le piétinement des animaux et le soin qu'on prend d'enfouir leur résidus par le labour font que la totalité de l'engrais profite au sol.

37. Enfouissage des végétaux. — L'*enfouissage* des végétaux vivants (fougères, fanes de pommes de terre, lupins, racines de luzerne, sarrazin, spergule, varechs, fucus, goëmons, roseaux, herbes aquatiques provenant du fauchage des rivières) est un procédé analogue et assez souvent employé.

38. Engrais liquides. — Les *engrais liquides* offrent le grand avantage d'éviter la perte des engrais, car on utilise, sous cette forme, les urines des bestiaux, les égoûts des fumiers, les eaux des lavoirs, le sang des boucheries, en un mot, toutes les eaux chargées de matières organiques. On les transporte aux champs à l'aide de *tonneaux d'arrosage*, et ils servent à la fois d'engrais et d'arrosement. On ne saurait trop recommander ce procédé si utile en agriculture. La classe des *engrais organiques* comprend encore les tourteaux de navette, de colza, de chenevis, de cameline, de noix, etc., bons pour les terres brûlantes. L'engrais Jauffret, le tan, le sang, la chair des animaux morts (larves de vers à soie), engrais utiles pour les terres fortes et argileuses, pour la culture des végétaux épuisants, les urines, poudrette, la gadoue, le noir animal, les matières fécales humaines, le guano, les eaux provenant de filatures de soie, les eaux de routoir, les eaux vannes, les eaux grasses, les marcs, (d'olives, de café, de raisins; ces derniers favorables aux vignobles). Les résidus de féculeries, de houblonneries, bons pour les terres calcaires pauvres, l'orge germée, sabots, râpure de cornes, tendons, rognures de cuirs, crins, os, poils, plumes, chiffons de laine; cette dernière catégorie d'engrais est favorable aux plantes de la famille des crucifères (choux, radis, colza, navette, moutarde, turneps, etc.,) et de la famille des ombellifères, céleri, etc.) cet engrais produit tout son effet sur les terres calcaires.

39. Engrais inorganiques. — Les *engrais inorganiques* comprennent les cendres de bois, de tourbe, de houilles, de plantes marines, vitrioliques, la suie, les plâtras, les résidus de lessive, les sulfates d'ammoniaque, de chaux (plâtre), le sel marin, les nitrates et tous les sels ammoniacaux.

Les *composts* sont d'une haute importance pour l'utilisation des engrais. On les prépare en entassant, lit par lit, l'engrais avec de la terre, de manière que chaque couche de terre reçoive les égouts de la couche d'engrais qui est au-dessus d'elle et puisse aussi protéger celle qui est au-dessous contre l'évaporation. On peut arroser les tas de composts avec des engrais liquides et y mélanger de la chaux vive qui accélère la décomposition des matières végétales et animales.

Telles sont les notions générales qu'il est important de connaître; nous n'entrerons pas dans de plus amples détails, nous croyons avoir suffisamment fait ressortir le rôle des engrais dont l'action est si complexe qu'elle fait le sujet de nombreux traités. Admirons, en terminant, l'ordre et l'harmonie de la nature qui débarrasse le sol des détritus des végétaux, des résidus de toutes espèces, des débris d'animaux qui pourraient par leur décomposition, corrompre l'atmosphère et qui servent à la nutrition du règne végétal.

Remarquons aussi que les principaux engrais sont toujours les fumiers qui peuvent être créés dans la ferme, qui se trouvent à la portée du cultivateur et ne lui coûtent d'autres

frais que la main-d'œuvre et la manipulation. La grande
préoccupation du cultivateur doit donc être de les rendre
aussi abondants que possible ; d'ailleurs, les produits qu'on
se procure au dehors de la ferme reviennent généralement
assez cher. L'emploi des engrais minéraux est assez difficile
à connaître : c'est au cultivateur, que n'éclaire pas l'analyse
chimique, de se rendre compte de leur valeur par l'observation, la pratique et l'expérience de ses voisins.

Amendements.

40. On donne d'habitude le nom d'*amendements* aux substances que l'on ajoute aux terres dans le but de les améliorer,
de leur faire produire des végétaux plus nombreux ou meilleurs que ceux qu'aurait produits le sol sans cette addition.
Les amendements diffèrent des engrais en ce que les premiers
accroissent la puissance du sol sans en augmenter la richesse ;
ils favorisent, préparent l'alimentation des végétaux, tandis
que les engrais fournissent les principaux éléments de cette
alimentation.

Les amendements sont ou *naturels* ou *artificiels* : l'air, l'eau,
la lumière, la chaleur, etc., appartiennent à la première classe ;
c'est en connaissant bien leur action que le praticien peut
faire un emploi rationnel des amendements artificiels. Les
labours, par exemple, en mettant de nouvelles molécules de
terre en contact avec les agents atmosphériques, améliorent
le sol, mais il faut, pour que cette action soit efficace que
l'air ait pu pénétrer toutes les parties du sol, et en modifier
les éléments ; l'agriculture conclura de là que des labours
réitérés n'atteindraient pas le but qu'elle désire. Ce n'est que
par l'expérience et la connaissance du sol et du climat que
l'agriculture pourra régler les travaux qui doivent amender le
sol d'une manière mécanique. Aussi, ne devons-nous nous
occuper dans cet ouvrage que des amendements artificiels.
Quand un cultivateur désire amender sa terre, il a généralement pour but d'augmenter : 1° la cohésion du sol ; 2° la per-
méabité du terrain ; 3° ou bien la fraîcheur des terres arables.
Souvent encore en amendant son sol, il peut se proposer

4° de diminuer l'humidité du terrain. C'est envisagée sous ces quatre faces que nous allons étudier rapidement la question des amendements : c'est la classification, d'ailleurs, adoptée par l'habile professeur de Grignon, M. Gustave Heuzé.

41. Amendements propres à augmenter la cohésion des terres. — L'addition d'une certaine quantité d'*argile* est un excellent moyen d'amender un sol friable, siliceux ou calcaire, alors que la couche arable est très-légère ou naturellement meuble. Cette addition donne à la terre plus d'imperméabilité et y favorise la concentration d'une assez grande quantité d'humidité. Le cultivateur, avant d'amender sa terre à l'aide de l'argile, doit réfléchir aux dépenses que cette opération entraînera, et bien s'assurer si la plus value qui résultera pour lui, dépasse ses déboursés ; c'est qu'en effet l'argile est un amendement cher, par suite des frais d'extraction, de manipulation, de chargement, de transport, d'épandage, de division et d'enfouissement ; il faut généralement plusieurs années pour retirer un bénéfice du capital que réclame cette amélioration. Ceci posé et en admettant qu'un cultivateur veuille ajouter de l'argile à sa terre arable, il doit déterminer, tout d'abord, la proportion de cette substance qu'il lui convient de mélanger à la terre arable. Il doit, sous ce rapport, se baser sur ce principe que, plus le sol est riche, plus l'argile produit d'effet, plus le sol est pauvre, moins il en faut. Il doit, autant que possible, transporter l'hiver l'argile dans ses terres, pour que les intempéries de la mauvaise saison la rendent friable ; au printemps, on l'épand sur la terre, puis on pratique un hersage énergique avant de procéder au labour. Si le hersage était insuffissant, il conviendrait d'employer le roulage à l'aide du rouleau Croskill ; il est préférable de faire cette opération sur les terres en jachère. Un dernier hersage finit d'incorporer l'argile avec toutes les parties de la terre à laquelle elle est destinée. Dans certaines localités, où le drainage est presque impraticable et où le combustible ne coûte pas cher, on emploie quelquefois l'argile calcinée ; mais cette opération n'est pas toujours facile et demande trop de main-d'œuvre pour qu'elle devienne générale.

42. Amendements propres à augmenter la perméabilité des terres. — De même que l'argile augmente la cohésion des sols siliceux, le *sable* amende les sols argileux en divisant l'argile et en augmentant sa faculté absorbante. Pour obtenir du mélange de sable à la terre arable tout l'effet désirable, il faut profiter de la belle saison pour le transporter sur la terre qui doit être amendée; le sable contient alors moins d'eau, et la terre argileuse, en état de jachère, est plus meuble que dans l'arrière-saison. Le mélange s'opère d'autant mieux qu'on a répandu sur le sable une couche de fumier qui doit servir de fumure; l'humidité de ce fumier le retient et l'empêche de tomber dans les sillons que creuse la charrue, à la partie inférieure de la couche arable.

Dans les pays où l'industrie du fer est en vigueur, on se sert, pour amender les terres argileuses, des *laitiers* ou *scories* vitrifiées que l'on retire de la surface du fer en fusion. On épand ces scories sur les routes où le passage des voitures les réduit en petits fragments, état sous lequel elles doivent être transportées aux champs, et mêlées à la couche arable. Cet amendement diminue la tenacité et la perméabilité des terres argileuses et schisteuses, et, par la chaux qu'il renferme, exerce une action salutaire sur la végétation des céréales et des légumineuses. Dans les pays où le sol présente des filons de *schiste*, on l'emploie avec succès pour amender les terres argileuses compactes : c'est un amendement d'une efficacité remarquable pour les vignobles qui se couvrent d'une végétation luxuriante sous l'influence de ces schistes : généralement on les applique entre les rangs de ceps avant l'hiver, à raison de 300 mètres par hectare.

Les *pierres* peuvent, à défaut de tout autre amendement, soulever la terre, et la rendre moins compacte et moins humide en facilitant la perméabilité.

43. Amendements propres à augmenter la fraîcheur des terres arables. — Quand les sols siliceux se dessèchent trop activement et ne donnent naissance qu'à une végétation maigre et chétive, il est bon de les couvrir d'une couche de *cailloux* qui, en plombant la couche arable, par le seul effet de leur poids, empêchent en même temps l'évaporation rapide de l'humidité et favorisent la végétation. C'est à l'ombre des cailloux que poussent souvent les plus beaux blés. Ne voyons-nous pas le même effet apparaître dans nos cours pavées, où vignes et arbres fruitiers produisent avec la même abondance que dans nos jardins qui reçoivent tous nos soins !

Les *plantations*, comme arbres ou haies vives, fixent encore les terres siliceuses trop sèches au printemps et à l'été : les vents en se brisant contre ces plantations ont une action moins desséchante et les rayons du soleil se trouvent amortis par l'ombrage qu'elles projettent.

44. Amendements propres à diminuer l'humidité d'un terrain — Les *labours profonds* ou, en d'autres termes, les labours du défoncement, amendent la terre trop imprégnée d'humidité, en permettant à l'eau de s'infiltrer plus profondément, à l'air d'arriver jusqu'au sous-sol, et aux racines de s'étendre plus facilement dans la couche arable.

Ces labours profonds ne doivent être faits qu'à de longs intervalles, de dix en dix ans au plus tôt, car ils ramènent à la surface du terrain une partie du sous-sol qui n'a jamais été modifié par les agents atmosphériques, et si on ne laisse pas à cette couche ramenée le temps de subir l'influence bienfaisante de l'air, de la chaleur, de la lumière, on ne recueillerait pas un fruit suffisamment rémunérateur de cet amendement, à moins d'enrichir le sol d'abondantes fumures.

Le *desséchement* à l'aide du *drainage*, des fossés, du labourage en billons, parviennent encore à diminuer l'humidité surabondante des terres. Nous nous étendrons plus amplement dans un des chapitres suivants.

Ecobuage.

45. Le défrichement des terres incultes est généralement précédé de l'opération qu'on appelle *écobuage*. Cette opération n'est, à proprement parler, que la combustion des fragments de végétaux qui occupent naturellement la terre, ou la lande qu'on veut défricher et dont les cendres servent d'engrais, l'écobuage est surtout utile pour la mise en culture des marais et des fonds tourbeux, des landes, des bois, des pâturages, en un mot, de tous les sols dont la couche superficielle est couverte d'une végétation naturelle qui n'offre pas assez de bénéfices au propriétaire.

Par suite de la combustion des végétaux du sol soumis à l'écobuage, le feu détruit les germes des plantes et les larves des insectes nuisibles; on ajoute en même temps à la puissance fécondante des engrais.

Il faut, avant tout, s'assurer de l'utilité de l'écobuage : les praticiens le recommandent dans les quatre cas suivants, et, sous ce rapport, la théorie est d'accord avec la pratique.

1° Les sols *à fond tourbeux*, où la matière organique surabonde, reçoivent une amélioration notable de l'écobuage. Les cendres qui résultent de la combustion des plantes croissant naturellement dans les terrains tourbeux, forment comme une poussière alcaline et terreuse qui, agissant à la manière de la chaux, aide à la décomposition naturelle des débris végétaux. Ces cendres neutralisent les principes, sous l'influence desquels s'est formée la tourbe, et contribuent par là à favoriser la végétation qui doit succéder à la végétation primitive.

2° Les *landes* sont généralement couvertes de plantes ligneuses envahissantes, telles que les ajoncs, les fougères, les bruyères, les genêts, les graminées à tiges dures. Ces plantes sauvages disparaissent par l'écobuage en même temps que les propriétés physiques du sol se modifient, les principes acides, qui nuisent à la végétation, sont neutralisés par les principes alcalins des cendres et, sous cette influence bienfaisante, le sol acquiert de nouvelles propriétés, et peut être rendu à la culture.

3° Les terrains *défrichés*, couverts auparavant d'une végétation forestière, ont leur couche superficielle généralement composée du terreau provenant des détritus des végétaux qui les ont habités pendant de longues années. Ce terreau contient beaucoup de tannin et est défavorable à la végétation de certaines céréales.

L'écobuage a alors pour effet de mélanger au terreau de nouveaux éléments minéraux qui, se combinant avec ceux que renferme le terrain, forment des sels favorables à la végétation.

4° Les *vieilles prairies* souffrent généralement d'une surabondance de terreau acide ; elles finissent par perdre de leur puissance végétative, elles se fatiguent. Il faut les ranimer, les activer. Couvert par un tapis épais de verdure, le sol de ces prairies, soustrait à l'influence des agents atmosphériques, a fini par devenir acide, ce dont on s'aperçoit quand il donne naissance à des mousses. L'écobuage donne au sol de nouveaux éléments, l'air forme de nouvelles combinaisons et le terrain peut fournir deux récoltes de seigle; ensuite on laisse reposer le terrain pendant quelques années, et on recommence l'écobuage, après quoi on obtient deux récoltes de seigle, et successivement.

Souvent un cultivateur ne craint pas d'employer l'écobuage pour nettoyer le sol, quand les mauvaises herbes à racines traçantes l'envahissent au point d'étouffer les récoltes. Dans beaucoup de localités on pratique une sorte d'écobuage en brûlant les étaules des céréales. Il faut pour que cette opération ait un effet utile que la terre soit argileuse, ou argilomarneuse, en un mot, qu'elle ait un excès de ténacité. L'écobuage devient alors un amendement; il diminue la consistance de l'argile trop compacte, en décompose les éléments, et les rend plus propres à être absorbés par les céréales.

La terre argileuse ou calcaire s'imprègne des produits volatils qui se dégagent pendant la combustion, et les cendres forment alors un amendement utile à la fertilisation du sol.

L'écobuage, sans doute, a été l'objet de vives critiques : elles doivent s'adresser à l'écobuage mal exécuté ou pratiqué sur des terres qui ne lui conviennent pas, telles que les sables, dont les éléments ne se modifient pas sous l'influence du feu, et qui, n'étant pas pourvus de porosité, ne peuvent absorber les gaz qui résultent de la combustion.

46. Nous pouvons résumer les résultats de l'écobuage dans les effets suivants : 1° il débarrasse le terrain des mauvaises herbes; 2° il détruit ou éloigne, par l'odeur ou la saveur de ses résidus, les insectes des vieilles prairies ; 3° il transforme en engrais des matières végétales qui n'offraient aucune utilité; 4° dans les sols argileux ou calcaires, il rend les éléments primitifs plus faciles à être assimilés par les végétaux, en même temps qu'il en constitue de nouveaux.

On choisit pour écobuer la saison du printemps ou celle de l'automne, alors que la terre conserve encore une certaine fraîcheur. On commence par dégazonner le sol, c'est-à-dire, qu'on enlève le gazon en plaques, aussi régulières que possible, sur une épaisseur de 5 à 6 centimètres, ou plutôt sur la couche de terre pénétrée de racines. On emploie pour cette opération, soit une houe dont la lame mesure 24 centimètres à son tranchant, (les Angevins appellent cette houe une *écobue*; dans le Morbihan, on la surnomme *Étrèpe*; ailleurs, *marre, tranche*), soit une simple bêche acérée et terminée en pointe triangulaire. Souvent encore on commence par diviser le terrain régulièrement, au moyen du tranche-gazon, puis on détache les plaques à l'aide du lève-gazon ; on peut se servir aussi de la charrue ordinaire. Quel que soit le mode que l'on ait employé, on laisse sécher les plaques de gazon sur le sol pendant quelque temps; on les retourne ensuite pour qu'elles sèchent de l'autre côté. Quelquefois, pour que l'action desséchante du soleil ait plus d'efficacité, on oppose les plaques de gazon deux à deux, par leur sommet, on forme de petites tentes ; par ce moyen la dessiccation s'effectue des deux côtés à la fois.

Il est bon de ne pas destiner tous les produits de l'écobuage à la réduction en cendres et d'en utiliser quelques-uns en les enterrant à la charrue, comme engrais.

Pour brûler les produits de l'écobuage, on en forme de distance en distance des tas ou *fourneaux*; pour diminuer le travail de transport des gazons, et les frais d'épandage des cendres, on fait les tas moins gros et plus rapprochés, à la distance de 5 mètres environ.

Pour établir les fourneaux, on forme d'habitude une couronne de gazons de 1^m,50 de diamètre, renfermant un espace vide de 0,50. C'est dans cet espace vide que l'on dispose le combustible : broussailles, tourbes, genêts, bruyères, etc. On superpose de nouveaux lits de gazons en plaçant la face herbue et sèche à l'intérieur. Arrivé à mi-hauteur on prend la précaution de donner aux plaques de gazon une forte retraite intérieure; de cette manière au-dessus du combustible s'arrondit la voûte qui ferme le fourneau à 1^m,50 de hauteur. Il faut avoir la précaution de laisser aux fourneaux deux ouvertures; la première se trouve à la base du côté où le vent souffle, c'est par là qu'on introduira le feu qui doit allumer le combustible; la seconde, placée au sommet, donnera issue à la fumée. Dès que le feu est bien pris, on bouche ces deux ouvertures et toutes les fissures qui pourraient se produire par la combustion pour concentrer le feu à l'intérieur : il faut veiller à ce que la combustion soit lente : par là les produits gazeux qui en résultent se fixent dans la masse terreuse et favorisent la végétation par suite des combinaisons qui s'opèrent.

On s'aperçoit que l'opération est bonne quand les cendres sont brunes, alors la terre est *cuite* et non *brûlée*; une combustion trop active blanchit les cendres et fait disparaître les principes utiles à la végétation.

Aussitôt que les résidus de cette combustion sont suffisamment refroidis, on procède à l'épandage des cendres sur la surface des champs de la manière la plus égale possible : on fait suivre cet épandage d'un léger labour. La terre ainsi écobuée peut recevoir une première semaille de seigle ou de sarrazin : les plantes crucifères, telles que navets, turneps, colza, navette, etc., s'en trouvent parfaitement bien; il en est de même des légumineuses: l'habitude est de ne semer le blé qu'après la 2me récolte.

Résumé du Chapitre IV

1. Les cultures diminuant la fertilité des terres, on leur restitue, par les *engrais*, les substances dont elles ont besoin.

Les substances fertilisantes ou engrais se divisent en trois classes : *engrais organiques, engrais inorganiques, composts.*

1° Les meilleurs engrais *organiques* sont les *fumiers* de ferme, bien préparés, bien conservés avec le *purin* : ils comprennent les fumiers d'écurie, d'étable de bergerie, de porcherie, de basse-cour.

On utilise encore les engrais par le *parcage*, l'*enfouissage*, la *fabrication* des *composts*, l'emploi des *engrais liquides.*

2° Les engrais *inorganiques* sont les cendres, la suie, les plâtres, le sel marin, etc.

3° Les *composts* utilisent des engrais qui seraient perdus.

La préoccupation du cultivateur doit être de produire abondamment les fumiers qui sont les meilleurs engrais.

2. Les *amendements* améliorent la terre et accroissent la puissance du sol. Les amendements sont *naturels* (l'air, l'eau, la lumière, la chaleur) ou *artificiels*. Les amendements *artificiels* sont 1° propres à augmenter la cohésion des terres (*argile*) ; 2° propres à augmenter la perméabilité du sol (sable, laitiers, schiste) ; 3° propres à augmenter la fraîcheur des terres (cailloux, plantations) ; 4° propres à diminuer l'humidité d'un terrain (labours profonds, labours en billon, drainage, défrichement).

3. L'*écobuage* précède généralement le défrichement des terres incultes : il faut examiner dans quels cas l'écobuage est utile, sur les sols à fond tourbeux, les landes, les terrains défrichés, les vieilles prairies. L'écobuage a pour effets de détruire les mauvaises herbes, les insectes, d'amender le sol. Pour écobuer, on dégazonne le sol, puis on brûle ces gazons en tas ou *fourneaux*, et on épand les cendres sur la terre

CHAPITRE V

CULTURE DU SOL

> « Pauvre agriculteur, pauvre agriculture. »
>
> Quand les premiers romains voulaient faire l'éloge d'un homme
> de bien, ils le faisaient ainsi : « C'est un bon agriculteur et un
> bon fermier. » Cette sorte de louange passait pour la plus
> magnifique qu'on pût donner.   (CATON).

Sommaire. — Éloge de l'agriculture. — Petite et grande culture. —
Outillage. — Instruments de culture. — Emploi de la vapeur. — Ma-
chine à battre, à moissonner, à semer, à rouler. — Extirpateur. —
Scarificateur. — Houe. — Charrue. — Bêche. — Pioche.

Éloge de l'agriculture

51. Éloge de l'agriculture, sa définition. —
L'histoire des peuples nous montre l'homme, à l'origine de
toutes les sociétés, se nourrissant du produit de sa chasse et
des fruits que la nature lui offrait spontanément; puis, aban-
donnant cet état de barbarie, pour mener la vie pastorale, il
s'adonne au soin et à la multiplication des animaux utiles;
enfin, à mesure que ses besoins se sont accrus, il a compris
la nécessité d'étendre aux plantes alimentaires les soins qu'il
consacrait aux animaux. C'est là l'origine de l'agriculture,
le premier des arts, le plus noble de tous, puisqu'il place
l'homme en contact avec les œuvres du Créateur, « le plus
digne de l'homme libre » dit Cicéron, car tout ce qu'il fait,
il le fait au grand jour, sous les yeux de tous et pour le plus
grand profit de tous. L'agriculture est la nourrice de l'humanité; par un travail persévérant, parfois ingrat, toujours hon-
nête, elle prépare à l'homme sa nourriture et son vêtement.
Elle est utile à tous, en tous lieux, en tout temps. Elle choisit, sème et récolte le grain qui le nourrit; elle plante la vigne,
elle greffe le pommier qui lui donne la boisson pour le désal-

térer; elle améliore la toison qui doit le vêtir; elle donne de la saveur aux liqueurs, du suc aux fruits dont l'âcreté native aurait repoussé la main de l'homme : sans doute, la vie de l'agriculteur comporte des labeurs pénibles, d'amères déceptions, mais elle lui conserve une indépendance complète, une liberté absolue, elle réclame un exercice continuel qui lui donne la santé, des habitudes de travail et d'économie qu'il communique à ses auxiliaires.

52. Mais l'agriculture ne donne ces avantages qu'à la condition que l'agriculteur soit bien pénétré de l'importance de cette science, qui est comme le résumé de toutes les connaissances humaines. *L'agriculture n'a-t-elle pas pour but, en effet de faire rapporter à la terre la plus grande quantité possible de produits ?* Elle s'appuie sur la minéralogie et la chimie pour connaître la nature et la composition du sol ; elle emprunte à la botanique, à la zoologie, à la zootechnie les notions qui lui sont utiles, pour étudier les plantes qu'elle doit cultiver, les animaux qu'elle veut élever, à l'hygiène l'art de prévenir les maladies; elle s'entoure des lumières de la physique et de la météorologie pour connaître l'action si puissante des agents atmosphériques; elle demande à la mécanique une économie des forces dont le jeu lui est nécessaire; la nature est son domaine, la terre est son atelier. Si l'art de cultiver est le premier, le plus noble des arts, il est aussi le plus intelligent, par l'étendue des domaines qu'il embrasse. C'est muni de toutes ces connaissances spéciales que le travailleur agricole est en droit de demander au sol la plus grande somme possible de produits. La préparation du sol et l'ensemble des procédés employés pour obtenir les meilleurs produits, constituent la *culture* qui, suivant l'objet qu'elle a en vue, prend le nom d'*horticulture*, d'*agriculture*, de *viticulture*, d'*arboriculture* : suivant les domaines qu'elle embrasse, elle prend le nom de *grande* ou de *petite culture*.

Instruments de Culture

53. Instruments de culture. — La culture du sol nécessite l'emploi d'*outils* et d'instruments variés, sans le secours desquels le plus souvent le travail de l'homme seul serait insuffisant et parfois impuissant Le degré de perfectionnement de l'*outillage* ou du *matériel* de l'agriculteur donne la mesure des progrès du pays. Toutes les opérations de la ferme peuvent se ranger en trois sections, suivant le moteur qui les met en jeu : or, en agriculture, l'homme a trois auxiliaires dont il doit tenir compte : 1° la vapeur ; 2° le cheval ; 3° l'homme : de là, trois catégories distinctes des outils et des machines.

1° *Outils et machines ayant pour moteur*

LA VAPEUR.

54. La force de la vapeur n'est point encore utilisée en agriculture comme elle l'est dans l'industrie ; cependant la vapeur est la force la plus économique, la plus puissante, et celle qui donne la plus grande uniformité de travail ; aussi, tous les efforts des inventeurs sont-ils exercés vers la perfection de nos machines à vapeur, et l'on peut dire que notre avenir agricole repose en grande partie sur le développement que prendra la vapeur, comme moteur de nos machines. En parcourant notre dernière Exposition universelle, il était facile de se rendre compte du rôle que doit jouer cet agent quand la vapeur labourera, récoltera, battra nos céréales et remplacera le manque de bras dont se plaint, à si juste titre, l'agriculteur.

En attendant que l'agriculture progressive ait généralisé l'emploi des machines à vapeur, les agriculteurs intelligents et habiles n'hésitent pas à les employer et à applaudir à leurs résultats. On ne saurait trop insister sur l'économie des frais qui résulte de l'application de la vapeur comme force motrice aux travaux de l'agriculture, et cette économie provient de la puissance presque illimitée que la vapeur met à la disposition du cultivateur. Pour le service à l'extérieur de la ferme, le rôle de la vapeur n'est sans doute pas encore assez régularisé pour pouvoir être adopté partout avec avantage; mais il n'en est pas de même pour l'intérieur de la ferme où elle peut servir de moteur pour tout le matériel destiné à battre, à nettoyer le grain, à couper les racines alimentaires, à battre le beurre, etc. En effet, dès qu'une machine à vapeur est installée dans l'intérieur d'une ferme, il est facile de communiquer le mouvement aux autres machines accessoires, telles que hache-paille, coupe-racines, concasseurs, etc., par l'intermédiaire de l'*arbre de couche* (tige de fer tournant horizontalement dans des coussinets, et mue par la vapeur de la machine). Cet arbre communique le mouvement à chaque instrument qui lui est annexé à l'aide d'une courroie montée sur une poulie.

Dès que les premiers frais ont été faits pour l'établissement de la machine qui doit donner le moteur général, l'installation d'un certain ensemble d'instruments fonctionnant tous à l'aide du même moteur, n'entraîne que des frais relativement insignifiants, si on les compare aux avantages qu'on en retire. Aussi dans toute exploitation considérable, où il est permis de réunir dans le même local toutes les machines nécessaires, le cultivateur ne doit pas reculer devant de pareilles dépenses.

Le cadre de cet ouvrage ne comporte pas de plus amples développements, et nous interdit la description des différentes machines à vapeur qui se présentent au choix du cultivateur; il nous suffit d'avoir insisté sur le rôle qu'est appelée à remplir la vapeur comme moteur des machines agricoles, dans une infinité d'opérations pénibles et dispendieuses; machines qui remplacent les bras d'hommes qui manquent, comme les animaux de travail.

Dans un avenir rapproché, il n'existera guère de fermes qui ne possèdent pas une moissonneuse, une faucheuse, une défonceuse,. etc ; déjà la machine à battre se vulgarise et tend de plus en plus à se généraliser et à subir des améliorations qui en faciliteront la propagation.

2° *Outils et machines ayant pour moteur*

LE CHEVAL.

55. Le cheval est un des plus puissants auxiliaires de l'homme en agriculture ; c'est une machine vivante, un véritable levier, un moteur vigoureux dont l'homme peut diriger l'action par le dressage, et qu'il utilise le plus souvent dans les accidents de terrain où le jeu régulier d'une machine semblerait impossible. En raison de ces avantages, le cheval est indispensable au cultivateur ; il l'utilise comme moyen de transport, et comme moyen de traction. Il lui fait mouvoir un grand nombre de machines nécessaires à son outillage.

La vapeur fait souvent mouvoir les *machines à battre*, mais le plus souvent on emploie les chevaux.

56. La plupart des *machines à battre* consistent en une cage cylindrique doublée par une enveloppe en tôle où sont attachées les barres ou *battes*, espèces de barres de bois fixes disposées sur deux ou trois séries de bras rayonnants. Le battage s'opère par la révolution du tambour cylindrique lequel est mis en mouvement, soit par la vapeur, soit par l'eau, mais le plus souvent par un manége. On place, au-dessus du cylindre, de grandes ailes mises en mouvement par le même moteur et qui, en tournant avec rapidité, entraînent au loin les menues pailles. Le grain, soumis au choc alternatif des battes, est séparé de la paille d'une manière plus complète et plus expéditive qu'à l'aide du fléau.

Il existe bien des genres de machines à battre, mais la meilleure peut-être à adopter dans la ferme est celle qui ménage la paille et ne la brise pas pendant le battage. C'est au cultivateur à se renseigner à ce sujet.

Les machines à battre offrent de grands avantages : elles exécutent le travail plus promptement et permettent de battre, aussitôt après la moisson, alors qu'on ne trouve pas de bras ; la rapidité avec laquelle elle agit est surtout un précieux bienfait ; il arrive souvent en effet que le cultivateur désire rentrer son grain dans le grenier et ne mettre en meules que des pailles battues, ou bien, qu'il y a nécessité de battre de suite

une meule qui s'échauffe ; le travail d'homme ne pourrait arriver à se faire en temps opportun ; le grain est, en outre,
mieux séparé de la paille.

Le battage au fléau occasionne chez l'homme de graves maladies ; ne serait-ce que pour cette raison d'humanité, on
devrait renoncer à ce mode de battage.

Quand le petit fermier n'a pas le capital nécessaire, pour
installer une machine à battre, il se sert généralement des
machines à battre mobiles que l'on fait voyager de ferme en
ferme.

Mais nous concevons l'espoir que dans un avenir prochain,
chaque exploitation aura sa machine à battre.

Les machines à moissonner ont un usage plus restreint que
les *batteuses*. Elles consistent généralement en une rangée de
ciseaux coupant la céréale au niveau du sol ; un mécanisme
adapté à l'axe des roues les met en mouvement et l'appareil est
attelé d'un ou plusieurs chevaux ; pendant le trajet de la machine la céréale, saisie par les ciseaux, tombe coupée sur une
plateforme, où un ouvrier la met en javelles : les javelles sont
rejetées au-dehors ou sur le sol ou en lignes.

57. Les *semoirs* sont des instruments, agissant avec une précision mécanique, et imaginés pour remplacer le travail du semeur.

Ils consistent généralement en un coffre traversé par l'axe d'une paire de roues : le grain tombe par des tubes de tôle qui le conduisent au fond des sillons ouverts par une ligne de petits socs placés derrière le semoir ; un râteau accompagne chacun des socs, et rabat les bords du sillon pour recouvrir la graine. Un cheval suffit le plus souvent pour les semoirs ; pendant le trajet un mécanisme intérieur ouvre et ferme de petites soupapes par lesquelles tombe le grain. On utilise encore les semoirs en y ajoutant un autre coffre qui distribue l'engrais pulvérulent dans les sillons.

Il existe des *semoirs à bras* et des *semoirs-brouettes* reposant sur une seule roue et qu'on peut faire fonctionner en poussant en avant. L'usage des semoirs convient surtout pour les semis en lignes des céréales qui permettent le sarclage ; on obtient par cette méthode une économie de semences d'un tiers ou de moitié et surtout un produit plus considérable en gerbes et en grains.

Si l'emploi de ces machines ne se généralise pas davantage on peut l'attribuer aux inconvénients inhérents aux machines, en ce qu'elles ne peuvent être confiées au premier venu ; elles réclament, de la part de l'ouvrier qui dirige l'instrument, une certaine habitude, des précautions et de la sagacité qu'on ne rencontre pas toujours chez les agents inférieurs de la culture ; elles sont d'un entretien coûteux, et on ne trouve pas toujours un habile ouvrier sous la main pour les réparer ; elles ne fonctionnent pas également bien, dans toutes les circonstances, dans les terrains montueux ou pierreux, dans les gazons, etc.

58. Les *rouleaux* sont des instruments composés d'un cylindre de longueurs et de grosseurs différentes, en bois, en pierre, en fonte, servant à briser les mottes, à égaliser la terre pour les semailles en lignes faites au semoir, à raffermir le sol des terres soulevé par la gelée et le dégel.

Les rouleaux destinés spécialement à briser les mottes ne sont pas unis ; ils sont hérissés d'inégalités formées par des cercles de fer montés sur un axe commun, cannelés ou besselés, dépourvus de dents à leur circonférence (Rouleau ordinaire, herse de Norwège, rouleau squelette, rouleau Croskill, etc.)

59. Les *herses* achèvent le travail de la charrue en ramenant, à la surface du sol, les mauvaises herbes déracinées par cet instrument, elles ameublissent et aplanissent le terrain et opèrent un mélange plus intime des engrais, des amendements et des fumiers sur la terre; elles recouvrent les semences.

On emploie les herses à dents de bois et à dents de fer : ces instruments sont composés de barres parallèles, ordinairement en bois de frêne ou de hêtre, munies de dents de fer ou de dents de bois en cornouiller.

Les barres sont adaptées sur un châssis trapézoïde, triangulaire ou carré; les dents sont en bois pour les terres légères, et les champs nouvellement labourés, en fer pour les terres fortes, à surface encroûtée, les terres pierreuses et les vieux labours.

La herse en losange passe pour avoir une supériorité marquée, cependant la herse triangulaire permet au conducteur d'éviter plus facilement les arbres fruitiers plantés dans les champs. Suivant leur poids, la longueur et la multiplicité de leurs dents, la nature du sol, on emploie la force d'un, de deux ou trois chevaux.

60. Les *extirpateurs*, propres à déraciner les mauvaises herbes, sont généralement en fer; ils tiennent le milieu entre la charrue et la herse. Ce sont des sortes de herses à trois ou cinq petits socs triangulaires qui coupent sous terre les plantes nuisibles, qui ameublissent la terre sans la retourner; ils sont utiles pour déplanter les chaumes, pour déraciner les herbes traçantes ou pour enfouir des semences.

Les *scarificateurs* sont des instruments pourvus de pieds quelquefois recourbés sur un châssis en forme de herse, ordinairement triangulaire. Ils sont plus énergiques que les herses et déchirent mieux les gazons des vieilles prairies, les bruyères des terrains incultes. Le travail de ces deux genres d'instruments demande, en général, une force assez grande, souvent celle de trois à quatre chevaux; il faut, pour le choix de ces instruments, consulter l'usage local et la puissance des attelages.

Les *houes à cheval* sont des instruments munis de plusieurs pieds en fer terminés par des courbures horizontales tranchantes; ils servent à biner les semis ou plantations par rangées.

61 *Les charrues* sont les plus utiles et les plus répandus des instruments aratoires, elles ne diffèrent de l'araire (primitive charrue, sans roues et sans avant-train) que par l'addition de l'avant-train, monté sur des roues, destiné à leur donner plus de solidité. Les charrues, mises en jeu par les animaux, font un travail qui se rapproche de celui de la bêche, le plus simple et le meilleur de tous, en coupant la terre verticalement et horizontalement et en la retournant par une action continue.

Une charrue, bien conditionnée, se compose d'un *soc*, pièce de fer acéré, plate et triangulaire, qui pénètre dans la terre comme un coin tranchant, d'un *versoir* fixe ou mobile qui rejette et renverse la terre, d'une *oreille* qui la repousse encore plus et ouvre le sillon, d'un *coutre*, lame tranchante placée obliquement, en avant, et au-dessus du soc destiné à couper la lame de terre et à préparer l'effet du versoir. Le soc s'ajuste sur un support horizontal appelé *cep* ou *talon* qui glisse après lui dans le sillon.

Le corps de la charrue est monté sur un assemblage solide de quatre pièces de bois dont l'une s'appelle *l'âge* : elle est terminée par un anneau muni d'un crochet pour recevoir les palonniers où sont attelés les chevaux : deux autres pièces sont appelées les *étançons*; celui qui est en avant prend le nom de *gendarme*; c'est sur lui que s'appuie la partie antérieure du versoir; les étançons servent à lier *l'âge* avec la quatrième pièce qui est le *cep*. On munit la charrue à l'arrière de deux poignées ou *mancherons* qui servent à la diriger, à la soulever au besoin et à la tourner quand le conducteur est au bout du sillon.

Combiner l'action du coutre, du soc et du versoir, de manière qu'ils ne se contrarient pas tout en les soumettant à une force qui les dirige, telle est, en deux mots, la théorie de la charrue.

Les charrues ordinaires ont, en outre, un *avant-train* formé de deux roues : alors l'âge s'appuie sur une sellette placée droit au-dessus des roues. Si on le porte en avant ou en arrière, on diminue ou on augmente l'effet du labour.

On peut partager les charrues en trois classes : les *araires*, c'est la charrue primitive, sans avant-train ; les charrues à avant-train et à versoir fixe : les charrues tourne-oreilles ou à versoir mobile.

Les araires, que l'on retrouve encore dans les pays du centre et du midi, sont d'assez médiocres instruments, qui ne coupent pas assez la terre et donnent beaucoup de tirage aux attelages. Le meilleur modèle d'araire est l'araire de Mathieu de Dombasle : elle est munie d'un régulateur qui règle son entrure, d'un coutre qui tranche la terre verticalement, d'un soc triangulaire qui la tranche horizontalement et d'un versoir qui la retourne. Les *charrues Brabant* des départements du nord et de la Belgique sont des araires, à l'avant desquelles on a placé un support en forme de roue, ou de sabot, qui glisse dans le sillon pour maintenir la direction.

Les charrues à avant-train et à versoir fixe donnent un travail régulier, mais la terre soulevée est toujours rejetée du même côté, et on ne peut en labourant aller et revenir en sens contraire dans le dernier sillon, ce qui occasionne une perte de temps, puisqu'il faut traverser la longueur de la pièce et trainer à vide la charrue pour aller chercher le sillon de retour.

Les charrues à versoir mobile, ou à tourne-oreilles, évitent ces inconvénients, dès que le premier sillon est ouvert et que la terre est rejetée de gauche à droite, *l'oreille*, qui est mobile passe de droite à gauche et ouvre en retour un nouveau sillon dont la terre est rejetée de droite à gauche dans le premier.

La nécessité des charrues, ces premiers instruments de tout cultivateur, a engagé les constructeurs mécaniciens à leur faire subir des améliorations notables. Il n'entre pas dans notre plan de décrire les nombreuses formes que les concours et les expositions mettent en relief chaque année : signalons seulement parmi les meilleures charrues perfectionnées, la charrue *Dombasle*, la charrue *Randsome*, la charrue *fouilleuse*, la charrue à double versoir ou *buttoir*, la charrue à *double soc* de Dufour, etc.

Le cultivateur ne doit pas oublier que l'instrument aratoire par excellence, celui qui sert à donner des façons à la terre est la charrue, que le but du labourage est multiple ; il a pour objet l'ameublissement de la couche arable combiné avec l'exposition à l'air de cette couche, la destruction des mauvaises herbes, l'évaporation du sol nécessaire pour que les racines ne pourrissent pas, l'enfouissement du fumier, etc. C'est d'après le but qu'il désire qu'il doit faire le choix de ses différentes charrues.

62. Le *labourage* ou *labour* est l'opération première et fondamentale de l'agriculture. Il a pour but de retourner le sol pour l'ameublir et le mettre en contact avec ces agents atmosphériques, pour y introduire les engrais, le purger des plantes nuisibles et le disposer à recevoir favorablement la semence qui lui est confiée. Le labour se fait d'habitude avec la charrue.

Après avoir indiqué d'une manière générale quelles sont les meilleures charrues, nous devons dire un mot des conditions d'un bon labour, conditions générales qu'il faut mettre en pratique pour obtenir les meilleurs résultats.

Quant au travail matériel des labourages, à la manière de conduire la charrue, chaque pays a des habitudes basées sur la connaissance du sol.

Profondeur du labour. Les labours qui dépassent 0ᵐ 26 s'appellent *labours de défoncements.* S'ils n'ont que de 0ᵐ06 à 0ᵐ 11 on les appelle *superficiels,* de 0ᵐ 12 à 0ᵐ 18, *moyens,* et de 0ᵐ 19 à 0ᵐ 26, *labours profonds.* La profondeur du labour dépend surtout de la nature du sous-sol et de la quantité d'engrais dont on dispose, des saisons et de la nature des plantes à semer. On comprend que si la couche de terre végétale est mince, si le sous-sol est impropre à la végétation, les labours doivent être peu profonds. Ce sont les céréales de printemps, surtout l'avoine, qui supportent le mieux un labour profond, car ces semences se font sans engrais; on modère la profondeur des labours pour la culture des céréales d'hiver qui se sèment avec les fumiers et les engrais. Les terrains légers exigent moins de labours que les terres fortes, et réciproquement.

Section de la raie. Le fond de la raie doit être coupé parallèlement à la surface, c'est-à-dire partout à la même profondeur, et la bande de terre doit être détachée régulièrement sur toute sa largeur, de telle sorte qu'on évite la surface en *crémaillère* (ce qui arrive avec une charrue penchée vers la gauche) ou sillonnée de bourrelets : il faut aussi que la raie ne soit pas trop large, car il resterait une bande de terre que n'atteindrait pas le soc de la charrue.

Parallélisme des bandes. Les bandes de terre doivent être parallèles entre elles et avoir la même égalité de largeur, et on doit les renverser dans le sens le plus favorable pour la pénétration de l'air.

Direction du labour. Dans les champs très en pente, il ne faut pas labourer dans le sens de la pente, à l'approche de la saison des dégels ou des orages, car les eaux ravineraient le sol et entraîneraient en bas la bonne terre végétale. On devra donc, dans ce cas, faire un labour transversal ou oblique, puis rabattre le sol par un hersage en travers; il faut, en même temps, prendre la précaution de jeter la terre en *contremont*, c'est-à-dire vers la partie la plus élevée du champ.

Époque des labours. Si l'on peut labourer en tout temps dans les terres légères, il n'en est pas de même dans les sols calcaires, la terre délayée par la pluie s'attache au soc de la charrue, ou desséchée par le soleil elle se sépare en mottes trop dures pour être divisées par la herse. Les terres argileuses demandent à être labourées quand elles ne sont pas trop pénétrées par la pluie.

Genre de labour. Suivant que la charrue est à versoir fixe ou mobile, on laboure : 1° en *planches ou billons*, ou 2° à *plat*. La fixité du versoir, jetant la terre du même côté, ne permet pas de prendre en revenant la bande de terre touchant à la raie ouverte en allant; pour arriver à cet effet, on partage le terrain en planches ou billons : on laisse de distance en distance des sillons et la terre se trouve élevée entre ces raies profondes. Ce procédé est suivant nous condamnable puisqu'il accumule la bonne terre et les engrais au sommet des billons; il n'est bon que dans le cas où le terrain est compact, plat et humide; alors il met les récoltes à l'abri de l'humidité.

Le labourage à plat est plus simple, mais il exige des charrues tourne-oreilles ou à double corps; il est usité dans les contrées où le sol et le sous-sol sont perméables, et sur les terres drainées; il est, de plus, le seul possible sur les terres en pente.

Le labour de la terre se fait généralement à l'aide de la charrue dans la grande culture; mais dans la petite culture, telle que le jardinage, c'est la main de l'homme, avec la bêche ou la pioche pour auxiliaire, qui se charge d'ameublir le sol.

3° Outils et machines ayant pour moteur

L'HOMME

63. Bêche. — La *bêche*, qu'on nomme aussi *louchet*, est une pelle en fer trempé, plus ou moins allongée et large, légèrement courbée dans le sens transversal, un peu plus large du haut que du bas et munie d'un manche en bois droit situé dans l'axe même du fer : quelquefois pour faciliter le travail, le manche est terminé par une petite traverse sur laquelle s'appuient les deux mains.

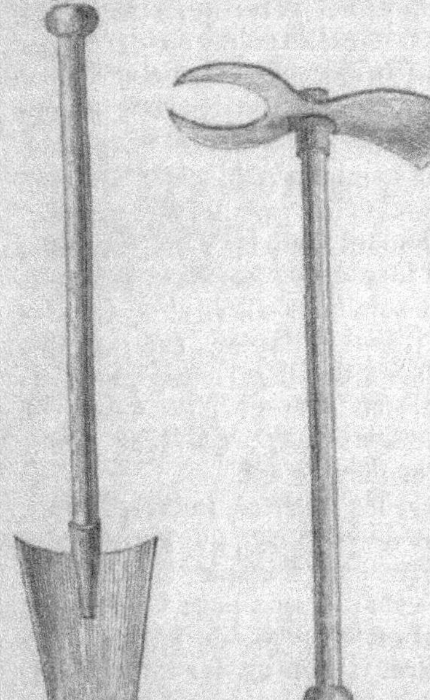

La bêche varie de forme et de dimension suivant les pays et la nature du sol à bêcher. Plus elle est étroite, mieux elle divise le terrain. C'est peut-être le meilleur de tous les instruments pour la perfection du travail, mais son emploi est très-dispendieux. Aussi la bêche n'est employée le plus souvent, dans la culture, que dans les pays où la main-d'œuvre est à bon marché.

Si la terre est légère, poreuse, chaude de sa nature, l'effet de la bêche, par un temps humide, sera utile, et par un temps sec, il deviendrait nuisible : il faut donc, dans l'emploi de cet instrument, mettre du discernement.

Fig. 3   Fig. 4

Dans les *défoncements à ciel ouvert*, le plus souvent c'est la bêche que l'on emploie, car c'est elle qui remplit le mieux le but que l'on se propose, d'ameublir le sol sur une plus grande épaisseur et de ramener à la surface des couches de terre que n'atteignent pas les labours ordinaires. Ce qui arrive lorsqu'on veut créer un verger. L'emploi de la bêche deviendrait désavantageux et coûteux, si le terrain était pierreux et difficile à travailler ; aussi le cultivateur doit-il bien calculer s'il y a perte ou profit à bêcher la terre. On peut considérer comme des modifications de la bêche certains instruments moins importants, tels que la *houlette* et la *fourche*.

64. Houe. — La *houe* a beaucoup d'analogie avec la charrue ; c'est un instrument en fer composé d'une douille, d'une lame, d'un tranchant et d'un manche adapté à la douille.

Si la *houe* est *carrée*, elle est utile pour le labour superficiel ; si elle est *ronde*, on l'emploie généralement pour planter et butter les pommes de terre, les artichaux, etc. ; *triangulaire*, elle pénètre mieux dans les terrains pierreux ; *fourchue*, elle est avantageuse pour les terres qui abondent en pierres ou en racines traçantes ; il en est de même de la houe *trident*, qui extirpe admirablement le chiendent ; la houe *à deux dards* ou *béchard*, est l'instrument des vignerons et des ouvriers qui travaillent un sol compact ou à surface encroûtée.

65. Pioche. — La *pioche*, munie d'un pic d'un côté, d'un fer de houe de l'autre et enmanchée avec un fort manche, dans une douille, sert principalement pour les défrichements, pour ouvrir des tranchées, des fossés, des terrassements ; elle varie de dimensions suivant les sols à travailler et suivant les forces de l'ouvrier auxquelles il faut l'adapter ; car si le travail fait à la pioche est plus expéditif, il est aussi plus fatigant. Les maraîchers de Paris se servent d'un *hoyau* ou *piochon*, fer étroit et relativement long, qui leur donne beaucoup de force pour pénétrer dans le sol.

Les *houes à défoncer*, les *pics*, les *binettes*, les *serfouettes*, sont d'autres petits instruments de jardinage qui empruntent aux pioches un de leurs caractères pour l'adapter à la culture à laquelle ils sont employés. C'est ainsi que pour le sarclage, on diminue la largeur du fer, et on le courbe davantage, pour que l'instrument puisse pénétrer là où un fer plus large, comme celui de la binette, aurait compromis les récoltes.

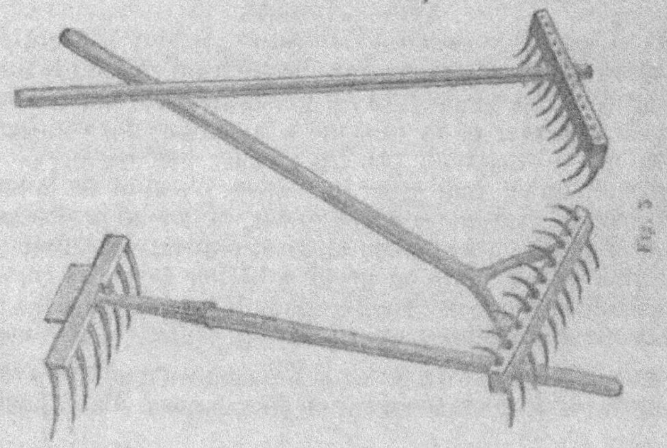

Les *rateaux* sont des instruments trop connus pour que nous ayons besoin d'en indiquer les usages.

Résumé du Chapitre V

1. La nécessité de cultiver la terre est incontestable : aussi l'agriculture est-il le premier des arts. La culture se subdivise en diverses branches.

2. La culture du sol réclame des instruments ou un outillage. Le cultivateur a pour auxiliaires : 1° la vapeur ; 2° le cheval ; 3° l'homme : de là, trois genres d'instruments.

Les outils ayant pour moteur la vapeur indiquent une agriculture perfectionnée et deviendront de première nécessité dans les fermes importantes.

3. Le cheval fait mouvoir ou traîne la plupart des machines : la machine à battre, à moissonner, les semoirs, les rouleaux, les herses, les extirpateurs, les scarificateurs, les houes, les charrues, etc.

L'homme emploie seul la bêche, la pioche, le pic, les binettes, etc.

CHAPITRE VI

ENLÈVEMENT DES EAUX NUISIBLES A LA CULTURE

« Nous ferons de la France le plus beau et
le meilleur pays du monde, non pas en y
élevant des citadelles, mais en y joignant
l'arrosement au desséchement du sol. »

VAUBAN

Sommaire. — Egouttement des terres chez les anciens, chez les modernes
— Drainage — Procédés d'exécution.

66. Assainissements, méthodes générales
— Une des opérations les plus importantes en agriculture est,
sans contredit, l'assainissement des terres imprégnées d'une
trop grande humidité ; cet assainissement ne s'opère que par
le desséchement artificiel.

Une humidité surabondante est généralement nuisible à la
santé ; la Sologne, la Dombe, et toutes les provinces où l'on
trouve des marais et des marécages en trop grande quantité,
sont sujettes à des maladies qu'occasionnent les miasmes qui
s'échappent d'un sol trop humide. Au point de vue de la santé
publique, les desséchements sont de la première importance.

Au point de vue de la production agricole, tout le monde
sait que l'excès de l'humidité, par suite des eaux stagnantes,
est nuisible à la végétation, dont les produits sont de moins
bonne qualité et presque toujours médiocres ou nuls. Les
fourrages qui proviennent de prairies humides ne plaisent
pas aux bestiaux, leur goût est mauvais ; ils sont durs et
composés de plantes naturelles des sols marécageux, les
laîches, les renoncules, les joncs, etc., impropres à la bonne
alimentation des animaux. Aussi est-il de l'intérêt du cultivateur de dessécher les sols marécageux, pour leur donner
une fertilité dont ils étaient privés. De toute antiquité, le
cultivateur a cherché à combattre par tous les moyens cette
humidité surabondante qui neutralisait son travail et déjouait

sa prévoyance. Le procédé le plus simple, mis le premier en pratique, nous est indiqué par les anciens auteurs, Columelle, Caton, Pline : ce sont les raies d'égoûts et les fossés d'écoulement. Les raies d'égoûts sont des sillons profonds, ordinairement très-sinueux, pratiqués à la surface, ayant une pente assez prononcée pour favoriser l'écoulement des eaux. Ces sillons sont ouverts, de distance en distance, à l'aide d'une charrue à deux versoirs : ils sont plus ou moins écartés ou rapprochés, suivant le degré d'humidité et la nature des terrains; plus le sol est humide, argileux, et plus il devient utile de les multiplier ; c'est ce qui a amené la *culture en billons*.

Les raies d'égoûts doivent se faire aussitôt après l'ensemencement, avant que le grain n'ait germé: il faut avoir soin de les entretenir de telle sorte que le limon ne les comble pas.

L'*égouttement* des terres arables, par ce procédé, détourne l'eau qui se trouve à la surface du sol, et assainit en partie le terrain.

On assainit encore les terres humides par le creusement des fossés à *ciel ouvert*, qui facilitent l'écoulement des eaux dans le sens des pentes naturelles, ou bien par des fossés dont le fond est rendu perméable, en y formant un vide qui permet l'écoulement et qu'on recouvre ensuite de terre pour ne pas perdre de terrain. Ces conduits souterrains ou ces espèces d'aqueducs sont généralement remplis de cailloutage, de fascines, ou de pierres, en un mot, de substances perméables. Ce second moyen permet de labourer un champ, d'assainir ou de faucher une prairie sans être arrêté par l'ouverture d'un fossé.

Mais les Anglais ont régularisé ce mode d'assainissement d'une manière très-ingénieuse, et ont, par le système du *drainage*, opéré une des grandes améliorations agricoles de notre époque. L'égouttement par les fossés à ciel ouvert facilite l'écoulement des eaux à la surface du sol; le drainage favorise l'écoulement de l'eau qui a pénétré dans l'intérieur de la terre et qui ne s'infiltre pas assez promptement.

67. Drainage. — Les mots *drainage, drainer, drain*, sont des expressions nouvelles, empruntées à la langue anglaise, pour désigner le travail de l'assainissement intérieur du sol ou le *desséchement par tranchées* et les tuyaux de terre cuite qui servent à cet assainissement. C'est en Angleterre que le drainage a été d'abord imaginé et employé sur une grande échelle ; de là ce moyen d'assainissement parvint en France où ses résultats, vraiment merveilleux, le firent rapidement adopter.

Le drainage est une opération qui consiste à remplacer les rigoles souterraines, les pierrailles et les fascines employées de temps immémorial par une série de tuyaux, en terre cuite, appelés *drains*, placés bout à bout, sans aucune solidarité entre eux, que l'on recouvre ensuite en rejetant dans la tranchée la terre qui en avait été extraite : ces tuyaux varient de deux centimètres à quatre de diamètre en raison de la longueur des conduits et du volume d'eau qu'ils doivent contenir. Des tranchées parallèles, profondes de 1 mètre 20 centim., distantes de dix à trente mètres au plus, reçoivent ces tuyaux établis sur une pente calculée à l'avance d'après l'état plus ou moins humide du sol.

Ces premiers drains d'égouttement reçoivent en grande abondance les eaux en excès qui filtrent à l'entour, et qui s'y introduisent à travers des joints qui existent entre leurs extrémités : ils conduisent ces eaux dans une autre tranchée transversale, où des *drains collecteurs*, à plus grand diamètre, les conduisent et les transmettent à l'air libre, à un puisard, à un puits, à un cours d'eau.

Le cultivateur doit se précautionner de tuyaux provenant d'une bonne fabrique ; car le drainage étant toujours coûteux il est important de n'avoir pas à le recommencer.

Les lignes de drains sont d'autant plus écartées que les profondeurs sont grandes ; si la longueur est grande, la pente dans la partie basse peut être portée jusqu'à 7 millimètres par mètre.

Quand on est décidé à faire le drainage de son champ, il faut d'abord faire dresser le plan nivelé du terrain, puis on établit le projet des travaux après avoir déterminé la direction des drains, la pente qu'il faut leur donner, l'écartement des tranchées ; l'exécution des travaux offre des difficultés et il ne faut rien négliger pour avoir un bon surveillant-draineur qui les dirige.

Le réseau de drainage sur une étendue assez grande se

composé de tuyaux du plus petit diamètre, appelés *petits drains* ou *drains* de *dernier ordre*; ils ne reçoivent les eaux d'aucune autre ligne : les *collecteurs* ou *drains* de premier ordre reçoivent directement les eaux des petits drains, et ainsi de suite, par embranchement; les petits drains doivent être dirigés suivant les lignes de la plus grande pente du terrain.

Aux points d'intersection, des drains principaux des divers ordres, il est convenable de placer des *regards* à l'aide desquels on voit si les tuyaux sont obstrués.

Les drains principaux sont établis à 0, 04 ou 0, 05 plus bas que les drains dont ils reçoivent les eaux; quelquefois on place des *drains de ceinture* qui suivent le périmètre des parties drainées et qui arrêtent les eaux des infiltrations supérieures.

68. Les bornes de cet ouvrage ne nous permettent pas de réunir ici les renseignements *pratiques* les plus essentiels à la bonne exécution d'un drainage ou d'indiquer les modifications que la nature des terrains et des cultures y apportent : nous n'avons pu qu'en peu de mots faire comprendre la théorie du drainage, mais nous insistons sur la nécessité où est le cultivateur qui veut introduire cette amélioration dans un champ de consulter les personnes spéciales sur ce sujet et de les mettre à la tête des travaux.

Le capital employé en travaux de drainage *bien compris* et *bien exécutés* donne en général 10 pour cent d'intérêts. Le prix de revient de ce nouveau système d'amendement est pour l'hectare en général, de 200 à 250 francs; mais ce prix varie selon les difficultés du terrain et peut quelquefois quadrupler.

le Gouvernement, comprenant les immenses avantages que l'agriculture retirerait du drainage, et désireux d'encourager tout ce qui peut être utile aux progrès de l'agriculture, a voulu donner une prime, pour ainsi dire d'encouragement, et a édicté la loi du 15 juin 1854 qui permet d'exécuter plus facilement en diminuant les entraves administratives, les travaux de dessèchement, puis la loi du 17 juillet 1856, qui affecte une somme de 100 millions à des prêts pour faciliter les travaux de drainage, de plus une décision du 30 août 1854 autorise les intéressés à faire dresser gratuitement par les ingénieurs des services hydrauliques les projets de drainage qu'ils désirent exécuter.

L'opération du drainage exerce une action doublement bienfaisante sur les phénomènes de la végétation, et sur les travaux de la culture. Par suite du rapide écoulement des eaux de pluie filtrant à travers le sol et la diminution des eaux stagnantes, la surface du sol subit une moins grande évaporation, le terrain se refroidit moins; la couche arable, devenant plus perméable, permet l'introduction des gaz et des substances fertilisantes dans la terre. Les eaux pluviales, trouvant un écoulement facile, ne se réunissent plus en amas qui ravinent la surface des terres et entraînent, en pure perte, les engrais.

Le drainage permet le labour des terres humides en tout temps, les miasmes pestilentiels disparaissent, l'atmosphère s'épure, la santé de l'homme s'améliore, celle des bestiaux prospère, l'air se renouvelle de plus en plus dans la couche arable et en modifie avantageusement la nature, le sol s'échauffe et l'époque de la maturité est avancée, tels sont en résumé les principaux avantages du drainage.

Le drainage est nécessaire dans les terres à sous-sols argileux imperméables que l'on appelle terres froides, terres humides. Un œil exercé, à la plus simple inspection des plantes naturelles qui croissent sur le terrain, a bientôt reconnu la nécessité du drainage et l'efficacité qui résulterait d'une pareille opération.

Les terrains qui réclament le drainage se couvrent d'habitude de mousses, de joncs, de laiches, de prèles, de menthes, de renoncules, de poivres d'eau.

Toutes ces plantes, en croissant spontanément, révèlent d'une manière sûre la stagnation des eaux infiltrées.

Résumé du Chapitre VI

1. L'assainissement des terres humides s'opère par un desséchement artificiel. Ce desséchement s'effectue par des raies d'égout, des fossés d'écoulement, des labours en billons, le creusement des fossés à ciel ouvert, etc.

2. Le meilleur mode d'assainissement est le *drainage* : cette opération consiste à remplacer les rigoles, fossés, etc., par une série de tuyaux qui régularisent l'opération.

Le drainage est important : il diminue les eaux stagnantes et le sol s'échauffe davantage ; il permet le labour en tout temps, assainit l'atmosphère, améliore la nature des végétaux, etc.

CHAPITRE VII.

IRRIGATION.

« Nous ferons de la France le plus beau et
le meilleur pays du monde, non pas en y
élevant des citadelles, mais en y joignant
l'arrosement au desséchement du sol. »

VAUBAN

Sommaire. — Utilité et rôle de l'eau en culture — Irrigation par submersion — par infiltration — Arrosages — Différents systèmes.

69. L'air est indispensable au sol qu'il modifie et amende d'une manière avantageuse; il en est de même de l'eau qui est un élément indispensable de la nutrition des végétaux, et peut être le plus puissant lorsqu'il est combiné avec la chaleur; elle entre d'abord dans la composition de leurs tissus et tient en dissolution ou en suspension de nombreuses substances utiles à l'évolution des végétaux, elle corrige l'aridité du sol. Les labours font pénétrer l'air dans la couche arable; les irrigations et les arrosages donnent au sol l'eau qu'il réclame.

La question des irrigations est une des plus importantes de l'agriculture au point de vue de l'augmentation de la production du sol et de la richesse générale du pays. Des irrigations bien entendues doubleraient pour le moins le rapport des prairies et augmenteraient ainsi la production du bétail. Il suffit de comparer l'Angleterre à la France pour reconnaître notre état d'infériorité sous ce rapport; resserrés dans un espace moins étendu que nous, à l'aide de prairies bien irriguées, les Anglais élèvent un plus grand nombre d'animaux. Aussi, on ne comprend guère que les irrigations ne soient pas plus en faveur chez nous quand il ne s'agirait que d'employer, d'une manière lucrative pour la fertilisation du sol, l'eau des fleuves et des rivières qui sont à notre disposition, alors que l'on obtiendrait un résultat d'une importance tout-à-fait exceptitionnelle en prévenant le retour des inondations qui ruinent périodiquement notre agriculture.

Les irrigations offrent au moins autant d'avantages que le drainage et cependant elles rencontrent bien moins de partisans : espérons qu'il viendra un moment où les cultivateurs intelligents comprendront leurs intérêts, où le Gouvernement fera de grands sacrifices pour cette source de richesse publique.

Nos fleuves entraînent à la mer des masses incalculables d'engrais et de substances fertilisantes; par les irrigations, sur nos prairies, elles transformeraient en bon foin une herbe souvent de mauvaise qualité. Le manque d'eau rend toute culture impossible; c'est à cette cause qu'est due la stérilité du Sahara. C'est l'eau qui donne aux verdoyantes oasis cette végétation luxuriante qui fait les délices des voyageurs. L'homme ne peut arroser les champs, comme il arrose son jardin potager, il supplée à cette impossibilité par les irrigations. Grâce à ce moyen il peut combattre les effets désastreux de la sécheresse. Aussi ce procédé est-il mis souvent en usage dans le midi de la France et de l'Europe.

L'irrigation consiste à faire circuler une eau courante, prise à un ruisseau etc... dans des rigoles creusées à la surface du sol, suivant des pentes calculées de telle sorte que toutes les parties du terrain en soient également imbibées.

Malheureusement, il faut, comme première condition, avoir à sa disposition, un cours d'eau ou un réservoir supérieur qui puisse se répandre sur le terrain adjacent et cette condition n'est pas toujours à la disposition du cultivateur. Les pays de montagnes, la Suisse, par exemple, peuvent dériver des filets d'eau vive et les répandre sur des pâturages qui acquièrent alors une valeur considérable; dans les plaines il faut le voisinage d'une rivière. Le midi, qui a besoin plus que le nord, de neutraliser les effets de la sécheresse, a établi un système permanent d'irrigation, à l'aide de barrages pratiqués sur les grands cours d'eau qui forcent l'eau de se répandre sur les terres adjacentes; l'irrigation pour produire un effet favorable, doit laisser couler l'eau partout sans s'arrêter, elle dépose également le limon qu'elle charrie; trop prolongée elle produirait l'effet contraire à celui qu'on attend et ferait de la terre un marécage insalubre.

On obtient souvent un résultat merveilleux par l'irrigation :

le revenu annuel équivaut, dans bien des cas, à la valeur absolue d'un même terrain sans être irrigué. Les insectes nuisibles ne déposent pas leurs larves dans un terrain que leur prévoyance leur déclare contraire à leur existence.

70. L'État, convaincu des avantages des irrigations, a accordé par l'article 644 du Code Civil, à tout propriétaire dont le fonds est bordé ou traversé par une eau courante, le droit de s'en servir pour l'irrigation et d'en user même d'une manière absolue ; la loi du 11 juillet 1847 a de plus décidé, dans le cas où un propriétaire ne possède qu'un seul côté d'un cours d'eau :

« Qu'il pourra obtenir la faculté d'appuyer sur la propriété
« du riverain opposé, les ouvrages d'art nécessaires à la prise
« d'eau. Le riverain sur le fonds duquel l'appui sera réclamé
« pourra toujours réclamer l'usage commun du barrage en
« contribuant pour moitié aux frais d'établissement. »

Quand un cultivateur désire irriguer ses terres, la première chose qui doit appeler son attention, c'est la *qualité des eaux*, car toutes les eaux n'ont pas les mêmes qualités, l'eau contient en suspension ou en dissolution de nombreuses substances minérales utiles ou nuisibles à la végétation. Il est donc important de savoir faire un choix judicieux ou de pouvoir améliorer l'eau qui est de mauvaise qualité si l'on n'en a pas d'autre à sa disposition.

Les eaux de mer, des lacs salés, etc., contenant du sel marin, sont complètement impropres à la végétation ; les eaux *sulfureuses*, *ferrugineuses*, *siliceuses*, ont besoin pour pouvoir être utilisées, d'être étendues dans un mélange d'eaux ordinaires qui en corrigent les défauts, ou d'être longtemps exposées à l'air et à la lumière pour voir leurs propriétés nuisibles diminuer ; l'eau stagnante dans la couche inférieure du sol, dépourvue d'oxigène, nuit à la végétation ; l'eau de source doit être exposée quelques jours à l'air pour prendre une température plus élevée ; les eaux qui proviennent des forêts de chêne, des étangs et des mares situées sur des plateaux couverts de bruyères et de fougères, s'améliorent par le mélange de cendres et de chaux ; les eaux de drainage sont très-fertilisantes.

Les eaux courantes des fleuves, des rivières et des ruisseaux, prises un peu loin de leur origine sont très-aérées et propres à l'irrigation, aussi la canalisation des cours d'eau est-elle devenue dans les pays chauds, une opération des plus profitables à l'agriculture.

Si le cultivateur n'a aucun de ces moyens à sa disposition, il lui reste le hasard du percement d'un puits artésien, ou la ressource d'utiliser les eaux de pluie ou les eaux d'étangs, que l'on accumule dans des réservoirs. La construction des réservoirs demande à être bien raisonnée : il faut en déterminer la capacité, le volume d'eau qui, enlevée par l'évaporation, ne sera plus disponible. Mais, en moyenne, un réservoir doit fournir annuellement 1000 à 1200 mètres cubes d'eau par hectare versant. Pour connaître le nombre d'hectares arrosables à l'aide d'un réservoir, on peut suivre la règle suivante : diviser le volume d'eau qu'il peut fournir par le nombre de mètres cubes nécessaires à l'irrigation d'un hectare. Ce dernier chiffre est égal au produit du nombre d'arrosages annuels par le volume d'eau que chacun exige.

On distingue deux procédés d'irrigation : 1° les irrigations par *submersion* et 2° par *infiltration*.

21. Irrigation par submersion. — La *submersion* consiste à couvrir d'eau toute la surface du terrain, en y déversant d'un niveau plus élevé, l'eau d'un ruisseau ou d'une rigole; on renouvelle cette opération à des intervalles déterminés. Dans le midi de la France, on se sert de cette méthode pour l'arrosage des terres plantées en orangers, des jardins célèbres d'Hyères, etc. On retrouve ce procédé en Espagne, en Algérie.

Les terrains, qu'on veut irriguer par submersion, doivent être étagés par compartiments d'un niveau aussi parfait que possible; un bourrelet ou rebord de terre entoure chacun de ces compartiments; on peut alors inonder la terre et la laisser se pénétrer de l'eau dont elle a besoin. Les terrains, nivelés pour cette méthode peuvent être arrosés par des eaux troubles ou avec des eaux limpides.

Les eaux troubles déposent sur les prairies un riche engrais qui active la végétation en lui conservant un peu de fraîcheur pendant la sécheresse; on ne pratique ces irrigations qu'à l'automne. Si on emploie les eaux claires, on peut irriguer au printemps.

72. Irrigation par infiltration. — *L'infiltration* est le procédé le plus général d'irrigation. Cette méthode consiste à tenir les rigoles pleines d'eau sans les faire déborder; l'eau arrive par infiltration jusqu'aux racines les plus déliées et ne mouille pas les feuilles.

Les travaux qu'exige l'irrigation sont simples et peu dispendieux, ils réclament un fossé de dérivation supérieure, un fossé de décharge inférieure, des fossés principaux et des fossés secondaires.

Les fossés principaux partent du canal de dérivation; ils reçoivent l'eau par une petite vanne et la rendent par une autre.

L'infiltration est, sans contredit, le procédé le plus parfait, souvent le seul praticable; la culture maraîchère, grâce à ce procédé, double ses produits. L'infiltration convient surtout aux terres légères et brûlantes, aux marais desséchés; elle entretient dans ces sols un état d'humidité favorable à la végétation.

73. Arrosage — Nous n'avons plus besoin d'insister sur la nécessité et l'importance des arrosements; si les irrigations quadruplent la valeur de la grande culture, la culture maraîchère deviendrait impossible sans le secours des arrosages.

Dans ce cas particulier la qualité des eaux a la même importance que dans la culture en grand et l'on ne devrait guère employer, pour la culture des légumes, que *l'eau de pluie*, la meilleure assurément pour l'alimentation des plantes; puis viennent les eaux de source, et de rivières, enfin l'eau des *puits* quand on n'en a point d'autre à sa disposition. Nous devons faire une remarque essentielle au sujet de cette dernière eau; c'est que généralement l'eau des puits est médiocrement aérée et ordinairement froide, et qu'il devient nécessaire de ne la faire servir à l'arrosage qu'après l'avoir exposée quelques jours au soleil et à l'air pour lui enlever sa crudité; suivant l'extension des cultures et la proximité ou non de l'eau, on peut suivre les différents modes d'irrigations dont nous avons parlé; mais le plus souvent on ne pratique que *l'arrosage à la main* à l'aide d'un arrosoir ou d'une petite pompe portative.

L'arrosoir est à *goulot* ou à *pomme* : s'il est à goulot, l'eau est versée d'un seul jet, et sert de préférence chaque fois qu'il est utile d'arroser les plantes *une à une*, ce qui arrive dans les repiquages de jeune plant, pour les plantes en caisse et les arbustes de pleine terre, ou quand les végétaux sont sensiblement espacés. S'il est à pomme, l'eau répandue à travers une espèce d'écumoire est subdivisée en un grand nombre de très-petits filets : elle forme comme une rosée et joue le rôle de la pluie; on arrose de cette manière, lorsque les plantes sont semées les unes contre les autres.

Quand il s'agit de semis, il faut que les trous des pommes soient excessivement petits, car l'eau, acquérant plus de force d'après la grandeur des trous, déplacerait ou noierait les graines.

Quand la culture a une certaine étendue, on préfère pour faciliter le travail et diminuer la fatigue, se servir de pompes ambulantes posées sur une brouette et munies d'un réservoir d'eau; c'est, de cette manière, que l'on arrose les gazons, les feuilles des arbres et les légumes cultivés en carrés.

Pour diminuer la fatigue de l'ouvrier, et économiser son temps, les maraîchers ont l'habitude de construire de distance en distance des bassins ou réservoirs en pierres, ou d'enterrer des caves, qui communiquent entre elles par des tuyaux ou des rigoles.

L'avantage des réservoirs exposés à l'air est très-grand car l'eau peut s'échauffer et se mettre à la température de l'atmosphère : une eau trop crue refroidit le sol et retarde la végétation. Souvent on est obligé d'élever l'eau plus ou moins haut pour arriver au niveau du sol, et faire d'assez grandes dépenses, on a recours à divers appareils en relation avec le genre de forces dont on dispose : Ce sont des *seaux*, des *puits à bascule*, des *puits à roues*, des *manèges*, en un mot, toutes les machines à élever l'eau. On voit dans la culture en grand des légumes, telle qu'elle se fait aux environs des villes, un mode d'arrosage très-simple qui consiste à introduire l'eau entre les planches élevées et bombées qui portent les plantes, et à la laisser pénétrer le sol par infiltration; c'est ce que l'on fait en grand pour la garance, etc.

La grande culture a emprunté à la culture maraîchère son mode d'arrosage par pompe. A l'aide de machines à vapeur, ou de tonneaux et de tuyaux fixes sur lesquels s'embranchent des tuyaux flexibles en cuir ou en gutta-percha, les cultivateurs utilisent le purin de leurs étables, les fumiers liquides, les eaux d'égouts des villes, toutes les eaux chargées artificiellement de matières fécondantes pour les répandre sur leurs terres.

Souhaitons, en terminant ce chapitre, que grands ou petits cultivateurs se pénètrent bien de l'importance des irrigations et des arrosages ; alors au lieu de laisser perdre des masses incalculables de limon et d'engrais, ils doubleront la richesse de notre pays par un emploi judicieux des eaux qui le sillonnent.

Résumé du Chapitre VII

1. L'eau est indispensable à la nutrition des végétaux : on la donne au sol par les *irrigations* et les *arrosages*.

L'irrigation consiste à faire circuler une eau courante, prise à un ruisseau et dans des rigoles creusées à la surface du sol, suivant des pentes calculées de telle sorte que l'eau coule partout sans s'arrêter nulle part et dépose également le limon qu'elle charrie.

L'État voulant propager cet excellent procédé a accordé des avantages à ceux qui veulent irriguer leurs terrains.

2. Pour irriguer, il faut faire attention à la qualité de l'eau : il y a deux procédés d'irrigation : 1° les irrigations par submersion ; 2° par infiltration.

3. L'arrosage est un diminutif de l'irrigation : il faut de même bien choisir son eau : l'arrosage se fait à la main à l'aide de l'arrosoir ou d'une pompe ambulante.

CHAPITRE VIII

SEMAILLES

Qui sème bon grain, récolte bon grain.
Bon champ semé, bon blé rapporté.

PROVERBES

Sommaire. — Opportunité des semailles. — Transplantation. — Moment
de la transplantation. — Procédés de transplantation.

73. Époque des Semailles. — Dans le chapitre
premier traitant des divers modes de reproduction de plantes,
nous avons développé la question des semailles et les divers
procédés d'ensemencement. Il devient inutile de revenir sur
cette même question. Faisons remarquer seulement que l'é-
poque des semailles est généralement indiquée par des signes
naturels qui sont les mêmes dans tous les climats. Olivier de
Serres avait depuis longtemps attiré l'attention du cultivateur
sur ces signes et nous ne saurions mieux faire que de reproduire les paroles de cet illustre agronome : « Les premières
« feuilles des arbres tombant d'elles-mêmes nous donnent
« avis de l'arrivée de la saison des semences. Les araignées
« de terre aussi par leurs ouvrages nous sollicitent à jeter
« nos blés en terre ; car jamais elles ne filent en automne
« que le ciel ne soit bien disposé à faire germer nos blés de
« nouveau semés, ce qu'on connaît aisément à la lueur du
« soleil, qui fait voir les filets et toiles de ces bestioles tra-
« verser les terres en rampant sur les guérets. Instructions
« générales qui peuvent servir et être communiquées à toute
« nation, propres à chaque climat, et indiquées par la nature,
« qui par ces choses abjectes, sollicite les paresseux à mettre
« la dernière main à leur ouvrage, sans user d'aucune remise
« ni largeur. »

Ces préceptes sont encore vrais ; aussi quand le vent détache les fils de la Vierge, et que, dans leur course à travers
la plaine, ils tapissent les branches de nos arbres où les buis-

sons de nos haies, on peut affirmer que l'époque des semailles est arrivée et que le cultivateur doit se hâter de profiter d'un temps opportun.

75. Transplantation. — La *transplantation* est une opération qui consiste à retirer une plante du sol qu'elle a occupé quelque temps pour la mettre dans un autre endroit.

On comprend que cette opération doive toujours être entourée de précautions, car il y a à craindre la rupture des racines, rupture qui pourrait souvent causer la mort du végétal. Le meilleur procédé de transplantation sera donc celui qui enlève la totalité des racines avec la motte de terre qui les entoure; c'est ce que nous voyons quand l'horticulteur transplante des végétaux qui poussent isolément en pots; la forme évasée des pots rend cette opération facile, et permet, à l'aide d'une légère secousse, d'enlever la plante et la motte de terre.

Si les plantes ont été élevées en terrines, sur une couche, — ce qui arrive dans les cultures de jardins — il est plus difficile de les enlever une à une et de conserver une motte de terre autour des racines; on cherche à faciliter l'enlèvement de la motte, en la rendant plus compacte, par un arrosage préalable; la terre mouillée est moins pulvérulente et le plus souvent on peut enlever la plante sans inconvénient.

Le moment de la transplantation n'est pas indifférent :

Quand les plantes sont en *feuilles*, on choisit généralement un temps couvert ou humide; si la journée est chaude, mieux vaut attendre le soir; on évite ainsi la dessiccation par l'ardeur du soleil.

Les arrosages deviennent nécessaires, après la transplantation; ils rafraîchissent les racines et aident à la reprise des plantes.

Les arbres et arbustes offrent plus de difficultés dans la transplantation que les végétaux herbacés; il est souvent presque impossible de pouvoir, quand l'arbre est âgé, enlever la motte de terre qui entoure les racines, car cette motte est quelquefois d'un poids considérable; cependant on est arrivé à pouvoir transplanter, en tout temps, des arbres séculaires, comme nous le voyons dans les plantations des parcs, squares et jardins publics de Paris, où sur un terrain nu la veille, l'œil peut admirer, le lendemain, des arbres centenaires qui semblent n'avoir jamais ombragé un autre sol ; mais cette opération devient, dans ce cas, tellement coûteuse qu'elle devient inaccessible à la culture et qu'elle réclame les fortunes des princes de la finance ou de nos villes les plus riches.

Dans la grande et la petite culture la transplantation des arbres a généralement lieu sans mettre de terre ; alors on attend que les arbres ne soient plus en sève, ce qui arrive d'octobre en mars.

Les Russes emploient un moyen assez original pour transplanter des sujets déjà vieux. Ils attendent l'époque des gelées ; et pratiquent une tranchée rectangulaire autour de leurs racines ; ils arrosent la terre qui les contient et enlèvent la masse dès que l'eau est gelée !

Quel que soit le procédé que l'on emploie, l'opération essentielle est de conserver les racines et d'empêcher l'évaporation des sucs intérieurs jusqu'au moment où la reprise des racines leur permettra de puiser dans le sol la sève qui contrebalancera l'évaporation. On obtient ce résultat en retranchant toutes les feuilles des arbres, car c'est par les feuilles que s'opère cette évaporation.

Résumé du Chapitre VIII

1. L'époque des *semailles* se reconnaît à de signes naturels; à la chute des feuilles, aux fils des araignées, aux fils *de la vierge*.

2. La *transplantation* consiste à retirer une plante du sol qu'elle a occupé pour la remettre ailleurs.

Le meilleur procédé de transplantation est la transplantation en motte qui ne rompt pas les racines : si les plantes sont enterrées sur couche, il faut arroser la terre pour la rendre plus compacte afin de faciliter la transplantation.

Les arrosages sont utiles après la transplantation.

3. L'époque de la transplantation est celle où la végétation s'arrête. La grande précaution est d'éviter la rupture des racines et l'évaporation de la sève.

CHAPITRE IX

RÉCOLTES

Mieux vaut un bon temps qu'un bon champ,
Terre bien cultivée, moisson espérée.
Le semer et la moisson
Ont leur temps et leur saison.

PROVERBES

76. L'époque des récoltes est celle où le cultivateur est le plus occupé ; c'est un temps précieux, où tout le personnel de la ferme doit être employé pour recueillir les produits confiés au sol et qui ont réclamé tant de soins et tant de travaux pénibles. C'est à ce moment que l'œil du maître doit veiller sur tout ; ce n'est qu'au prix d'une surveillance continuelle, d'une activité incessante, qu'il lui sera permis d'entrevoir les bénéfices qu'il peut réaliser, et de goûter ensuite un repos momentané, que peut seul lui donner la certitude que toutes ses récoltes sont à l'abri de toutes les intempéries des saisons.

Suivant la nature des produits, chaque récolte est désignée par un nom particulier : la récolte des foins ou la *fenaison*, la récolte des céréales ou la *moisson*, la récolte des raisins ou la *vendange* se font dans l'ordre indiqué par le mouvement de la végétation et par le cours naturel des saisons.

Fenaison

77. Le *foin*, qui n'est qu'une herbe desséchée et préparée pour servir à la consommation des animaux, a besoin de soins particuliers dans sa récolte, soins destinés à lui conserver toutes ses propriétés nutritives. Le foin est assurément l'une des plus grandes richesses de l'agriculteur, puisque sa plus ou moins grande abondance lui permet de nourrir un plus ou moins grand nombre de têtes de bétail ; or, ce bétail doit lui donner du fumier qui, répandu sur les terres de la ferme, en doublera les récoltes et par suite les bénéfices. Il est donc vrai de dire que le foin se convertit en fumier, et, qu'à ce point de vue, c'est l'une des récoltes qui doit le plus attirer l'attention du cultivateur, désireux de le bien récolter et de le bien conserver.

78. Époque de la fenaison. — La première condition d'une bonne fenaison, c'est de faucher à *point* toutes les espèces de fourrages, qu'ils viennent de prairies naturelles ou soient le produit de prairies artificielles : à cette condition, le foin sera surtout substantiel et agréable de goût ; les animaux l'accepteront volontiers et le digèreront sans inconvénient.

Il semble que, dans la floraison des végétaux, la nature ne se propose qu'un but, celui de la formation et de la maturité de la graine. A peine ce but est-il atteint que l'on voit les organes de la floraison se flétrir et tomber, les tiges jaunir et durcir, les sucs disparaître ; les graines se séparent du fruit et tombent pour donner naissance à d'autres végétaux.

Il s'opère, à l'époque de la maturité des graines, un phénomène chimique intérieur qui change la nature de la sève et altère d'habitude les principes des végétaux et diminue leur bonne qualité au point de vue de l'alimentation.

On comprend, d'après cette loi générale, que nous ne faisons que signaler, combien il est important de ne pas récolter le foin quand les graines sont mûres, puisque les principes utiles au développement des plantes ont disparu et ont été épuisés pour la formation et la maturité de la graine.

C'est donc une question essentielle que celle de choisir l'époque du fauchage. Il ne faut pas attendre que le foin soit mûr, comme l'on dit ; une prairie se compose généralement de plusieurs espèces de plantes fleurissant à des époques différentes ; on doit choisir, pour le fauchage, l'époque où la majorité des espèces qui composent le fond de la prairie et qui dominent sont en pleine fleur. Le foin sera plus abondant, puisque les plantes auront acquis tout leur développement, plus tendre, plus succulent, puisque la graine n'étant pas encore formée, la sève n'est pas encore épuisée, plus avantageux puisqu'il permettra à la seconde coupe ou *regain* d'acquérir un plus grand développement, et que le sol sera moins épuisé et qu'il y aura moins de perte dans les graines qui, à la maturité, se perdent dans les travaux du fauchage et dans le transport du foin.

Telle est la règle générale qu'on peut établir pour l'époque de la fenaison : cependant cette règle subit des modifications suivant la nature des animaux auxquels sont destinés les foins.

Les chevaux, en général, préfèrent un foin plus mûr, plus sec, que les bêtes à cornes. Le foin qui leur est destiné peut être fauché plus tard, tandis que celui que l'on récolte en vue de l'engraissement des bœufs, etc., doit-être fauché avant que les graines ne soient formées.

Cependant si l'on aperçoit que la prairie naturelle est infectée de mauvaises herbes il faut couper les fourrages un peu verts afin que les graines étrangères au bon foin n'aient pas le temps de se répandre.

29. Voici à peu près dans quel ordre peuvent être récoltées les diverses plantes fourragères généralement usitées.

1° *Fourrages herbacés*. Choux cavaliers et navette, fin avril : à cette première récolte succèdent :

Trèfle incarnat;

Seigle et escourgeon;

Lupuline ou minette, trèfle commun;

Dragées (mélange de plantes légumineuses, avec un peu d'avoine ou d'orge).

Ces fourrages se récoltent d'ordinaire à l'état herbacé pour être consommés de suite, sur place ou à l'étable : rien n'est plus favorable à la bonne santé des bestiaux, et à l'amélioration de leurs produits que ces distributions journalières de fourrages verts.

Il faut seulement éviter de donner aux bestiaux cette nourriture sans ménagement sur place, et ne la leur livrer à l'étable, que lorsqu'elle est cueillie au moins depuis quelques heures : car lorsqu'ils sont encore un peu humides, ces fourrages frais, composés généralement de trèfle, de luzerne, de vesce, etc., dégagent dans la panse des ruminants, des gaz, qui les gonflent et leur occasionnent la maladie qu'on appelle *météorisation*.

On fait disparaître, de suite, ce gonflement par l'emploi de

l'ammoniaque (alcali volatil), dont doit être muni tout cultivateur prudent.

2° *Fourrages secs.* La bonne récolte des foins, nous l'avons
déjà fait remarquer, est d'un intérêt capital pour le cultivateur,
car c'est de leur abondance et de leur qualité que dépendent la
bonne nourriture de ses bestiaux et la production des fourrages.

L'époque de la récolte varie selon les saisons et la nature des
plantes : Le foin des fourrages légumineux se récolte dans
l'ordre suivant :

Trèfle incarnat en mai;

Lupuline — fin de mai;

Sainfoin — première quinzaine de juin;

Luzerne — deuxième   id.

Trèfle commun.

La récolte des foins ou *fenaison* comprend deux opérations :
le *fauchage* et le *fanage*.

80. Fauchage. — Le *fauchage* est l'action de couper
avec la *faux* l'herbe des prairies naturelles ou artificielles.

La *faux* simple est composée d'une lame d'acier, recourbée,
longue de 60 à 80 centimètres et large de 8 à 12 : elle
est ajustée à un long manche de bois léger, garni d'une main
vers le milieu de sa longueur. Le tranchant est court, s'il doit
couper des herbes fortes; long et aplati pour les herbes tendres. Le manche doit former avec la lame un angle un peu
moins ouvert que l'angle droit.

Le faucheur manie la faux en saisissant la poignée de la
main droite, tandis qu'il tient le manche de la main gauche :
de cette manière c'est la main droite qui se trouve la plus
rapprochée de la lame.

L'opération du fauchage exige de la force, de l'adresse et
une certaine habitude : il faut aussi que le faucheur sache bien
battre sa faux, la bien aiguiser, la bien enmancher; l'instrument exige alors moins de force, et l'herbe est mieux tondue.
Un bon faucheur doit couper l'herbe très-bas pour récolter la
plus grande quantité d'herbes possible; d'autant plus, que
pour un grand nombre de plantes, les feuilles du bas de la tige
sont généralement les plus succulentes.

La faux, dans la main d'un ouvrier expérimenté, décrit un
arc de cercle dans le plan vertical de la prairie : l'endroit où

cet arc approche le plus de terre doit se trouver vis-à-vis des pieds du faucheur. Tout l'art de ce dernier consiste à effacer cet arc pour le rapprocher de la ligne horizontale par un mouvement rapide, régulier et alternatif du corps qu'il incline en avant. Il marche à petits pas mesurés jusqu'à ce qu'il ait coupé dans toute sa longueur une bande de fourrage qui se trouve réunie en une ligne courbe serrée, nommée *andain* ; relevant la faux il revient à son point de départ, et fauche un second andain parallèle.

La largeur parcourue par la faux s'appelle un *redan*.

Le faucheur porte généralement une pierre à aiguiser qu'il place dans une corne de bœuf suspendue entre ses cuisses par un ceinturon : cette corne contient de l'eau avec laquelle on mouille la pierre quand il veut repasser sa faux.

81. Fanage. — Le *fanage* est cette opération qui consiste à laisser exposée l'herbe fauchée à l'air et au soleil pour la faire sécher, et à la retourner de temps à autre. Cette opération est importante et demande de l'activité, il faut, sous peine de voir sa récolte compromise, éviter que la pluie ne vienne mouiller les andains et gâter le foin, en même temps, qu'un soleil trop ardent dessécherait les feuilles, les crisperait et les ferait tomber facilement en les rendant cassantes. Ordinairement lorsque les andains sont formés, on les laisse sécher ou ressuyer un jour ou deux, ensuite quand le soleil a évaporé la rosée, on les retourne à l'aide d'une *fourchette* faite de bois léger (coudrier, châtaignier, etc.) et formée d'habitude de la bifurcation naturelle de la branche.

L'andain ainsi retourné et ressuyé sur ses deux faces, après la rosée du matin et avant celle du soir, est rassemblé en petits tas de 25 à 30 livres que l'on roule successivement dans toute la longueur. Ces tas sont ce qu'on appelle *veillotes* dans l'Oise ; on les soulève avec la fourchette de manière à ce que la chaleur et l'air y pénètrent en tous sens. Le lendemain on les retourne jusqu'à ce qu'ils soient desséchés ; s'ils ont été mouillés par une pluie imprévue, il est bon de les ouvrir et de les étendre au soleil ; sans ce cas particulier, l'humidité s'évapore naturellement en deux ou trois jours ; à ce moment on met les veillotes en *meules*, en forme de cône arrondi supérieurement, renflé au milieu, pour que la base soit garantie.

Le fourrage doit rester en meule l'espace d'une semaine à

six semaines, temps nécessaire pour qu'il ait eu le temps de jeter son feu, suivant l'expression vulgaire, ou de fermenter ; puis *on* le rentre dans les greniers.

La température du foin pendant la fermentation, monte à un degré très-élevé et d'autant plus élevé qu'il a été récolté plus humide, on s'aperçoit de cette fermentation à la vapeur qui se dégage des meules, et à la chaleur que l'on ressent lorsqu'on y introduit la main. Il arrive quelquefois que cette chaleur est trop grande et qu'il est prudent d'ouvrir la meule et d'étendre le foin. Il faut savoir reconnaître le moment précis de rentrer les meules ; avant que le foin n'ait jeté son feu, il est dangereux pour les animaux, il occasionne des coliques et des maladies ; après une fermentation trop prolongée, il a subi un commencement de décomposition, il est devenu cassant, poudreux et a perdu de ses qualités.

82. *Fourrages secs* ou *mélangés de grains et fourrages pour semences*. Il faut, pour la récolte de ces fourrages, prendre de semblables précautions ; si l'on coupe ces fourrages, alors que la cosse des plantes légumineuses (pois, vesces, etc.,) est encore un peu verte, on peut les mettre en meules pour que le grain se fasse dans la meule. Si, au contraire, les tiges sont sèches et les cosses bien mûres, on les lie en bottes par un beau temps, après avoir roulé toute la récolte en divers tas d'égale grosseur.

Le *regain* est le fourrage produit, en seconde ou troisième récolte, par une prairie, qu'on a déjà coupée dans l'année. Cette nouvelle récolte n'a pas les propriétés nutritives de la première, en même temps que la saison où elle a lieu ne permet pas de la faire toujours en temps opportun.

Les herbes qui composent le regain, sont plus feuillues, plus molles que celles des premiers fourrages ; elles conviennent peu aux animaux du labourage, mais elles sont excellentes pour les vaches laitières. Il faut prendre la précaution de conserver les feuilles pendant le fanage et de ne pas trop agiter les andains quand on les retourne, car toutes les propriétés nutritives de ce fourrage ne consistent que dans les feuilles. Généralement on ne donne pas le regain seul aux bestiaux, on l'unit à des racines fraîches, carottes, navets, turneps, pommes de terre, etc.

La récolte des *racines* se fait la *dernière*, excepté toutefois celle des variétés hâtives de pommes de terre, ou des pommes de terre qu'on reconnaît malades.

Ces tubercules s'arrachent avec la fourche ou avec la charrue ; les autres racines s'enlèvent avec les mêmes instruments, quelquefois avec une pioche légère.

Les seules précautions à prendre sont de choisir un temps sec, pour que la terre ne reste point attachée aux racines et ne les rentrer qu'après les avoir laissées sécher un peu au soleil.

Dans les grandes fermes, où la quantité des fourrages est considérable, on active la récolte en employant deux instruments, la *faneuse mécanique* et le rateau à cheval.

La Moisson.

83. Époque de la Moisson. — La *moisson* est la récolte des céréales ; le temps employé à la moisson est d'une importance extrême, car la maturité des céréales arrive plus subitement que celle des foins, et le moment de les couper dure moins longtemps : quelques jours de pluie peuvent la compromettre.

En principe, on ne doit pas attendre, pour commencer la moisson — qui est tout l'espoir et toute la richesse du cultivateur, la récompense de ses peines et de ses travaux de toute l'année — que le grain soit complétement mûr ; il vaut mieux être en avance, tout retard cause une perte, le grain devient la proie des oiseaux, ou si la paille se dessèche, le grain peut tomber.

Voici la règle ordinairement suivie pour l'ordre successif des récoltes, escourgeons d'hiver, seigle, méteil, froment, avoine et orge ; mais l'époque des semailles, la température peuvent vous forcer à changer cet ordre qui n'est pas invariable d'habitude. Le blé se coupe en pleine chaleur, l'avoine avant la chaleur du jour.

84. Instruments. — Quant à la manière de moissonner, on peut se servir de trois instruments, la *faucille*, la *faux*, la *sape*.

85. Faucille. — La *faucille*, connue de toute antiquité, est un instrument tranchant, à lame contournée en croissant, et pourvu d'une poignée en bois, qui lui sert de manche; cette lame, finement dentée en scie, permet de scier *les blés*.

Pour se servir de la faucille, le moissonneur est forcé de se baisser, de saisir de la main gauche près de terre une poignée de chaume et de la couper, en passant au-dessous de cette main gauche la faucille qui est dans sa main droite; dès que l'instrument a coupé tout ce que sa main peut contenir, il pose sa poignée sur la terre et forme à plat de petits tas distincts, qu'on nomme *javelles*.

On voit par là combien est fatigant un semblable travail pour l'ouvrier toujours courbé; de plus, l'emploi de la faucille ne permet pas de couper le chaume très-court; maintenant on emploie plus souvent un instrument plus expéditif et par suite, plus économique, la faux.

86. Faux. — La *faux* est ordinairement, pour la récolte des céréales, garnie de longs crochets de bois dirigés dans le sens de la lame pour empêcher les tiges fauchées de basculer par dessus la faux et se disperser par terre. Des femmes et des enfants suivent le faucheur, et, à l'aide d'une faucille, relèvent et saisissent par brassées toutes les tiges coupées, les épis tombés et épars, et les réunissent en *javelles*. Un faucheur habile coupera avec la faux beaucoup plus de paille qu'un faucilleur, mais il faut, pour l'emploi de la faux, récolter les céréales un peu en vert, car les secousses qu'imprime cet instrument ferait tomber les épis mûrs; en tous cas ce procédé a un grand avantage, c'est d'économiser le temps si précieux alors qu'une pluie, un orage, peuvent contrarier la bonne exécution de la moisson.

87. Sape. — La *sape*, si connue en Belgique, se rapproche plus de la faux que de la faucille; c'est une petite faux à manche court, que le sapeur tient dans sa main droite et avec laquelle il frappe, à coups redoublés, sur les tiges coupées rez-terre, pendant que sa main gauche les rassemble à l'aide d'un long crochet de fer (*piquet*) en petits tas élevés. La sape coupe la paille très-près de terre et est aussi expéditive que la faux.

L'application de la vapeur, comme moteur des machines agricoles, tend à remplacer, pour les grandes exploitations, les bras d'hommes qui manquent de plus en plus pour le travail de la faucille et de la sape, par les *machines à moissonner*, machines ayant généralement pour base une paire de ciseaux, coupant les chaumes et les disposant sur un plancher où on les met en javelles pour les ranger à terre ; les améliorations apportées dans ces derniers temps à ces machines, permettent d'espérer qu'elles sont appelées à rendre de grands services.

Nous traiterons de la récolte des raisins (*vendange*) et de la récolte des pommes et autres produits à l'article spécial consacré à ces produits.

Conservation des divers produits.

88. En traitant du fanage, nous avons parlé des veillotes et des meules qui servent à conserver le foin et des précautions à prendre pour sa bonne conservation, nous n'avons donc plus à y revenir en ce moment. Rappelons seulement que la bonne dessiccation des fourrages est importante pour leur conservation et que tout foin rentré, un peu frais, provoquerait une fermentation qui nuirait à sa qualité. Il arrive quelquefois que, faute de local suffisant, on ne peut emmagasiner dans le grenier le foin bien récolté. On est réduit alors à faire des meules en plein vent, et la grande précaution est d'empêcher le foin d'être altéré par l'humidité du sol ; pour cela on asseoit la meule sur un lit de fagot assez épais, sur le milieu duquel on place un fagot debout, et le foin est tassé à l'entour jusqu'à la hauteur de ce fagot. On fait de même jusqu'à l'élévation que l'on désire obtenir ; l'air peut ainsi circuler et empêche la fermentation des fourrages, puis on couvre la meule avec de la paille en forme de toit incliné, débordant avec la meule pour la mettre à couvert des eaux de pluie, à la place de paille on peut se servir aussi du foin lui-même.

Le blé se conserve en meules à l'air libre ou en grange : si on le met en meules il faut alors qu'il ait été mis en gerbe avec précaution ; car il est impossible de faire bien une meule si les gerbes ne sont pas bien serrées et solidement liées. Quand les années sont pluvieuses ou orageuses, il est utile pour le cultivateur de mettre ses céréales à couvert de suite et d'éviter en même temps la germination du grain par suite de l'humidité. On se sert alors de *ruches* et de *moyettes*. Les ruches ont cela d'avantageux qu'elles peuvent être faites avec des javelles toutes chargées d'humidité, de pluie, de rosée ; les javelles sont dressées avec un petit écart du pied, autour d'une javelle centrale ; cette disposition présente l'apparence d'un cône régulier ; une dernière javelle est liée tout près du pied et on en coiffe verticalement la petite ruche en la plaçant les épis en bas, ouverte et écartée tout à l'entour ; l'air circule à l'aise, le blé s'égoutte et le soleil l'a bientôt desséché.

Les *moyettes* ne peuvent être faites qu'avec des javelles sèches ; ce sont de petites meules temporaires, établies sur une assise de trois ou quatre javelles, épis contre épis et s'entrecroisant ; sur cette première assise on place, en cercle, plusieurs rangs, dont tous les épis sont tournés au centre, à la hauteur d'un mètre et demi environ.

Une gerbe, liée très-près du pied, est posée sur le sommet de la meule, en écartant les épis et forme une espèce de chapeau qui éloigne l'eau du centre et la fait couler à terre loin de la base de la moyette.

En Hollande, en Belgique et dans les pays où l'humidité du climat est presque permanente, on adopte une forme de *moyette* qu'il est utile de voir se propager en France. On pose trois gerbes debout, inclinées les unes contre les autres, une quatrième est ouverte en forme de parapluie et couvre les autres gerbes. On lie le tout à l'aide d'un lien solide, et la moyette, ainsi construite, peut braver toutes les intempéries de la saison. Si les céréales sont rentrées dans les granges, il faut éviter que les gerbes posent directement sur le sol dont l'humidité pourrait nuire à la bonne conservation de la paille. D'habitude on la place sur des fascines, des fagots de jonc, de paille de colza ; il est bon aussi de laisser entre les gerbes et la meule un intervalle de 0, 50, pour le même motif ; la grande considération est de préserver la récolte de l'humidité qui l'altérerait et la rendrait de mauvaise qualité.

Résumé du Chapitre IX

1. La *fenaison* est la récolte des foins : elle doit être faite à temps, un peu avant la maturité des grains : les avantages de cette méthode sont importants puisque les plantes auront acquis tout leur développement, le foin sera plus tendre et que la sève ne s'est pas encore épuisée à former la graine ; cependant le foin destiné aux chevaux peut être récolté plus tard.

La fenaison des fourrages herbacés précède celle des fourrages secs.

Le *fauchage* est l'action de couper avec la *faux* les herbes des prairies.

Le *fanage* est cette opération qui consiste à laisser exposée au soleil l'herbe fauchée pour la faire sécher, et à la retourner de temps à autre à l'aide d'une *fourchette*. On réunit ensuite les *andains* en *veillotes* pour en faire des *meules*.

Le *regain* est la deuxième ou la troisième coupe des fourrages : c'est un bon fourrage pour les vaches laitières.

2. La *moisson* est la récolte des céréales ; elle est préférable un peu avant la maturité du grain et se fait à l'aide de la *faucille*, de la *faux*, de la *sape*. Ces instruments mettent les céréales à plat en petits tas qu'on nomme *javelles*. On peut employer les *machines à moissonner*.

3. La conservation de ces produits se fait en élevant des *meules*, des *ruches*, des *moyettes*, en rentrant dans des granges, de telle sorte qu'on les préserve avant tout de toute espèce d'humidité.

CHAPITRE X

INFLUENCE DE LA CHALEUR & DE LA LUMIÈRE
SUR LES VÉGÉTAUX CULTIVÉS

Après la terre, les grands éléments de
végétation sont la lumière et la chaleur.

LIEBIG

Sommaire. — Influence de la chaleur et de la lumière — Étiolement et
exposition — Abris — Châssis

89. Influence de la chaleur. — La chaleur est
un des éléments les plus indispensables à la végétation, c'est
une des principales causes de la vie en général. Enlevez toute
chaleur et tout reste inerte; cependant elle doit être dans certaines conditions; trop basse, elle amortit les propriétés vitales
des êtres vivants, contracte tous les organes, diminue l'évaporation, et par suite la succion; si elle descend au-dessous
du zéro du thermomètre, elle gèle l'eau contenue dans le végétal, le dilate car la glace tient plus de volume que la même
quantité d'eau non congelée, dénature et altère les sucs con-
tenus dans les tissus et déchire les cellules; de là survient
la mort partielle ou totale du végétal; trop élevée, la température dessèche le sol, évapore l'humidité nécessaire à sa
nutrition, humidité contenue dans le sol ou dans l'air, affai-
blit par cette évaporation les organes qui ne peuvent remplacer ce qu'ils perdent, fane tous les organes, altère leurs
tissus qui prennent une couleur jaunâtre; si cette température trop élevée se prolonge, l'eau de végétation se perd tota-
lement, les organes se dessèchent.

Une température, qui oscille entre 10 et 30 degrés de chaleur, favorise d'une manière remarquable les phénomènes de
la végétation. Les terres, suivant leur nature, s'échauffent
plus ou moins facilement, les terres noires et sèches sont plus
précoces que les autres, car elles absorbent plus de chaleur;

les terres, où la craie domine, sont tardives, et les argiles blanches le sont encore plus. Le phénomène de la fermentation est toujours accompagné d'un développement, quelquefois considérable, de chaleur : c'est à l'agriculteur de savoir profiter de cette chaleur, qu'il peut produire à son gré, en accumulant les fumiers, pailles, foins, feuilles sèches, le tan, la sciure de bois mouillés légèrement.

C'est sur cette propriété des matières en fermentation de dégager de la chaleur qu'est fondée toute la théorie des *couches* des jardiniers, à l'aide desquelles on hâte la germination des semis du printemps. Les couches ne sont, en réalité, qu'un mélange de terres et de matières végétales et animales susceptibles de fermenter et de développer une chaleur artificielle.

Connaissant la nature de ses terres et les substances qui développent le plus de chaleur, l'agriculteur saura choisir pour telle nature de terre qui refroidit facilement, le fumier de cheval de préférence au fumier de vache, dont la fermentation donne peu de chaleur.

Un des principaux effets de la chaleur et de la sécheresse réunies, est d'empêcher les végétaux de pousser en branches et en feuilles, et de favoriser par là leur floraison ; c'est ce que peut remarquer l'agriculteur sur ses légumes et sur ses prairies.

Or, légumes et prairies sont cultivés au point de vue du feuillage ; il voit sa récolte compromise, il ne peut y remédier qu'à l'aide d'arrosages et d'irrigations ; si ce sont, au contraire, des végétaux qu'il cultive pour en utiliser les fleurs et les fruits, cet état de température lui est favorable et il cherche même à le produire, en diminuant les arrosages ou en plaçant ses plantes dans les terres chaudes ou exposées au soleil.

L'effet contraire a lieu si une trop grande humidité accompagne un excès de chaleur ; les parties foliacées et herbacées se développent davantage ; il se produit ce que les botanistes appellent la *phyllomanie*, l'herbe grandit, devient luxuriante, les feuilles des légumes prennent du développement et la récolte du fourrage ou des légumes se trouve augmentée.

Ces considérations suffisent pour faire comprendre de quelle importance est la chaleur sur la végétation et comment le cultivateur peut en entraver les effets nuisibles, ou les faire tourner à son profit.

Aussi, une des grandes considérations du cultivateur, est de ne cultiver que des plantes qui supportent, sans en souffrir, toutes les variations du climat qu'il habite, ou de créer des races ou variétés douées de *rusticité*, c'est-à-dire, susceptibles de supporter plus ou moins facilement les conditions du climat. On arrive à ce résultat par la voie de la *sélection*, procédé qui consiste à choisir la graine sur les porte-graines qui paraissent le mieux doués des propriétés que l'on désire rencontrer, et à répéter cette opération pendant quelques années. C'est ainsi qu'en recueillant les tubercules des pommes de terre qui fleurissent les premières, et en répétant pendant plusieurs années cette opération, on a obtenu une variété très-hâtive se développant en moins de trois mois et pouvant, pendant cette courte période, échapper aux variations de température qu'elle aurait eu à subir en 4 ou 5 mois.

L'exemple que nous venons de citer de la sélection des pommes de terre peut s'appliquer à tout autre cas; choisissons nos graines sur les plantes les plus vigoureuses, ayant le moins souffert des variations de température, et nous arriverons peu à peu à obtenir des races rustiques, précieuses pour le cultivateur.

90. Influence de la lumière. — La lumière est un agent aussi important pour la végétation que la chaleur; elle exerce sur toute la nature animée une grande influence, la science démontre et l'expérience confirme que, sous l'action de la lumière, les plantes décomposent l'acide carbonique de l'air, s'emparent du carbone, et laissent libre l'oxigène de l'air. Or, le carbone est l'élément qui solidifie les tissus. Aussi voyons-nous les plantes privées de lumière perdre de leur consistance, leurs sucs se décolorer; elles *s'étiolent*; c'est ce qu'il est facile de remarquer dans les champs cultivés où se trouvent des arbres à haute tige, comme des pommiers; toute la partie de la moisson qui se trouve privée de lumière par l'ombrage des branches, ne présente qu'une végétation débile, où la floraison n'a pu s'effectuer. Voilà pourquoi les semis trop drus, qu'on croirait devoir donner des produits abondants, ne donnent généralement qu'une médiocre récolte; la multiplicité des plantes accumulées sur un même point nuit à leur développement; l'air ne peut circuler, la lumière est interceptée, une partie des végétaux s'étiolent; les plantes les plus robustes étouffent les plus faibles par leur ombrage.

C'est en se basant sur cet effet que certains cultivateurs qui veulent, par exemple, que leurs plantations forestières s'élèvent rapidement sans pousser de branches latérales, les serrent le plus possible : les jeunes sujets s'allongent pour trouver la lumière et dépasser les arbres qui les ombragent. L'étiolement qui résulte de la privation de la lumière et qui rend les sucs des plantes plus riches en principes sucrés, est mis journellement à profit par les jardiniers pour faire acquérir à leurs légumes des qualités particulières. Ils étiolent artificiellement les laitues, dont ils font *blanchir* le cœur, en liant les feuilles rapprochées les unes contre les autres, la chicorée amère, plantée au fond d'une cave, qu'ils nomment alors *barbe de capucin*, les cardons et le céleri dont ils rendent ainsi les côtes moins dures.

La vive lumière a encore pour effet de colorer fortement les plantes et d'activer le mouvement vital ; aussi, si l'on veut jouir plus longtemps des fleurs fraîchement épanouies, il est bon de les abriter contre le soleil ou de les rentrer dans un appartement faiblement éclairé. Puisque la lumière a pour effets principaux de colorer les parties vertes des végétaux, de développer davantage les saveurs et les odeurs, de durcir le bois, en y fixant une plus grande quantité de carbone, le cultivateur peut faire application de ces notions en plantant sur les montagnes ou dans les lieux très-éclairés les végétaux qu'il cultive, au point de vue de ces avantages. Veut-il des arbres à bois très-durs, il doit choisir les lieux les plus élevés, les plus exposés à la lumière, et ne pas faire des plantations serrées? Veut-il des arbres à longue tige, il lui faut imiter la forêt et épaissir les plantations? Veut-il des fruits généralement plus savoureux, il cultive ses arbres en espaliers? Le cultivateur connaît par expérience ces résultats dont quelquefois il ne se rend pas compte; il n'a pas été sans remarquer que dans les chenevières, le chanvre est plus fort, mais plus court, si les pieds sont espacés, dans les prairies l'herbe courte et rare est plus fine, plus aromatique, l'herbe touffue et longue est plus aqueuse et plus fade.

91. Exposition. — L'exposition est la position d'un champ, d'une plaine, d'un coteau, par rapport aux quatre points cardinaux. Tout le monde connaît l'importance d'une bonne exposition, et le cultivateur intelligent choisit d'ordinaire pour ses cultures variées, comme pour ses habitations ou celles de ses animaux, les expositions les plus favorables.

L'exposition méridionale reçoit les rayons du soleil en plein milieu du jour : elle est donc celle que réclament les végétaux provenant du Midi, et demandant beaucoup de chaleur pour leur maturité ; le bois qui pousse au midi croît plus rapidement et est préférable pour le chauffage ; cette exposition redoute peu les vents du Nord, du Nord-Est et du Nord-Ouest.

L'exposition du Sud-Est subit davantage l'influence des dégels subits, et par suite, est funeste aux arbres fruitiers, au moment de leur floraison et aux arbustes à feuilles persistantes.

L'exposition du Sud-Ouest reçoit les vents humides très-fréquents en France.

Les expositions de l'Est et de l'Ouest subissent ces influences d'une manière plus marquée encore.

L'exposition du Nord est la plus défavorable ; on doit l'éviter chaque fois qu'il est possible.

A ces considérations naturelles sur l'orientation des lieux, vient se joindre l'inclinaison du terrain qui reçoit une plus grande quantité de chaleur ; aussi réserve-t-on les terrains inclinés pour la culture des végétaux qui réclament le plus de chaleur, condition qu'ils rencontrent sur les pentes plutôt que dans les plaines ; tel est le cas de la vigne et de l'olivier.

Les terrains inclinés ont cependant un désavantage, c'est la facilité avec laquelle la partie meuble du terrain, la partie soluble des engrais est entraînée vers le bas par l'action des eaux. C'est là une des raisons pour laquelle nous voyons les terrains en pente cultivés en forêts ou en prairies naturelles ; par l'entrecroisement de leurs racines, ces végétaux retiennent la terre et en arrêtent la chute.

92. Abris. — Un *abri* est tout ce qui sert à garantir de l'influence désastreuse des vents ou des effets d'une température excessive. Un abri peut être *naturel*, comme une montagne, une forêt, une haie, ou *artificiel*, comme un mur, un paillasson.

On néglige trop les abris et on semble en méconnaître l'importance, cependant si le cultivateur établissait, en lieu opportun, des abris, ou *brise-vent*, en plantant des arbres verts, thuyas, des peupliers d'*Italie*, etc... il ne serait pas longtemps à s'apercevoir que certains jardins ou certains champs, exposés à l'action désastreuse des vents, se trouveraient dans des conditions plus favorables ; l'effet de l'abri, en écartant le vent, est d'augmenter la chaleur du terrain, de retarder l'évaporation de l'eau et de procurer au sol une humidité convenable.

Quelques lignes d'abris placées, çà et là, dans les champs, auraient sur les récoltes un effet utile et fructueux ; il est facile de s'apercevoir de l'importance de ces abris en voyant combien le défrichement exagéré des forêts et le *déboisement* des montagnes, en retirant des abris naturels, ont nui aux plaines environnantes. On ne saurait trop s'élever contre cette pratique, si funeste à l'agriculture, et engager le cultivateur à conserver ces arbres qui couronnent les montagnes, brisent les vents, protègent les récoltes et entretiennent les sources.

Le *dégazonnement* est une opération aussi désolante ; les terres, privées de leur abri, sont ravinées par les eaux, perdent leur couche arable et deviennent stériles.

Puisse la génération qui s'élève, avertie par les fléaux qui ont ruiné l'agriculture, être moins imprévoyante !

C'est à l'abri des Alpes et des Apennins que l'Italie doit le privilége de ses belles cultures ; à celui des rameaux latéraux des Alpes, des Cévennes que le midi de la France doit la culture de ses oliviers, à sa colline, que le village d'Hyères doit la renommée et la clémence de son climat.

Les abris *artificiels* tels que les murs, les chaperons, les châssis, les cloches, les paillassons, les serres, les orangeries, etc., sont appréciés de tout le monde et sont plutôt du domaine de l'horticulture que de celui de l'agriculture ; nous n'avons donc plus besoin d'insister sur leur importance pour la culture de certains végétaux : sans ces abris artificiels l'art de l'horticulteur serait bien impuissant.

L'agriculture n'emploie guère les abris des serres et des

orangeries ; cependant il est facile et souvent avantageux de profiter d'un abri peu coûteux, celui des *châssis*.

Fig. 6

Les châssis sont un des moyens les plus puissants entre les mains des horticulteurs pour activer la végétation et conserver les plantes. Les châssis facilitent la germination des graines et permettent de cultiver les primeurs et les plantes délicates. Ce sont généralement de grandes caisses rectangulaires de 1ᵐ 30 de large divisées dans la largeur par 3 ou 4 petits bois à feuillure de manière à recevoir des vitres. Tantôt ils sont mobiles et portatifs, tantôt fixes et à demeure, l'intérieur de ce coffre est toujours à une température supérieure à l'air environnant

---

Résumé du Chapitre X

1. La *chaleur* est un des éléments les plus indispensables à la végétation. Elle favorise les phénomènes de la vie végétale. Les terres, suivant leur nature, reçoivent plus ou moins l'action de la chaleur, mais la fermentation est toujours accompagnée d'un grand développement de calorique, c'est sur cette propriété qu'est fondée la théorie des *couches* en horticulture. D'après la nature plus ou moins échauffante des terres le cultivateur recherchera l'engrais le plus approprié.

Un des effets de la chaleur et de la sécheresse réunies est d'empêcher les végétaux de pousser en branches et en feuilles et de favoriser la floraison; réciproquement un excès de chaleur combiné avec une trop grande humidité fait pousser en feuilles et augmente la production des fourrages.

Par la *sélection* on crée des races *rustiques* de plantes supportant le climat où le cultivateur a établi ses cultures.

2. La *lumière* a autant d'importance que la chaleur car, sans son action, les plantes fixent le carbone de l'air qui solidifie leurs tissus : privées de lumière les plantes *s'étiolent*; on utilise cet étiolement en faisant *blanchir* certains légumes qui perdent ainsi leur amertume. Le cultivateur peut utiliser ces connaissances : veut-il obtenir des bois durs, il espacera ses plantations, de telle sorte qu'elles reçoivent partout la lumière, etc.

3. *L'exposition* est un élément qu'on ne doit pas négliger : au midi, par exemple, le bois pousse plus rapidement et est meilleur pour le chauffage; au sud-est, les arbres fruitiers souffrent des dégâts; au sud-ouest, ils redoutent les vents humides; au nord, les arbres fruitiers sont dans des conditions défavorables. Les terrains inclinés reçoivent plus longtemps les rayons du soleil, on les choisit pour la vigne, etc, etc.

4. Les *abris* sont ou naturels (montagne, forêt), ou artificiels (mur, paillasson). Le cultivateur néglige trop les abris qui écartent le vent, augmentent la chaleur du terrain, retardent l'évaporation de l'eau et procurent au sol une humidité convenable.

Les *châssis* sont des abris artificiels utiles en horticulture.

CHAPITRE XI.

DÉFRICHEMENTS

... Ce terrain, couvert d'un bois stérile,
Que son maître rougit de laisser inutile,
D'une main indignée il y porte le fer,
Détruit les vieux palais des habitants de l'air.
L'oiseau tremblant s'enfuit de son nid qu'on ravage,
Et le soc rajeunit cette plaine sauvage.

DELILLE.

Sommaire. — Défrichement des terres incultes — Des terrains boisés — Divers procédés — Avantages.

93. Le *défrichement* est la mise en culture d'un sol depuis longtemps inculte nommé *friche*. La question des défrichements est une de celles qui intéressent le plus les gouvernements et la prospérité de l'agriculture, puisqu'elle donne une plus-value aux terres, et que ces terres, soumises à l'influence de la culture, mettent en circulation des produits utiles. La Gaule n'est sortie de la barbarie, que lorsque le culte des arbres, introduit par les Druides, disparut en présence de l'invasion romaine. Les Romains, pour civiliser le pays conquis, voulurent ouvrir des routes, des chaussées, de grandes artères à travers les forêts; et de défrichements en défrichements, le domaine de l'agriculture s'est élargi et a enrichi nos marchés de la variété de ses produits. Les opérations de défrichement ont deux buts, ou de rendre à la production des terres depuis longtemps incultes, ou de convertir en prairies ou terres arables des terrains précédemment boisés.

Car nous n'appelons pas défrichement, comme on le fait d'habitude, le labour énergique par lequel on rompt une prairie naturelle ou artificielle; c'est une opération ordinaire de la culture.

94. Défrichement des terres incultes. — Les terres incultes sont généralement des *landes*, situés en plaine dont la couche terreuse est dépourvue de calcaire et qui sont couvertes d'ajoncs, de bruyères, de genêts, de fougères, etc... ou des *pâtis* s'étendant dans les pays de montagnes et laissés incultes à cause des pentes abruptes des montagnes.

Les landes et les pâtis occupent environ huit millions d'hectares en France qui, par le défrichement, seraient rendus à la culture des céréales. Le défrichement des terres incultes s'exécute au moyen de deux procédés distincts :

L'écobuage de la surface (voir le chapitre 4) ou bien le *labourage*.

On ne pratique l'opération de l'écobuage que lorsque le sol superficiel n'est pas exclusivement siliceux.

Si la couche superficielle est suffisamment riche en *humus* ou terreau il convient de défricher par un labour profond, soit à la pioche, soit à la charrue.

Par la méthode du labourage, soit à la pioche, soit à la charrue, on lève le sol en gros blocs renversés sens-dessus dessous, qu'on laisse en cet état une année entière : les racines, les gazons exposés aux intempéries de l'atmosphère perdent de leur tenacité, se désagrègent, se *mûrissent*, comme dit le cultivateur ; on retourne ces gazons avec la herse, puis quand la surface est devenue sèche et friable, on passe le rouleau pour les rompre et forcer la terre à s'en détacher. On peut répéter cette opération s'il est nécessaire. L'action réitérée de la herse, souvent même de l'extirpateur, combinée à celle du rouleau finit par détruire les racines des plantes vivaces et traçantes exposées au hâle de l'air et du soleil.

L'araire Dombasle est le meilleur instrument pour exécuter un bon labour de défrichement. On doit faire cette opération en hiver, époque de la morte-saison de l'agriculteur, alors que les terres, pénétrées d'humidité, se laissent mieux entamer, tandis que l'écobuage ne s'opère qu'en été.

Avant le labourage, il faut, préalablement à toute autre opération, débarrasser le terrain de tout ce qui en occupait la surface, abattre les arbres, couper les genêts, ajoncs et tous les arbustes qui serviront de chauffage pour le four, faucher les grandes herbes, extraire et ramasser les grosses pierres. Les ouvriers défricheurs, munis de leur puissante charrue, ne peuvent se mettre à l'œuvre que quand le sol a été déblayé.

Le cultivateur doit, pour un défrichement, consulter les usages du pays, car les plantes qui envahissent le sol ne sont pas les mêmes au midi qu'au nord et il devient, sous ce rapport, impossible d'établir une règle générale. La grande bruyère à balai envahit les landes du Poitou et par ses souches épaisses et dures, implantées profondément dans le sol, elle arrête la charrue et oblige de faire piquer le soc de la charrue au-dessous de la couche occupée par les souches de bruyères. En Bretagne on ne la rencontre presque pas.

Le terrain défriché, il s'agit de l'ensemencer; la première récolte est généralement de l'avoine, quand le terrain est prêt en mars; mais l'avoine s'échaude souvent dans l'été, semée sur une terre qui n'est pas rassise et raffermie; le froment semé en automne réussit mieux. On utilise souvent les landes défrichées par une première récolte en pommes de terre, colza, suivie d'autres en racines fourragères, pois, sainfoin. Il est de l'intérêt du cultivateur qui a fait de grands frais pour le défrichement de ne pas épuiser le trésor de fertilité que possède le champ défriché, fertilité que le long repos de la lande a accumulée depuis des siècles. Aussi ne doit-il pas chercher à récolter des produits immédiatement réalisables en argent, c'est sacrifier l'avenir au présent, il lui vaut mieux créer sur place des ressources en engrais qui amendent sa terre de jour en jour. C'est une imprudence que de réclamer d'un sol défriché, plus de deux récoltes sans engrais. C'est pour avoir voulu demander trop à la terre que des défricheurs se sont ruinés et ont condamné cette opération agricole. Aussi le gouvernement, voulant encourager les efforts des cultivateurs intelligents et des communes qui veulent rendre à la culture des terrains incultes, a fait une loi qu'il faut consulter et qui favorise leurs intérêts pour l'exécution de leurs travaux.

La plus grande considération qui doive occuper le cultivateur c'est de reconnaître s'il a intérêt à défricher, si la plus-value de son terrain contrebalance les frais qu'occasione le défrichement, si, dans un temps plus ou moins reculé, il est certain de rentrer dans ses avances de fonds : c'est faute d'avoir fait ces réflexions que les défricheurs ont éprouvé bien des mécomptes.

Les sols défrichés se trouvent bien comme engrais du

guano, du noir animal ; les amendements calcaires ne doivent arriver qu'en second lieu.

95. Défrichement des terrains boisés. — La réserve et la circonspection, que doit apporter le cultivateur à défricher un terrain, deviennent plus nécessaires encore, quand il s'agit de détruire un bois bien planté. Qui n'a vu de bons bois devenir de mauvaises terres ? Si la terre est pauvre de sa nature et qu'on lui demande des produits rémunérateurs sans les compenser par l'engrais, on obtient le plus souvent un bénéfice temporaire suivi d'une longue déception, quelquefois même de la ruine.

Dans le cas particulier d'un terrain boisé, après l'abattage et l'enlèvement du bois d'œuvre et de chauffage, il faut procéder à l'arrachage des souches : généralement elles sont laissées aux ouvriers comme salaire : ils exécutent ce travail à temps perdu, dans la morte-saison. Un labour profond ramène les racines à la surface, on en fait des tas qu'on brûle et dont la cendre sert d'amendement au sol.

Les terrains boisés ont la couche superficielle riche en terreau de feuilles ou *humus* acide ; il faut en corriger l'âcreté par les amendements calcaires, par le *chaulage*. Puis après une première récolte en pommes de terre on applique un assolement approprié à la nature du sol.

Ne peut défricher qui veut. La présence ou l'absence des forêts sur certains points, influe sur le climat, sur la présence des sources, sur les dangers des inondations, sur le maintien des terres, la fixation des dunes, la défense d'un pays, etc... Aussi, le défrichement des forêts pourrait compromettre les graves intérêts du salut public.

L'État, protecteur né de tous, a réglé par une loi en date du 18 juin 1859, les conditions qui permettent le défrichement des bois particuliers ou s'opposent à cette opération ; le défrichement n'est donc plus laissé au caprice ou livré à l'intérêt particulier. Les propriétaires qui veulent défricher doivent, avant tout, se reporter à la loi de 1859.

Résumé du Chapitre XI

1. Le *défrichement* est la mise en culture d'un sol (*friche*) resté depuis longtemps inculte. Cette opération a pour but, 1° de rendre à la production des terres incultes; 2° ou de convertir en prairies ou en terres arables des terrains boisés.

Les terres incultes, landes, pâtis, se défrichent soit par l'écobuage de la surface, soit par le labourage. C'est toujours une opération délicate qui coûte cher et qui demande à être bien réfléchie; il faut, après le défrichement, ensemencer en avoine, pommes de terre, racines fourragères, et de manière à ne pas épuiser la fertilité du sol avant qu'il ait amendé son terrain.

2. Le défrichement d'un terrain boisé est précédé de l'abattage et de l'enlèvement des bois d'œuvre et de chauffage, de l'arrachage des souches, d'un labour profond suivi d'un chaulage. Une loi règle les cas où un propriétaire peut défricher.

CHAPITRE XII.

CLOTURES

Bon mur, bon voisin.
Qui a douve a fond.

Sommaire. — Clôtures — Différents genres — Chemins vicinaux et d'exploitation — Voitures — Différentes espéces.

96. Clôtures. — On désigne en général sous le nom de clôtures tous les travaux qui servent à séparer les héritages voisins ou qui servent à former des divisions de pièces dans l'intérieur d'une même propriété ou à enclore des pièces de terre éparses dans les campagnes. La clôture a pour effet : 1º de former l'enceinte des propriétés ; 2º de prévenir l'invasion de l'homme et des bestiaux ; 3º d'abriter les arbres, les moissons, etc. ; 4º de modifier la nature de la terre ; 5º d'accélérer la maturité. Ces effets dépendent de la nature de la clôture.

Tantôt la clôture peut être en pierres, briques, torchis, pisé, avec ou sans ciment, etc., comme dans les constructions de cours de ferme ou des jardins contigus à l'habitation ; tantôt c'est une haie vive, ailleurs c'est un palissage en bois, plein ou à claire-voie, une barrière appuyée sur des poteaux ; ici on préfère des fossés, là c'est un cours d'eau naturel ou artificiel qui sert de limite aux propriétés.

Chacun de ces genres de clôture offre un avantage particulier, contre-balancé par un inconvénient spécial.

La muraille, provenant de matériaux empruntés au règne minéral, dure longtemps et a pour résultat particulier de concentrer la chaleur, d'accélérer la maturité, comme on le voit par la culture des arbres fruitiers, mais elle revient à un prix élevé. La haie vive est une clôture naturelle et elle est agréable à l'œil ; quand on désire seulement limiter sa propriété, on choisit des arbustes épineux, tels que l'aubépine, l'épine noire, le houx, le groseiller à maquereau, l'acacia, l'ajonc, le néflier, le poirier sauvage, l'épine-vinette.

Si l'on a pour but d'avoir une clôture et une plantation utilisée, on choisit des arbres tels que saule, hêtre, bouleau, aune, sureau, orme, érable, etc., qui servent comme bois de charpente, ou comme bois de chauffage; mais ce genre de clôture occupe trop de surface, exige des soins de tonsure et gêne la culture par les racines traçantes, et par l'ombrage que la haie donne aux produits du sol. Une haie vive bien entretenue est malgré tout une clôture excellente et pittoresque. La palissade en bois, pleine ou à claire-voie, la haie sèche, les claies, etc., sont souvent employées dans les prairies permanentes pour protéger les jeunes plantations et les haies vives.

Les ouvrages en fer offrent le plus de solidité, occupent le moins de surface et se prêtent aux formes les plus élégantes comme les plus simples, mais leur prix en est toujours élevé. Les fossés sont des clôtures peu coûteuses et moins sûres.

Chemins Vicinaux.

97. Une exploitation agricole prospère d'autant mieux que les chemins, qui leur offrent des débouchés, sont en meilleur état. On divise les chemins, nécessaires à l'agriculteur, en deux catégories : les *chemins d'exploitation* et les *chemins vicinaux*.

Les chemins *d'exploitation*, conduisant de la ferme aux champs, ont un caractère tout privé; ils sont ou *permanents*, alors ils sont établis par les propriétaires, ou *temporaires*, ils sont dans ce cas créés par le locataire. Ce dernier est tenu d'entretenir les chemins d'exploitation en bon état, qu'ils soient permanents ou temporaires.

Les *chemins vicinaux* établissent des communications d'une commune à l'autre et réclament un entretien permanent, car leur bon état ménage les attelages et les instruments de transports. Le cultivateur ne saurait donc trop veiller à ce que les prescriptions relatives aux chemins vicinaux soient fidèlement et rigoureusement exécutées.

Tout cultivateur *doit*, par an, pour la réparation des chemins vicinaux, deux *journées de travail* pour lui et les membres de sa famille qui sont en âge de travailler ; il doit de plus, *deux journées de ses animaux* de service et de ses instruments de transport : les agents-voyers fixent l'époque de la prestation. Un chemin vicinal, pour être bien établi, doit être assis sur un *empierrement* ou *mac-adam* de 20 à 30 centimètres d'épaisseur. Des règlements déterminent la forme et la largeur des chemins : un fossé de 40 centimètres de profondeur sur 0^m 50 de largeur facilite l'égouttement des eaux.

Voitures.

98. Les *instruments de transport*, destinés aux *charrois*, tiennent une place incontestable dans toute exploitation agricole.

Les voitures doivent être en relation avec les besoins de la culture locale, elles doivent s'approprier à l'état de la culture, se modifier selon la situation des terres, la nature et la force des animaux de trait.

Les *chariots* sont des voitures à quatre roues, dont deux plus grandes sont spécialement usitées dans les pays où l'on se livre à l'élève des juments poulinières; les voitures à quatre roues fatiguent moins l'animal en diminuant les cahots; elles sont encore employées dans les pays de montagnes; l'ensemble des deux paires de roues donne à la voiture une assiette plus ferme. A ces avantages qui les font encore employer, quand on se sert de bœufs comme attelages, se joignent ceux de l'économie et de la légèreté. Le chariot permet, en outre, de transporter en un seul voyage des charges considérables.

Les voitures à deux roues se manient plus facilement dans les cas pressés. Aussi les emploie-t-on dans les pays de plaines et de grande culture. Elles ont besoin d'être construites avec plus de solidité, car l'assiette de la voiture étant moins ferme, elle occasionne davantage de cahots.

Deux espèces de voitures à 2 roues sont spécialement attelées comme instruments de transport : la *charrette* et le *tombereau*.

Quand la charrette est terminée aux deux bouts par des

montants inclinés en avant et en arrière, qu'on appelle
cornes, elle prend le nom spécial de *guimbarde*.

Le *fourgon*, monté sur deux roues, porte au lieu de limon,
un timon unique auquel on attelle deux chevaux de front et
ordinairement un cheval en arbalète. Le fourgon balance
beaucoup sur l'essieu et fatigue les chevaux.

Le *tombereau* est une charrette à double brancard, fer-
mée de planches, dont la partie postérieure s'enlève à volonté : les brancards basculent en arrière et permettent de
déposer la charge à terre sans dételer ; on s'en sert le plus
souvent pour transporter des matières pesantes qui doivent
être déposées sur le sol, des terres, du sable, des cailloux,
de la marne, des engrais consommés ; à l'aide d'une barre
transversale mobile, appelé *clef*, le corps du tombereau bascule à volonté sur l'essieu et *se met à cul*.

Le point le plus important à considérer pour un charretier,
qui conduit une voiture à deux roues, est de la bien charger,
de telle sorte que le cheval de limon ne se trouve ni écrasé
ni soulevé par une charge mal placée.

Résumé du Chapitre XII

1. Les *clôtures* divisent les héritages voisins ou forment des divisions
de pièces dans l'intérieur d'une même propriété ou servent souvent de
limite à des pièces éparses dans la plaine.

Elles ont pour effet : 1° de prévenir l'invasion de l'homme et des bestiaux ; 2° de former l'enceinte des propriétés ; 3° d'abriter les arbres, etc. ;
4° de modifier la nature des terres ; 5° d'accélérer la maturité. La nature
de la clôture présente un avantage spécial contrebalancé par un inconvénient. Si la clôture est mitoyenne, la réparation et la reconstruction
est due par les ayants-droit proportionnellement à leurs droits pour tout
ce qui touche à la conservation de la clôture, s'il s'agissait d'embellisse-
ments celui seul qui en profite paye les frais, etc. La mitoyenneté entraîne des charges qu'il faut connaître.

2. Les chemins agricoles sont ou *d'exploitation* ou *vicinaux*. Le chemin
d'exploitation est *temporaire* ou *permanent* et doit être entretenu par
ceux qui l'ont établi. Pour les chemins vicinaux tout cultivateur doit
deux journées de son travail et deux journées du travail de ses animaux.

3. Les *voitures* doivent être en relation avec les besoins de la culture ;
on se sert des chariots, des charrettes, des tombereaux, des fourgons ;
chacune de ces voitures a ses avantages, mais il est essentiel qu'elle soit
bien chargée.

CHAPITRE XIII

CONSTRUCTIONS RURALES

> *Une bonne construction bien harmonisée*
> *évite la moitié de la surveillance.*
>
> LOUDON

Sommaire. — Constructions rurales — Choix de l'emplacement — Exposition — Matériaux — Ferme — Grange — Écurie — Étable — Bergerie — Porcherie — Poulailler — Pigeonnier.

99. Constructions rurales. — Les constructions rurales importent beaucoup à la santé de l'homme et des animaux et leur hygiène est malheureusement mal comprise chez nous, tandis qu'en Angleterre elle est l'objet de l'attention des propriétaires. Nous ne pouvons entrer dans les détails spéciaux que réclame chacun des bâtiments qui composent l'ensemble de la ferme, et nous ne présenterons que des généralités sur la partie économique des constructions rurales.

100. Le choix de l'emplacement n'est pas indifférent, quand ce choix dépend de celui qui fait bâtir.

L'intérêt du cultivateur est d'établir sa ferme au milieu des terres qu'il cultive, à la proximité de routes bien établies qui facilitent le transport de ses fumiers aux champs, de ses récoltes à la ferme, non loin d'un cours d'eau, dans une position saine et éloignée des brouillards et des marécages. La réunion de ces conditions économise le temps, concentre la surveillance, ménage les attelages et est favorable à la santé; mais l'impossibilité de trouver ces avantages ou quelquefois l'incurie du cultivateur de les rechercher deviennent manifestes par le petit nombre de fermes que l'on rencontre dans ces conditions exceptionnelles.

101. L'exposition doit être autant que possible au sud, au sud-est ou au sud-ouest : on doit éviter avec soin l'exposition du Nord toujours funeste à la santé.

102. Les matériaux, qui servent aux constructions rurales, doivent autant que possible être choisis parmi ceux que fournit le pays. La pierre et la brique sont préférables ; à leur défaut, on bâtit avec la terre même, en pisé, c'est-à-dire que l'on fait un mélange de terre battue avec de la bourre, du crin ou de la paille hachée ; d'autres fois on allie la terre au bois pour faire un *torchis* ou *bauge* ; ce genre de bâtisses est défectueux ; le vent, la pluie, délayant ce torchis, dégradent les murs et laissent passer peu à peu les souris, les mulots, etc.

Les couvertures en chaume ont certains avantages, mais par leur facilité à propager les incendies qui ruinent l'agriculture, elles doivent être proscrites.

Pour la même raison, il est bon d'isoler les bâtiments les uns des autres.

103. Fermes. — En visitant les principales exploitations agricoles de France et d'Angleterre, on reconnaît généralement deux types de construction dans l'ordonnancement et l'agencement d'une ferme. Nous laissons de côté toutes ces constructions sans goût et sans harmonie, en dehors de toutes les règles que commandent l'hygiène et la bonne disposition des logements.

Le premier de ces types est une cour en forme de parallélogramme encadré par les bâtiments. Cette disposition simple et symétrique facilite la surveillance du fermier, mais nécessite le plus souvent l'élévation d'un étage, pour ne pas agrandir la cour outre mesure. L'étage surélevé réclame des constructions plus solides et plus coûteuses ; il devient souvent impossible, sans détruire la symétrie, de rajouter des bâtiments annexes, si par hasard l'entretien de la culture le réclame.

Le second type se préoccupe moins de l'harmonie : il isole les bâtiments, il les approprie à chacun des services et les spécialise. Un rez-de-chaussée suffit dans ce genre : la construction est moins coûteuse et se prête avec avantage à l'extension des bâtiments à construire. Le point essentiel est que la ferme soit disposée de telle sorte que le fermier puisse observer tout ce qui se passe, et exercer facilement une surveillance générale. C'est pour réaliser cette condition spéciale qu'en Angleterre on a tant recommandé la disposition octogonale de la ferme, disposition trop coûteuse selon nous et qui n'admet pas de transformation, d'addition, etc.

Le cultivateur, ami du progrès, doit, quand il construit une ferme, étudier les conditions spéciales dans lesquelles il se trouve placé et que notre cadre restreint ne permet pas de développer : il trouvera pour cela un excellent guide dans le traité des *Constructions rurales* de M. L. Bouchard-Huzard; il pourra se rendre compte ainsi des conditions économiques et techniques que réclame la construction d'une ferme.

104. Grange. — La grange est le lieu spécial où l'on emmagasine les céréales en attendant le battage. Les conditions de bonne construction des granges consistent à avoir des couvertures suffisantes et des ouvertures convenables pour l'aération : elles doivent être appropriées de telle sorte que toutes les opérations que nécessite la grange s'exécutent avec facilité. Comme la grange a pour but de conserver les céréales, il faut la construire de telle sorte que l'humidité n'y pénètre en aucune manière; il faut de plus que l'accès en soit facile, que les portes soient assez hautes pour que des voitures chargées puissent y entrer. L'habitude que l'on prend de battre le blé à la machine donne aujourd'hui moins d'importance aux granges; cependant, dans toute exploitation, leur bonne construction importe beaucoup au cultivateur qui voit réuni, souvent dans un même local, le fruit de ses travaux de l'année; il ne saurait trop y apporter son attention.

105. Écurie. — L'habitation des chevaux se nomme écurie : elle réclame dans sa construction des soins qu'on ne prend pas généralement, et cette négligence entraîne des inconvénients et souvent occasionne des maladies. Aussi faut-il proscrire d'une manière absolue les écuries basses, étroites, mal aérées, malsaines et mal éclairées.

Chaque fois qu'il sera possible, l'écurie sera située au levant, et, ce que l'on peut toujours faire, le sol intérieur de l'écurie doit être plus élevé que celui des cours pour que l'écoulement des urines en soit toujours facile; il doit être pavé en pierre dure bien unie et pourvu d'une rigole derrière les animaux pour l'écoulement de leurs urines. Quant aux dimensions à donner aux écuries, elles varient suivant le nombre et l'espèce des chevaux, mais en général, elles réclament 60 mètres cubes d'air par cheval en moyenne. Une bonne aération est un point capital, aussi faut-il ménager, outre les portes, des fenêtres, des barbacanes, des ventilateurs propres à renouveler l'air et combinés de manière à ne pas établir des courants d'air nuisibles aux animaux. La hauteur de l'écurie devrait toujours avoir 3 mètres au moins. Un vice que l'on rencontre presque partout dans la construction des écuries, est de placer au-dessus le grenier à fourrage, grenier qui est presque toujours à jour. Une pareille disposition est défectueuse. La poussière et les ordures tombent sans cesse dans les rateliers, les mangeoires et sur les chevaux, détériorent les aliments et irritent la peau des animaux, en même temps que les émanations de l'écurie altèrent les fourrages. Si l'on dispose le grenier à fourrage au-dessus de l'écurie, il faut au moins que le plancher soit plein.

106. Étable. — Le logement des bœufs et des vaches s'appelle étable. Les étables exigent les mêmes conditions hygiéniques que les écuries ; elles réclament, comme ces dernières, d'être surtout aérées et sèches ; le sol doit en être plus élevé que celui de la cour ; l'espace occupé par chaque bête est le même.

Les bœufs à l'engrais sont généralement mis dans une étable spéciale, car le calme et l'obscurité favorisent l'engraissement : suivant la destination spéciale de l'animal, l'étable subit quelques modifications, mais quelle que soit cette destination, la bête bovine veut être sainement et commodément logée.

L'étable s'appelle *bouverie*, *vacherie*, toit ou écurie des veaux, suivant qu'elle renferme des bœufs, des vaches, des élèves.

107. Bergerie. — Le bâtiment spécial destiné aux bêtes ovines (moutons, etc.,) s'appelle bergerie. La disposition d'une bergerie et les soins de sa tenue intérieure doivent attirer l'attention des propriétaires. Elle doit être construite sur un endroit sec et élevé ; l'air doit se renouveler le plus possible ; l'absence de plafond est peut-être le meilleur moyen d'aérer suffisamment le bâtiment ; les rateliers ou crèches seront droits pour prévenir la chute des parcelles de fourrage et de graine sur les animaux ; les portes doivent être larges, puisque les moutons se plaisent à entrer ou sortir en masse. Les portes sont généralement coupées à 1ᵐ 50 de haut et les battants du haut sont ouverts, de la sorte on peut observer les animaux sans avoir besoin de les déranger.

108. Porcherie. — L'habitation des porcs, ou porcherie, doit être construite dans un lieu sain, exempt d'humidité, un peu incliné pour l'écoulement des urines, s'il est possible ; la porcherie devra être munie d'un réservoir où les cochons peuvent aller se baigner. On isole les verrats, les gorets, les truies mères, les porcs à l'engrais qui réclament des soins spéciaux.

109. Poulailler. — Le local destiné aux poules et aux animaux de basse-cour, doit être exempt d'humidité, car l'humidité diminue la ponte et engourdit les pattes des volailles ; en rapport avec le nombre des volatiles, et par conséquent muni de perchoirs suffisants pour que les poules ne soient pas trop isolées et puissent se rassembler sans se presser ; exposé au levant et à quelque distance de l'habitation ; muni de nids pour la ponte des œufs et de compartiments séparés pour les couveuses ; fermé exactement pour que les petits rongeurs et les animaux nuisibles (putois, belettes, etc.,) ne s'y introduisent pas ; tenu avec la plus grande propreté, car les exhalaisons des excréments, etc., nuisent à la santé et à la fécondité des volailles.

110. Pigeonnier ou *colombier*. — Le local où nichent les pigeons est généralement isolé dans la ferme, et forme un bâtiment spécial en forme de tour carrée ou arrondie. Il doit être exposé au Sud et à l'Est, et préservé des animaux nuisibles (rats, belettes, etc.,) qui cassent les œufs et effraient les pigeons. Il faut, autant que possible, que le colombier soit propre et bien tenu, et le nettoyer assez souvent pour éviter les émanations funestes et la propagation de la vermine.

On voit que l'architecture rurale a ses lois que malheureusement on ne suit pas toujours, et qu'il est important, pour le cultivateur, de protéger les animaux soumis à sa domination contre les intempéries du climat : il doit observer les conditions hygiéniques qui garantissent la salubrité, et se rappeler que toujours la lumière et l'air sont les premiers éléments de la vie et qu'on ne saurait trop insister sur cette nécessité de premier ordre.

Résumé du Chapitre XIII

1. Le *choix* de l'emplacement d'une construction n'est pas indifférent : il est utile d'établir la ferme au milieu de ses terres, à la proximité des routes, etc.; on ne doit pas non plus négliger l'*exposition* : quant aux matériaux il est préférable de choisir ceux que fournit le pays.

2. La *ferme* doit être disposée de telle sorte que le fermier puisse exercer sur tout une surveillance.

3. La première condition d'une bonne construction de *grange* est dans la couverture et l'aération suffisante.

4. L'*écurie* est généralement mal construite, il faut proscrire absolument les écuries basses, étroites, mal aérées, malsaines et mal éclairées, éviter de mettre le grenier à fourrages au-dessus de l'écurie.

5. L'*étable* réclame, comme condition hygiénique, d'être aérée, sèche, élevée etc.

6. La *bergerie* doit-être construite dans un endroit sec et élevé ; l'air doit se renouveler ; les rateliers seront droits, les portes larges.

7. La *porcherie* réclame les mêmes conditions de salubrité, de plus un bassin pour l'eau destinée aux animaux.

8. Le *poulailler* doit-être prémuni contre l'humidité, exposé au levant, fermé exactement et tenu avec propreté.

9. Le *pigeonnier* doit-être préservé contre les animaux rongeurs, tenu proprement et nettoyé assez souvent.

CHAPITRE XIV

CÉRÉALES

La première richesse de la France,
ce sont les céréales que son sol lui
permet de produire.

COLBERT

Sommaire. — Céréales — Blé — Seigle — Méteil — Orge — Avoine — Maïs — Millet — Sarrazin — Riz — Sorgho.

111. Céréales. — Le nom collectif de *céréales*, venant de *Cérès*, déesse des moissons chez les anciens, est donné à toutes les plantes alimentaires, mais spécialement à celles de la famille des *graminées* que Dieu a répandues sur toute la surface du globe et qui peuvent croître sous tous les climats habités par l'homme. Ce sont les céréales qui font l'objet de la *moisson*. Elles comprennent les froments proprement dits, les épeautres, le seigle, les orges, les avoines, le maïs, les millets, l'alpiste, le riz, le sorgho, etc.

On trouve, dans le grain des céréales, toutes les substances nécessaires à l'alimentation, et l'absence de saveur en vulgarise l'usage : la farine de ce grain est éminemment propre à la panification ou fabrication du pain.

Les céréales peuvent se cultiver partout, et se conserver facilement ; ce sont autant de raisons pour que leur usage soit si répandu : on peut en juger par le chiffre de 183 millions d'hectolitres récoltés année moyenne en France.

Les céréales ont une propriété que le cultivateur cherche à utiliser ; c'est de *taller*, c'est-à-dire, d'émettre de nouveaux jets ou tiges de leurs nœuds inférieurs ; le *buttage* des pieds, à l'aide de binage ou de hersages, le *rechaussement*, favorisent beaucoup cette faculté des céréales.

On comprend facilement que puisque les céréales forment la principale base de l'alimentation de l'homme, le bien-être et la tranquillité des peuples dépendent de son abondance ou de sa rareté : aussi les gouvernements se préoccupent de cette question économique, d'une manière toute particulière et cherchent à réglementer son exportation et son importation, de telle sorte que l'alimentation publique ne soit pas compromise.

Les *emblavures* (ensemencements de blé), couvrent en France 7 millions d'hectares. La France produit en moyenne plus de 100 millions d'hectolitres de blé par an.

112. Blé. — Le blé est la céréale la plus utile à l'homme : aussi était-il cultivé de toute antiquité, et son origine se perd dans la nuée des temps. Il forme deux espèces principales. 1° les *froments* proprements dits, à grain libre ou nu, se séparant de la *balle* (enveloppe) par le battage. 2° Les *épeautres* à grain ne pouvant se détacher que difficilement de la balle. Les épeautres et les froments sont désignés indifféremment sous le nom de *blé*.

On divise encore le blé en deux classes : les blés d'automne, (c'est-à-dire qu'on sème en automne) et les blés de printemps.

113. Les agronomes appellent *blé tendre* celui dont la cassure est farineuse, *blé dur*, celui dont la cassure, plus nette, a l'apparence cornée ; *blé barbu*, le blé à paille intérieurement pleine, au moins sur la plus grande partie de la longueur ; *blé sans barbe*, celui dont la paille est intérieurement vide.

(La *barbe* est cette sorte de fil, prolongement de la balle, qui hérisse l'épi).

Fig. 7.

Parmi les froments cultivés, voici les principaux que recherche le cultivateur : 1° Le *froment ordinaire*, et les belles races de blé tendre, à grain *nu*, à épi blanc ou rouge, avec ou sans barbe, à paille *creuse* : les blés de cette espèce sont les plus estimés par la qualité de grain : aussi les appelle-t-on *blés fins*. Le froment ordinaire comprend le *blé de Flandre* ou *blanzé*, cultivé dans le Nord et dans les pays riches, le *blé de Talavéra*, le *blé de Crépy*, le *blé du Mesnil-St-Firmin*, le *blé de mars sans barbes*, la *Touzelle blanche*, la *Richelle blanche de Naples*, le blé d'*Odessa sans barbe*, le *blé de Crète*, le blé *Lammas*, variétés sans barbe, etc. Le *blé barbu d'hiver ordinaire*, le *blé de Roussillon*, le *blé* de *mars barbu*, le *blé Hérisson*, etc., variétés barbues. 2° Le *froment poulard*, renflé à grain *nu et bossu*, et à paille *pleine*, plus rustique, plus vigoureux, à paille plus résistante mais à qualité inférieure, ce qui fait surnommer ces blés, tous barbus, les *gros blés*.

Les principales variétés de blés poulards sont la *Pétanielle blanche*, à épi blanc et lisse, le *poulard de Touraine*, à épi blanc, velu, le *poulard rouge* à épi rouge, la *pétanielle noire* à épi noirâtre, etc. 3° Le *froment d'Afrique*, à grain dur, allongé, glacé, à paille pleine, cultivé dans tout le bassin de la méditerranée pour la fabrication des pâtes.

4° Le *froment de Pologne*, à paille pleine, à glumes beaucoup plus longues que le grain.

5° Le *froment amidonnier*, à épillets à 2 grains, dont la farine est recherchée pour la fabrication de l'amidon.

6° Le *froment en grain*, à épillets à un seul grain.

Epeautre

114. L'*épeautre* ou *blé vêtu* peut être cultivé dans un plus grand nombre de terrains que le froment : le grain est plus petit, il est difficile au battage à être séparé de la balle. On en cultive deux variétés, l'*épeautre sans barbe*, l'*épeautre barbu*, principalement en Belgique et dans le nord de la France. Ce qui restreint la culture de ce genre de blé, c'est le caractère de son grain *vêtu* : il a les glumes et les balles si étroitement appliqués sur le grain qu'il faut le faire passer sous la meule. Les épeautres sont supérieurs en qualité à tous les autres froments, on en recherche la farine pour la pâtisserie.

Pour la culture on partage les blés en deux sections : les *blés d'automne* ou *d'hiver*, à végétation plus vigoureuse, à tige plus élevée, à épis plus développés, à grains plus gros et meilleurs ; les *blés de mars*, semés au printemps, qui ne servent qu'à remplacer les blés d'hiver qui ont manqué. Le blé s'accommode de presque tous les sols, à la condition qu'on lui fournisse les amendements et les engrais qui s'accordent avec la nature du terrain, et que le terrain soit assaini naturellement ou par le drainage.

Si le blé redoute le terrain imperméable, il craint encore plus les terres *creuses* soulevées et sans liaison intérieure.

Le blé contient, dans sa composition beaucoup de calcaire et d'azote : il faut que les engrais ou amendements lui fournissent ce calcaire et cet azote et nous voyons nos terres les plus riches pourvues précisément de ces principes. Les éléments azotés augmentent la proportion de gluten et, par suite, la valeur : il ne faut pas cependant qu'ils se trouvent en dose excessive, car les tiges trop touffues seraient sujettes à *verser*.

La bonne culture du blé réclame un excellent choix dans la semence que l'on sème après l'avoir pralinée ou chaulée ; le semis a lieu à la volée ou en lignes sur un terrain nettoyé de mauvaises herbes et labouré à 0,25 de profondeur ; l'époque des semailles commence dès le 15 septembre et finit vers le commencement de décembre. Dès les premiers beaux jours de printemps, on donne un léger hersage aux terres ensemencées avant l'hiver pour briser les mottes ou la croûte qui recouvre la superficie et qui s'est formée sous l'influence du *hâle de mars*. Cette croûte étranglerait le collet de la jeune plante et l'empêcherait de taller ; s'il n'y avait pas de croûte il faudrait passer le rouleau c'est que la terre serait trop creuse et que les gelées auraient déchaussé les jeunes plantes.

Si le semis a été fait en lignes, à l'aide de la herse à cheval, on opère un sarclage ; sinon on désherbe en enlevant les chardons et toutes les mauvaises herbes. Des roulages, des sarclages, des binages, voilà en résumé les principaux soins que réclame la culture du blé jusqu'à l'époque de la moisson qu'on reconnaît quand les épis se courbent et forment la faucille.

Rien n'est plus variable que le rendement du froment. En France, la moyenne est de 13 hectolitres par hectare; l'hectolitre pèse de 74 à 80 kilog., l'hectare peut rapporter de 3 à 3500 kilog. de paille.

115. Seigle. — Le *seigle* se distingue du blé, par sa tige plus élancée, par l'épi et le grain plus maigres, par la farine moins blanche et moins nutritive, par ses feuiles planes et par la disposition de ses grains par paires. C'est un des grains les plus répandus et les plus précieux que nous puissions cultiver. Sa farine seule ou mélangée sert presque partout à l'alimentation de l'homme; le grain est employé de plus pour la fabrication des eaux-de-vie. Le seigle est d'ailleurs peu difficile sur la qualité des terrains; il résiste aux froids les plus intenses; c'est la richesse des terrains froids et pauvres, des terres arides et sablonneuses où ne réussiraient pas les céréales précédentes.

Si le seigle est précieux pour son grain, il ne l'est pas moins pour sa paille qui sert de litière ou de liens pour attacher les gerbes, ces liens s'appellent *gluis* dans beaucoup d'endroits. La paille de seigle est la meilleure pour la couverture des toits en chaume, des paillasses, des paillassons, etc. C'est un bon fourrage et un excellent engrais vert.

Les principales variétés de seigle sont le *seigle d'hiver*, le *seigle de Mars*, le *seigle de la St-Jean* que l'on sème en juin et qui talle beaucoup, le *seigle de Russie*.

Le sol qui convient au seigle est un sol léger, sablonneux, pierreux; c'est la céréale des terres légères, tandis que le blé est la céréale des terres fortes.

Le seigle se trouve bien du marnage et du chaulage, quand les terrains en manquent, mais l'amendement qui réussit le mieux à cette céréale, c'est un pralinage de noir animal. La culture du seigle réclame, comme pour le blé, l'ameublissement et le nettoyage du sol, le même fumier, les mêmes labours préparatoires, à la seule différence qu'on ne lui donne pas de hersage au printemps, car la terre dans laquelle on le sème est trop légère pour qu'il se soit formé une croûte sous le hâle de mars; de plus, comme le seigle ne talle presque pas, on ne retirerait du hersage aucun avantage.

Le semis se fait toujours à la volée et on recouvre à la herse : on sème la même quantité que pour le blé, on ne le coupe généralement que quand l'épi est bien mûr, parce qu'il mûrit moins bien en gerbes que le froment et qu'il s'égrène moins sur pied.

Le rendement par hectare est de 22 à 25 hectolitres en moyenne ; mais la récolte peut dépasser quelquefois 30 hectolitres. Le seigle occupe 2 millions d'hectares et produit 30 millions d'hectolitres environ.

116. Méteil. — On appelle *méteil* un mélange de froment et de seigle semés et récoltés ensemble. Ces deux plantes associées prennent plus de force, se protègent mutuellement : et viennent souvent mieux que semées isolément c'est ainsi que sur un sol fatigué par une récolte de blé, on a remarqué que le blé du méteil poussait mieux que semé seul : il en est de même dans les sols médiocres.

Si la culture du méteil a ses avantages, elle a de grands inconvénients qui tendent à la restreindre. L'époque de maturité des deux grains n'est pas la même puisque le seigle mûrit 15 jours avant le blé, il faut alors employer des variétés hâtives de froment et faire la récolte avant la complète maturité du froment, car on perdrait le seigle par l'égrénage naturel.

Le méteil est vendu à un cours intermédiaire entre les prix des deux céréales de son mélange, il forme un pain moins sujet à se dessécher et assez en usage à la campagne.

117. Orge. — L'*orge* se distingue des deux céréales précédentes à ses grains disposés sur deux ou six rangs verticaux formant l'épi. Cette céréale occupe une place très-importante dans l'agriculture de l'Europe, c'est qu'en effet elle est la plus productive et la plus rustique, et qu'elle entre dans la fabrication de la bière si en vogue dans le Nord, dans celle des eaux-de-vie, dans l'alimentation des chevaux; dans le Midi, sa farine donne un pain bien moins bon que le blé ou le seigle; mais on la mange à l'état de *gruau* ou orge *mondé*, c'est l'amande du grain (gruau) débarrassée de son enveloppe extérieure. Son grain sert à nourrir, à engraisser les bestiaux, les porcs, les volailles; en Afrique, il remplace l'avoine pour l'alimentation des chevaux.

Les propriétés rafraîchissantes de l'orge la font employer comme tisane pour l'homme (orge *perlée*), comme barbottage pour les animaux malades.

Le café de *glands doux* doit sa propriété alimentaire aux grains d'orge torréfiée.

On cultive les variétés suivantes d'orge : l'orge commune, l'*escourgeon* (*sucrion*) qui, semée avant l'hiver, mûrit la première de toutes les céréales, meilleure variété pour la bière, l'*orge noire*, l'*orge céleste* très-productive, elle peut être semée jusqu'au commencement de mai, l'*orge à six rangs*, qui peut être considérée comme des deux saisons, l'*orge distique*, la *grosse orge nue*, l'orge en éventail robuste et productive.

L'orge, tout en s'accommodant de toute espèce de terrain, préfère néanmoins les sols sablo-argileux moins compacts que ceux que réclame le blé et moins légers que ceux où croît le seigle; elle réussit fort bien dans les terrains calcaires et dans toutes les terres presque pulvérisées.

La culture de l'orge réclame un ameublissement complet du sol, deux labours l'un après la récolte préparatoire (turneps, pommes de terre, pois, etc.,) l'autre qui précède le semis. Les semailles de printemps durent de fin mars au 15 avril : elles peuvent cependant se prolonger jusqu'à fin mai, elles se font à la volée, car les orges printanières aiment à être recouvertes peu profondément. Le rendement est d'habitude de 35 à 40 hectolitres de grains à l'hectare pesant environ 60 kilog. l'hectolitre.

118. Avoine. — L'*avoine* a ses fleurs en *panicule*; ses grains sont allongés et enveloppés dans de longues *valves*.

Cette céréale est cultivée sur une vaste échelle dans le Nord, où elle sert à la nourriture des chevaux : elle est remplacée dans le Midi par l'orge, c'est le grain qui donne au cheval de travail, la force et l'énergie.

Elle est peu employée pour la nourriture de l'homme, sa farine ne fait qu'un pain noir, indigeste, amer et d'une saveur désagréable; cependant dans quelques pays, en Ecosse, par exemple, on en fait des gâteaux et des bouillies. On utilise davantage l'avoine sous forme de *gruau*, l'avoine peut aussi servir à l'extraction des eaux-de-vie. Les balles servent à faire des coussins et des paillasses.

Les tiges fraîches forment un excellent fourrage pour tous les ruminants; la paille leur plaît moins.

On cultive plusieurs variétés d'avoines : l'*avoine ordinaire* ou *commune* qui a produit un grand nombre de variétés à *grain noir* ou *blanc*, l'*avoine d'hiver*, l'*avoine noire de Brie*, l'*avoine de Géorgie*, l'*avoine patate*, l'*avoine unilatérale*, l'*avoine nue*, etc... C'est aux cultivateurs à choisir les variétés qui conviennent à leur terrain plus ou moins fertile.

La culture de l'avoine réussit presque partout; mais la véritable place de l'avoine est après une culture sarclée ou sur le défrichement d'une prairie naturelle ou artificielle. On sème l'avoine depuis septembre jusqu'en mars et même en avril; aux environs de Paris, on suit le proverbe : « Avoine de février remplit le grenier. » Les avoines redoutent par-dessus tout la sécheresse prolongée. Aussi certaines espèces doivent être enterrées à quelques centimètres de profondeur, afin que les racines puissent profiter de la fraîcheur. Le rendement de l'avoine peut aller de 40 à 50 hectol. de grains par hectare, l'hectol. ne pèse que 40 à 50 kil. ; mais quand l'avoine succède au blé, elle ne donne guère que la moitié de ce rendement.

119. Maïs ou blé de Turquie. — C'est à l'Amérique que nous devons le *maïs*, cette précieuse céréale, bien que son nom semble en attribuer la patrie à la Turquie. Elle offre des ressources utiles à l'agriculture, tant pour l'alimentation de l'homme que pour celle des animaux. C'est la céréale des pays méridionaux. Cultivé comme grain, le maïs donne une farine dont on fait des bouillies, des *polentas*, des *gaudes*, des galettes pour les classes laborieuses; pétri avec de la farine de blé, il offre un pain agréable au goût. Il sert à engraisser les porcs et la volaille, pourvu qu'on ait fait ramollir le grain.

Cultivé comme fourrage vert, le maïs est très-recherché des ruminants et il augmente la production du lait des femelles. La plante doit alors être fauchée quand les épis mâles commencent à se montrer.

Soumis à la fermentation alcoolique, le maïs peut remplacer l'orge ou le blé dans la préparation de la bière; les feuilles peuvent servir à la fabrication du papier; les spathes qui enveloppent les fleurs peuvent aussi être utilisées à la confection des chapeaux, des nattes, des paillasses, des coussins.

Les principales variétés de maïs cultivées sont à *grains roux*, à *grains blancs*, ou à *grains rouges*.

La première section comprend le *maïs quarantain* (pouvant mûrir en 40 jours) qui végète en trois mois, le *maïs de Pensylvanie*, variété très-productive, le *maïs à poulet*, à grains très-petits, mais précieux parce qu'il mûrit en moins de trois mois, qualité qui le fait rechercher dans les contrées à étés très-courts, et dans les pays sujets aux sécheresses précoces, etc..... La deuxième section renferme le *maïs d'automne* à *grain blanc* plus approprié aux terres humides, etc.

La troisième section comprend le *maïs rouge*, variété très-robuste et d'une maturité facile, le *maïs jaspé*, plus précoce encore, etc... Le maïs aime de préférence un sol argilo-sableux et frais, mais toute espèce de sol peut lui convenir à condition qu'il ait été ameubli et fumé. L'époque des semailles varie suivant le climat. Dans le Midi, on le sème au printemps, depuis mi-avril jusqu'à mi-mai, puis en juin. Dans le centre, il faut nécessairement attendre qu'il n'y ait aucune crainte de gelée; aux environs de Paris, le maïs ne peut être semé que la première quinzaine de mai, la graine étant assez grosse, on ne la sème guère à la volée. Les semences doivent être enterrées de deux à trois centimètres; elles doivent être choisies ni à la base ni au sommet de l'épi. On applique au maïs la culture des plantes sarclées, les grandes espèces se sèment en lignes espacées entre elles de 0ᵐ80, les plantes à 0ᵐ60 l'une de l'autre, les petites espèces se sèment en lignes de 0ᵐ50 en tous sens : le maïs réclame au moins deux buttages. L'engrais qui favorise le mieux la végétation du maïs est l'engrais humain étendu d'eau. Le grand maïs peut donner jusqu'à 60 hectolitres de grains à l'hectare, le petit maïs ne produit que la moitié environ. On peut affirmer que la culture du maïs, faite avec intelligence, est une ressource précieuse pour le bien-être des pays pauvres.

120. Millet ou Panis. — Le *millet* est la plante du Midi par excellence; on le reconnaît à sa tige élancée, portant une gerbe chargée d'une infinité de petits grains, qui servent à la nourriture des oiseaux des champs, tout autant qu'à celle des oiseaux de basse-cour ; converti en gruau, le millet peut servir à l'alimentation de l'homme.

Les feuilles sont avidement recherchées des bestiaux et les tiges égrainées servent à faire des balais et à chauffer le four.

On cultive : 1° le *millet commun* ; 2° le *millet d'Italie* ; 3° le *moha*.

Cette dernière variété, moins productive, est moins cultivée.

Le millet aime une terre légère, mais substantielle que plusieurs labours ont ameublie et qui a été richement fumée. Il ne peut être semé que quand les gelées ne sont plus à craindre, le semis se fait à la volée ou en lignes espacées de 0m 30 à raison d'un hectolitre par hectare. La culture du millet réclame des sarclages, des binages, des buttages et ressemble beaucoup à celle du maïs. On doit faire la récolte avant la complète maturité, sans cette précaution on serait exposé à perdre la moitié des grains. Le produit en grain est considérable, surtout dans le Midi, un hectare donne quelquefois 31 hectolitres de grains du poids de 70 kilog.

121 Sarrasin ou blé noir. — Le *sarrasin*, originaire de l'Asie, n'est pas une graminée, comme les céréales dont nous venons de parler : il appartient à la famille des polygonées et se reconnaît à ses feuilles triangulaires, à ses petites fleurs blanches et roses. Il a été importé en Europe à l'époque des croisades, il est naturalisé dans le centre et le midi de l'Europe.

Le sarrasin peut servir à la nourriture de l'homme, à celle des bestiaux, à celle des abeilles, à l'engraissement du sol.

La farine du sarrasin se convertit en bouillies, en galettes, en pain quelquefois qui servent à la nourriture des pays pauvres. Mais les volailles et les animaux, de la race porcine surtout, sont avides de ce grain qui sert à les engraisser ; fauché en vert, le sarrasin peut servir de fourrage. Fauché pendant la floraison, c'est un excellent engrais vert, c'est une providence pour les pays où sa culture réussit.

Le sarrasin demande, pour prospérer, un sol siliceux ou crétacé, bien ameubli, il faut qu'il soit semé de telle sorte qu'il n'ait pas à craindre la plus petite gelée. Il redoute beaucoup pendant sa floraison les vents froids du nord ; aussi sa récolte est-elle assez chanceuse. On le sème vers le 15 juin, en Bretagne, vers le 15 juillet, à Genève, fin août, dans le Midi, du 10 au 15 mai, aux environs de Paris, de telle sorte que la récolte ait lieu avant les premières gelées d'automne. Le sarrasin ne réussit pas dans les terres humides ou trop fortes, mais il est le plus souvent cultivé après un défrichement ; car il ameublit le sol par sa feuillaison très-abondante qui empêche toute autre végétation.

On sème généralement un peu plus d'un hectolitre à l'hectare ; ce qui contribue à restreindre la culture du sarrasin, c'est qu'il fleurit successivement et ne mûrit pas ses graines en même temps.

122. Riz. — Le *riz*, originaire de l'Inde et de la Chine, est assurément une des plantes les plus précieuses qui soient cultivées pour la nourriture de l'homme. En Chine et dans les mers de cette région, le riz est l'aliment général. On le cultive aussi dans toutes les régions méditerranéennes.

La culture du riz a été essayée avec succès dans le Forez, le Dauphiné, le Roussillon, le Languedoc, et même près de La Rochelle ; elle a réussi dans le bassin d'Arcachon, etc. ; mais cette culture a été abandonnée, car les rizières sont un vrai foyer d'humidité, les miasmes qui s'en exhalent durant les chaleurs occasionnent des maladies meurtrières.

On ne peut le cultiver qu'aux dépens de sa vie, pour ainsi dire, car le riz ne prospère que dans les terrains soumis à une inondation presque constante. Les miasmes qui s'exhalent des terrains convertis en rizières sont tellement délétères et les infiltrations qui résultent de ces inondations ou irrigations pénètrent tellement loin que les arbres d'alentour périssent et toute autre végétation est frappée de mort.

On ne peut guère cultiver le riz que dans les pays où la population peu nombreuse est répartie en un vaste territoire.

Cette céréale est appelée cependant à jouer un grand rôle dans l'agriculture de l'Algérie.

123. Sorgho — Le *sorgho* ou gros millet, ou grand millet d'Inde, voisin du millet ordinaire, a souvent été confondu avec lui ; il est fort cultivé en Arabie, en Asie, en Italie, en Espagne, en Suisse, etc. On en cultive deux variétés : le *sorgho à balais*, le *sorgho à sucre*. Il réclame un sol chaud et fertile,

tel que les alluvions du Rhône, de la Bresse, où il donne des
produits fabuleux. Le sorgho demande les soins de culture
des graminées les plus difficiles ; ses feuilles sont utilisées
comme un fourrage excellent : ses panicules servent pour
l'industrie des balais, ses grains pour la nourriture des
volailles. Il est probable que sa culture prendra plus d'extension, car il est appelé à rendre de grands services ; ses grains
pourraient, en cas de disette, servir d'aliment à l'homme.

Fig. 8

Le sorgho à sucre, originaire de Chine, a été introduit
depuis quelque temps dans le midi de la France, particulièrement en Provence.

Le produit total des céréales cultivées sur tout le territoire
français est évalué à 200 millions d'hectolitres de grains, ce
qui représente une valeur de 2 milliards et demi.

Résumé du Chapitre XIV

1. Les *céréales* sont des plantes alimentaires de la famille des graminées ; ce sont les froments, les épeautres, le seigle, les orges, les avoines, le maïs, le millet, l'alpiste, le riz, le sorgho.

2. Le *blé* forme deux classes distinctes : les *froments* à grain libre ou nu, les *épeautres*, à grain ne pouvant se détacher de la balle; différentes espèces de froment et d'épeautre.

La *verse* et le *tallage* du blé; culture du blé; terres qu'il réclame; rendement à la moisson.

3. Le *seigle* est précieux pour son grain qui sert à l'alimentation de l'homme, à la fabrication de l'alcool; il l'est aussi pour sa paille qui sert de litière ou de *gluis*. Diverses variétés du seigle; culture du seigle; terres qu'il réclame; rendement à la moisson.

4. Le *méteil* est un mélange de froment et de seigle ; cette culture est peu avantageuse par suite de la diversité de l'époque de maturité des deux grains.

5. L'*orge* entre dans l'alimentation des chevaux, dans la fabrication des alcools et de la bière. Le *gruau* est l'amande débarrassée de son enveloppe extérieure. Diverses variétés d'orge; culture de l'orge; terres qu'elle réclame; rendement à la moisson.

6. L'*avoine* sert à la nourriture des chevaux : diverses variétés d'avoine; culture de l'avoine; terres qu'elle réclame; rendement à la moisson.

7. Le *maïs* est la céréale des pays méridionaux ; elle sert à l'alimentation de l'homme et à celle des animaux ; diverses variétés de maïs; terres qu'il réclame; rendement à la moisson.

8. Le *millet* sert, par ses graines, à l'alimentation des animaux ; par son gruau à celle de l'homme. Diverses variétés de millet; terres qu'il réclame; rendement à la moisson.

9. Le *sarrasin* n'est pas une graminée; il sert toutefois à la nourriture de l'homme, des bestiaux, des abeilles, et à l'engraissement du sol. Terres qu'il réclame; rendement à la moisson.

10. Le *riz* offre de grands dangers pour sa culture par suite des terrains inondés qu'il réclame ; aussi ne peut-on pas le cultiver partout.

11. Le *sorgho* réclame de grands soins de culture et des terres exceptionnelles.

CHAPITRE XV

LÉGUMES SECS OU VERTS

Il semble que Dieu ait donné à l'homme
les légumes secs ou verts pour varier son
alimentation.

LOUDON

Sommaire. — Haricot — Pois — Pois chiche — Fève — Féverolles —
Lentille — Gesse — Chou-navet — Leur culture

124. Légumes. — On donne le nom général de *légumes* aux plantes cultivées dans la grande ou la petite culture pour l'alimentation directe de l'homme.

Les céréales que nous venons de passer en revue, à l'exception du riz, ne sont utilisées pour cet usage que quand elles sont converties en farines et propres à la panification. Dans les légumes, ce sont les grains secs ou verts que l'homme fait servir directement à sa nourriture. Ces produits alimentaires sont d'une grande ressource : ils augmentent les subsistances et sont un secours immense pendant les mauvaises années.

125. On divise les légumes, en *légumes verts* et en *légumes secs* ; les premiers sont consommés à l'état frais ; les seconds sont fournis partout par les plantes de la famille des légumineuses, telles que les haricots, les pois, les fèves, les lentilles, les gesses.

Les légumes secs sont appelés à jouer un grand rôle dans l'alimentation de l'homme, depuis que M. Masson est parvenu à les dessécher de manière à pouvoir les conserver plusieurs années et à leur rendre, à l'aide de l'eau bouillante, leurs qualités primitives. Ces légumes desséchés et réduits à un plus mince volume, par suite d'une grande pression, rendent de grands services à la marine et aux troupes en campagne.

126. Haricots. — Le *haricot*, originaire de l'Inde,

est naturalisé presque chez tous les peuples et donne lieu chez nous à une culture productive très-répandue. Les gousses vertes et les grains forment une nourriture saine et nutritive; desséchés et conservés pour l'hiver ils sont recherchés à une époque où les légumes ont disparu.

127. Suivant le développement que prennent leurs tiges, qui filent ou restent basses, les haricots sont divisés en deux grandes sections : 1° Les *haricots grimpants ou à rames*; 2° Les *haricots nains ou sans rames*.

Parmi les espèces grimpantes, soutenues au moyen de rames autour desquelles elles s'enroulent en spirale, on compte le *haricot commun*, le plus répandu dans les jardins potagers, le *haricot de Soissons*, variété de l'Oise et de l'Aisne, mais variété locale perdant de ses qualités dans d'autres terrains que ceux du Soissonnais et du Noyonnais, le *haricot sabre* qui réclame une forte rame, le *haricot rouge de Prague ou rouge de Suisse*, très-productif, mais moins digestible, le haricot d'*Espagne* aux belles fleurs ornementales, le *haricot mange-tout ou sans parchemin*, variété distincte du *sabre*, le *haricot d'Alger ou beurré* également sans parchemin, le *haricot de Prague marbré*.

Toutes ces espèces sont productives et propres à être cultivées en grand.

Les haricots nains offrent un plus grand nombre de variétés au choix du cultivateur. Les meilleures sont : le *haricot de Soissons nain*, le *haricot flageolet*, très-répandu et d'un grand produit soit en vert, soit en sec, le bagnolet ou *suisse gris*, spécialement pour manger en vert, le *Prague marbré nain sans parchemin*, le *haricot nain suisse* très-rustique, très-productif, mais moins recherché.

128. Le haricot aime un terrain frais; il faut le semer sur une culture profonde, à moins qu'on puisse disposer d'eau en cas de sécheresse. La préparation du sol est la même que pour celle des céréales. Comme le haricot craint la plus petite gelée, il ne peut être semé que quand les froids sont entièrement passés, à la fin d'avril ou au commencement de mai; cependant le sol est encore froid à cette époque. La récolte est plus assurée quand on attend que la terre se soit un peu échauffée, car il réclame pour germer, une certaine quantité de chaleur, le haricot demande à être peu enterré : il suffit de le recouvrir de 2 ou 3 centimètres.

La culture du haricot réclame aussi beaucoup d'engrais et de soins. Dans les terres légères, on sème le haricot par touffes de 5 à 6 grains, les pieds sont ainsi ombragés et retiennent mieux la fraîcheur; dans les terres fortes on sème en lignes ou en rayons, grain à grain, à 8 centimètres de distance, avec un intervalle de 30 à 40 centimètres entre les lignes. Les haricots nains se plantent plutôt par touffes, en échiquier. On donne au moins deux binages, l'un, dès que les germes se montrent, l'autre, pour remplir les rayons et rechausser légèrement les pieds. Le haricot demande, il est vrai, du fumier, mais cette fumure sert pour la céréale d'hiver qui doit lui succéder.

La récolte des haricots mûrs doit se faire le matin, à la rosée, pour empêcher qu'ils ne s'écossent et qu'on ne perde une partie du grain : on les laisse par fortes poignées sur le sol pendant quelques jours pour achever la dessiccation des tiges et des feuilles; on les conserve mieux en cosse qu'autrement, au moment de la vente, on les bat au fléau, ou à la main.

Un hectare donne généralement 20 à 25 hectolitres de haricots sans rames, 25 à 30 de haricots avec rames et le prix de vente de ce légume est toujours assez élevé.

129. Pois. — Le *pois* est cultivé de temps immémorial, comme plante alimentaire et comme plante fourragère. Les pois donnent lieu à une industrie très-répandue pour l'approvisionnement des marchés où ils sont souvent sous le nom de *petits pois*. Aussi, sont-ils l'objet de cultures étendues dans beaucoup de départements. On préfère, pour la grande culture des pois à consommer comme légumes secs, le *pois vert normand* et le *pois Anglais de Norfolk*; ce sont ces deux variétés qui sont utilisées le plus souvent à faire des conserves pour la marine et l'armée.

130. On distingue les pois en deux sections : 1° *pois à écosser*; 2° *pois goulus* ou *mange-tout* sans parchemin; chacune de ces sections offre des variétés à rames et des variétés naines; les meilleures pour la culture potagère sont dans la première section. Le *nain de Hollande*, le *gros nain sucré*, le *Michaux*, le *ridé*, le *clamart*, etc... dans la deuxième section le *sans parchemin nain et hâtif*, le *grand à grandes cosses* comme le *géant sans parchemin*, et les variétés hâtives sont les plus fructueuses pour la vente des légumes frais.

131. La culture des pois se fait d'habitude sur une terre légère, fumée l'année précédente, et qui a produit une récolte de céréale sur la fumure; ils n'aiment pas à être semés sur une terre qui a déjà donné quelques années auparavant une récolte de pois. Le sol doit être un peu calcaire, et bien ameubli de mauvaises herbes.

Le semis peut se faire à la volée; il faut alors de 160 à 220 litres par hectare et enterrer avec un vigoureux hersage : généralement on sème en lignes espacées de 0,30 ou en poquets espacés de 0,35 qui reçoivent de 5 à 6 grains, puis on opère un premier sarclage : on rame les grandes variétés, on pince à la troisième fleur les variétés hâtives : dans les intervalles des lignes on peut semer une rangée de fèves : ces deux plantes s'associent généralement bien pour la culture.

Les tiges battues sont un fourrage médiocre propre tout au plus pour les chèvres et les moutons.

132. Pois chiche. — Cette variété particulière de pois, remarquable par sa forme en tête de bélier, est connue sous les noms de *pois cornu*, de *garvanche*, de *pesette*. Elle est assez cultivée dans les pays méridionaux : grillés comme des châtaignes, les grains forment un des mets recherchés du provençal et des languedociens; ailleurs on ne les estime qu'en purée : ils font la base de la purée aux croûtons des restaurants parisiens. Malgré tout, la culture n'en est pas étendue en France. Le pois chiche peut servir de fourrage vert pour les animaux.

Dans le midi on sème le pois chiche en automne, dans le nord au printemps, sur un sol de nature sèche et pourvu de calcaire, bien ameubli; le semis se fait en lignes espacées de 0,30 à 0,40. On récolte à l'automne un peu avant la parfaite maturité.

Le rendement est d'environ 5 hectolitres par hectare.

133. Fève.— La *fève* est un des légumes les plus nourrissants : elle aime les terres fortes et fertiles. On cultive, dans la grande culture, spécialement la *fève de marais* ou grosse *fève commune*, et la *fève de Windsor* ou *fève à longue cosse*, les autres variétés sont des variétés propres seulement aux jardins potagers.

La fève réclame les mêmes façons, la même fumure que le haricot, ordinairement elle suit et précède une récolte de céréales. Le semis a lieu dès les premiers jours de février. On bine (huit ou dix jours après l'apparition des germes), on rechausse (vingt jours plus tard) les fèves pour faire naître des racines au collet afin d'augmenter leur produit. Aussitôt que les gousses sont nouées, on *étête* (on pince) l'extrémité des tiges pour arrêter la sève et favoriser le développement des grains.

Le rendement peut être de 30 hectolitres dans les bonnes années, à l'hectare.

134. Féverolles. — Les *féverolles* sont des variétés de la fève cultivées en grand pour l'alimentation de l'homme et des animaux. Il y a des féverolles d'hiver et des féverolles de printemps. Les dernières sont préférables dans notre climat.

On les sème dans de bonnes terres bien légères, bien fumées. Le semis a lieu en février ou en mars, à la volée ou au plantoir : un hersage puis un ou deux binages, voilà tous les soins qu'elles réclament.

Les grains de féverolles ont une très-grande valeur nutritive ; ils entrent pour une grande proportion dans la nourriture de nos marins : réduits en farine, ils servent à la composition du pain bis, et souvent aussi du pain de luxe. Secs ou cuits, concassés ou germés, les grains de féverolles sont donnés aux animaux domestiques.

135. Lentilles. — Les *lentilles* sont utilisées pour la nourriture de l'homme : elles fournissent un excellent légume consommé soit en purée, soit au naturel ou accommodé de diverses manières. C'est un aliment nutritif, sain, agréable au goût et délicat, c'est en même temps le produit le plus avantageux pour la vente.

La lentille est aussi une plante fourragère par excellence. On cultive en grand, la *grande lentille blonde*, appelée lentille de *Gallardon*, et la *petite lentille* ou *lentillon* ou lentille *à la reine*. La lentille cultivée dans le midi est petite et verdâtre : on l'appelle *lentille du Puy*.

Les lentilles demandent des terres légères et sèches, un peu siliceuses, un terrain médiocre peut leur convenir. On les sème sur un ou deux labours, au mois d'avril; tantôt en rayons ou en lignes, tantôt à la volée. Dans ce dernier cas il faut un hectolitre à l'hectare, que l'on mélange avec une égale quantité d'avoine. La culture d'entretien des lentilles semées à la volée se borne le plus souvent à des sarclages répétés; mais les binages leur sont très-favorables.

136. Gesse. — La *gesse* est cultivée pour son fourrage et sa graine, on la nomme *pois-gesse*, *pois-frelon*, *lentille d'Espagne*, etc. C'est une plante du Midi, peu difficile sur le choix du terrain, mais qui redoute l'humidité. Le semis a lieu en automne ou au printemps, selon qu'on la cultive dans le Midi ou dans le Nord. On peut la cultiver sur une fumure avant une récolte de blé.

Résumé du Chapitre XV

1. On donne le nom de *légumes* aux plantes cultivées dans la grande ou la petite culture pour l'alimentation de l'homme : ce sont les grains secs ou verts qui servent. Aussi divise-t-on les légumes en légumes *secs* ou *verts*.

2. Le *haricot* est *grimpant* ou *nain*. Indication des meilleures variétés de chaque section, sa culture demande beaucoup d'engrais et de soins. La récolte du haricot demande certaines précautions pour ne perdre aucune partie des grains. Rendement à l'hectare du haricot.

3. Le *pois* se divise en deux sections *pois à écosser*, *pois goulu ou mange-tout* ; chacune de ces sections offre des variétés à rames et des variétés naines. Rendement à l'hectare du pois.

4. Le *pois chiche* est cultivé dans le Midi : il peut servir à l'alimentation de l'homme et comme fourrage pour les animaux. Rendement à l'hectare du pois chiche.

5. La *fève* se cultive en grande et en petite culture, comme le haricot. Rendement à l'hectare.

6. La *féverolle* est une variété de fève cultivée en grand pour l'alimentation de l'homme et des animaux. Il y a des féverolles d'hiver et des féverolles du printemps; ces dernières sont préférables dans notre climat.

7. La *lentille* est un excellent légume sec, nutritif et délicat, en même temps qu'excellent fourrage. La lentille demande une terre légère et sèche, un peu siliceuse : sa culture se borne à quelques sarclages et quelques binages.

8. Le *gesse* est cultivée pour fourrage et pour sa graine : elle est peu difficile sur le terrain.

CHAPITRE XVI

PLANTES OLÉAGINEUSES

Les plantes économiques peuvent bien offrir des bénéfices qui séduisent, si l'industrie les réclame et se montre disposée à les payer à haut prix ; mais il faut que cette culture ne soit qu'accidentelle ou accessoire.

H. DAVIN

Sommaire. — PLANTES OLÉAGINEUSES : Colza; navette; œillette; cameline; moutarde, etc. — PLANTES TEXTILES : Lin; chanvre. — PLANTES TINCTORIALES : Garance; pastel; renouée; gaude. — PLANTES ARTIFICIELLES : Tabac; houblon; cardère.

137. On désigne sous le nom de *plantes oléagineuses* ou *oléifères* des plantes dont les graines ou les fruits donnent des huiles employées dans l'éclairage et dans diverses industries, telles que la fabrication des savons.

138. Colza.— Le *colza* est au premier rang des plantes oléagineuses; sa culture est lucrative quand elle est bien exécutée, comme dans nos départements du Nord, et surtout aux environs de Lille; de plus, les débris qui restent, après l'extraction de l'huile, sont utilisés sous le nom de *tourteaux* pour engraisser le bétail ou pour fumer les terres. L'huile de colza est particulièrement employée pour l'éclairage et pour la fabrication des savons. Le colza est une variété de chou, d'un mètre de haut environ, qu'il ne faut pas confondre avec la navette. Il a les feuilles lisses, tandis que la navette les a rudes au toucher.

139. On cultive deux variétés distinctes de colza, l'une bisannuelle *colza d'hiver*, l'autre annuelle ou *colza d'été*, mais cette dernière est moins vigoureuse, moins productive. Le colza d'été est à fleurs blanches ou à fleurs jaunes. Ces deux sous-variétés n'ont d'autre mérite que leur précocité. Le colza de printemps ou d'été se sème de mars en mai à la volée, dans la proportion de 10 à 12 litres de semence par hectare.

On distingue deux sous-variétés de colza d'hiver : l'une à végétation précoce, *colza chaud*, l'autre à végétation un peu plus tardive appelée *colza froid*.

Le colza se cultive : 1° par des semis à demeure ; 2° par la transplantation.

1° Les semailles se font généralement du 15 juillet au 15 août. Le semis à la volée exige de 6 à 8 litres de graines par hectare ; la culture du colza réclame, suivant les terrains, de trente à quarante voitures de fumier par hectare, on couvre le semis en passant deux fois une herse légère ; on roule ensuite et on divise la terre en planches qui permettront plus tard de butter et de rechausser la plante.

2° La transplantation ou repiquage s'opère en septembre à la main avec le plantoir ou à la charrue. Les pièces de terre plantées doivent, de même que celles semées en place, être binées ou rechaussées au moins une fois.

Le colza froid se trouve bien d'être étêté, c'est-à-dire, d'avoir le sommet de la tige centrale enlevé, cette suppression favorise la croissance des branches latérales et améliore la graine.

Le colza mûr s'égraine facilement, aussi on le coupe à la faucille dès que les siliques (qui contiennent les graines) ont jauni ; on en fait de petites moyettes pour le mettre à l'abri des intempéries et des attaques des oiseaux. Dès qu'il est sec, au bout d'une huitaine de jours, on le bat, avec un fléau, en plein champ sur une toile, puis on conserve la graine dans un grenier bien sec.

Le rendement du colza varie de 15 à 30 hectolitres par hectare suivant la saison, la fumure, la terre, etc... c'est une culture fructueuse qui aime une terre fraîche, substantielle, suffisamment ameublie, richement fumée.

En un mot, on emploie pour le colza la même culture que pour les choux, il réclame le même climat, un climat doux et frais ; aussi préfère-t-il l'Ouest et le Nord : la Flandre, l'Artois, l'Aisne, Cambrai, Douai, Arras, Péronne, Hazebruck, Saint-Quentin, donnent les colzas les plus renommés.

140. Navette. — La *navette* a beaucoup de rapports avec le colza ; mais c'est une espèce de rave, et elle a les feuilles rudes au toucher et plus vertes. Cette plante a l'avantage d'être rustique et de n'être pas difficile sur le choix du terrain. Elle réussit partout où le colza échouerait, comme sur les terres sablonneuses et calcaires : les navettes de Caen et de Rouen sont les plus renommées.

141. On en distingue deux variétés, l'une *annuelle*, de *printemps ou d'été*, l'autre *bisannuelle* ou *d'hiver*. La première variété, n'occupant pas le sol plus de cent jours, peut être cultivée dans les pays les plus froids. La navette d'hiver se sème après un seigle ou une avoine, sur un seul labour ; on fume avec un engrais pulvérulent; la navette de printemps se sème en mars associée à une avoine. La navette donne en général un rendement analogue à celui du colza d'été : la graine fournit 0ᵐ 26 de son poids en huile.

142. Œillette. — L'*œillette* ou *pavot noir* est une variété de pavot, un *pavot gris*, cultivé pour sa graine. Son huile, qui sert à l'alimentation de l'homme, est aussi employée dans les arts pour ses propriétés siccatives. On distingue deux variétés principales d'œillette ou de pavot, *pavot aveugle*, dont les capsules plus volumineuses sont fermées, et le *pavot gris* à capsules percées d'opercules et répandant, par conséquent, les graines à la maturité.

L'œillette exige des terrains riches, profonds et frais mais sans être humides ; les sables profonds et fertiles lui conviennent par dessus tout : le sol veut être parfaitement ameubli ; on la sème sur un labour après une plante sarclée, sur deux labours après un fourrage, ou trois après une céréale. Elle aime les engrais liquides ou les tourteaux de facile décomposition. Dans le Nord, on la sème de janvier en mars; dans le Midi, de septembre en octobre; la règle est de semer le plus tôt possible. Le semis se fait à la volée à raison de 4 litres de graines par hectare ou en lignes distantes de 0ᵐ 40 cent., à raison de 2 kilog. par hectare. On recouvre la graine avec une herse légère ; en avril et en mai, on sarcle et on éclaircit; un mois plus tard on fait un second binage. La récolte doit se faire avant que les graines ne s'échappent, dès que les tiges jaunissent, on les arrache à la main et on les arrange debout en faisceaux, après quoi on lie ces petites bottes avec un lien : le battage a lieu dans un cuvier au-dessus duquel on secoue les bottes, ou au fléau sur une toile au milieu des champs.

L'œillette donne un rendement de 15 hectolitres par hectare.

On obtient du pavot deux qualités d'huile distinctes : l'une, qui s'obtient à froid, s'appelle *huile blanche* ; elle est comestible ; l'autre, qui se prépare avec la graine chauffée, s'appelle *huile rousse*; elle sert à la fabrication des savons.

Les résidus ou tourteaux servent à l'engraissement du bétail ou à la fumure de la terre.

143. Cameline ou camomille de Picardie. — La *cameline* est la plus rustique des plantes oléagineuses, elle partage avec la navette d'été l'avantage d'occuper le sol pendant peu de temps et d'aimer à peu près tout terrain. Elle accomplit sa végétation en trois mois d'été et remplace avantageusement le lin, le chanvre, ou le colza qui a manqué dans les hivers froids et pluvieux.

On la sème à la volée, en mai ou juin, à raison de 6 litres par hectare, par un temps humide et couvert. Elle doit être éclaircie et être espacée de 7 à 8 centimètres en tous sens, puis on l'arrache au moment de la récolte. On la bat avec précaution, car les tiges servent à faire des balais ou des couvertures de toits; elles peuvent même être utilisées pour faire de la filasse commune et du papier. La cameline donne une huile siccative, très-propre à la peinture.

144. Moutarde. — La *moutarde* comprend deux variétés : la *moutarde blanche* et la *moutarde noire* ou *senevé*. Elle exige une terre riche et bien ameublie, un éclaircissement et un binage après le semis. La *moutarde blanche* se sème en avril, sur deux ou trois labours à la charrue et à l'extirpateur, après une bonne fumure, à la volée ou en rayon, à raison de 4 à 6 kilog. par hectare.

La moutarde mûrit progressivement, et on est menacé d'en perdre une partie par l'égrainage; de plus, elle se ressème d'elle-même et reparaît toujours en salissant les récoltes qui la suivent; cet inconvénient en restreint beaucoup la culture et la fait souvent semer dans les forêts sur les places à charbons. Il est donc important de la récolter dès que les tiges jaunissent.

La production des plantes oléifères indique un état de culture assez avancé; aussi ne les trouvons-nous que dans les départements du Nord; il est de l'intérêt de l'agriculteur de cultiver les plantes oléagineuses dans des proportions convenables, car l'huile est toujours d'une vente assurée, puisque la France n'en produit pas assez pour sa consommation.

145. D'autres plantes peuvent être cultivées comme plantes oléagineuses; quelques-unes ne demandent pas de soins, le *hêtre* dont le fruit (*faîne*) donne une huile bonne à brûler et à manger pour la friture, le *noyer*, *l'amandier*, *le noisetier*; mais ces arbres ne peuvent pas se placer parmi les végétaux élevés au moyen du labour, d'autres plantes sont spécialement cultivées comme plantes textiles, *le lin*, *le chanvre*, certaines ont une culture si restreinte que nous ne les citons que pour mémoire, la *madia sativa*, *l'arachide* ou *pistache de terre*, le *sésame*.

146. L'olivier, par la qualité de son huile, tiendra toujours le premier rang parmi les végétaux oléifères, mais sa production est restreinte et tend à se limiter de plus en plus.

Plantes Textiles

147. Les *plantes textiles* fournissent à l'homme des tissus : la culture de ces plantes sur une vaste échelle indique toujours un bon fonds, et généralement une culture avancée : les seules plantes textiles cultivées pour la fabrication du tissu, sont le *lin* et le *chanvre*.

148. Lin. — Le *lin* est une petite plante délicate dont la fleur à 5 pétales est d'un bleu de ciel. Originaire de l'Asie, il est cultivé depuis un temps immémorial dans le nord de l'Europe et a donné naissance à diverses variétés. Les bandelettes qu'on retrouve autour des momies égyptiennes sont faites, le plus souvent, en lin et nous attestent que ses propriétés étaient connues dès la plus haute antiquité.

149. Les meilleures variétés de lin sont *le lin froid*, ou *lin de Riga*, ou *grand lin* qui ne présente aucune ramification, le *lin royal* ou *lin d'Amérique*. Indépendamment de ces variétés et quelques autres dues aux circonstances locales, il en existe deux très-importantes à connaître pour le cultivateur : ce sont les *lins d'été* et les *lins d'hiver*. Ces derniers ont une plus grande rusticité, leurs filaments sont plus rudes, leurs graines sont plus nombreuses et plus noires.

Généralement la culture du lin est annuelle ; il préfère à toute terre les terrains d'alluvion riches en humus et à sous-sol pénétrable, car les racines du lin, en forme de fuseaux, s'enfoncent assez profondément. On sème le lin sur les terres légères mais après un labour profond, sur les terres fortes, après les avoir bêchées. Le semis se fait à la volée en employant de 200 à 350 kilog. de graines par hectare ; il est suivi d'un léger hersage et d'un fort roulage si le temps est sec. Le plus grand soin à donner au lin, c'est de désherber quand le lin commence à avoir 0^{m}10 cent. de hauteur ; cette opération réclame de grandes précautions.

Le lin est mûr quand, après la floraison, les capsules se referment et que le bas de la tige est jaune : c'est le moment de la récolte si on veut utiliser la graine ; mais si on n'attend pas la maturité des capsules, les fibres ont plus de finesse et de souplesse.

On fait sécher les lins arrachés en les liant par bottes dressées les unes contre les autres, en deux files formant toiture. On extrait la semence en frappant sur le lin à coup de maillet, ou en le battant sur une claie, ou en passant la poignée à travers les dents d'un peigne fixé à une table.

Il est rare que le lin se vende en nature, *en branches* : on commence par lui faire subir l'opération du *rouissage ;* on laisse les tiges dans l'eau, un mois environ ; l'eau dissout la gomme qui lie les fibres entre elles et avec la paille de l'écorce. Puis succède le *teillage* qui consiste à frapper les tiges bien séchées avec un instrument de bois, ce qui sépare la filasse. Cette filasse est peignée ; la partie grossière est l'*étoupe* avec laquelle on fait des toiles d'emballage, l'autre partie est le *fil*. Le fil ordinaire est employé à faire des toiles ;

le meilleur fil a faire des toiles fines, des batistes, des dentelles de grande valeur.

La France produit annuellement 57 millions de lin.

L'hectare de beau lin non ramé varie de 600 à 1,400 fr.; l'hectare de lin ramé se vend de 2,000 à 5,000 fr., quelquefois de 6,000 et même 7,000 fr. Il rend de 6,000 à 8,000 kilog., de tiges sèches qui donnent 900 kilog. de filasse. La culture du lin est épuisante et est très-coûteuse par les nombreuses façons qu'elle réclame, sans compter l'arrachage, et les opérations qui le suivent : les frais atteignent souvent 700fr. par hectare pour le lin non ramé, de 900 à 1,400 fr. pour le lin ramé ; mais, en compensation, son produit est fructueux et donne de beaux bénéfices au cultivateur qui a dirigé cette culture avec intelligence.

150. Chanvre. — Le *chanvre*, originaire de l'Inde, cultivé depuis un temps immémorial, est une de nos plantes industrielles les plus précieuses. La graine est le *cheneris* qui sert de nourriture aux oiseaux : elle fournit une huile employée pour l'éclairage et la fabrication des savons. La tige du chanvre donne des filaments fibreux moins fins, moins souples que ceux du lin et réservés pour la fabrication des cordes, des câbles et du linge à l'usage des populations rurales.

151. Le chanvre cultivé offre deux variétés : *le chanvre commun et le chanvre géant*, simples sous-variétés du commun et appelées encore *chanvre du Piémont et chanvre de Bologne*.

Le chanvre aime un climat humide et tempéré, préfère le sol des vallées et des plaines formées d'une argile mêlée de sable et recouverte d'une forte couche d'humus. Le terrain qui lui est destiné doit être ameubli par de fréquents labours et largement fumé, si cette dernière condition est remplie on peut le cultiver dans la même terre à des intervalles très-rapprochés, c'est ce qu'on voit dans certaines *chenevières* consacrées de tout temps pour ainsi dire à cette culture.

Le semis se fait, à la mi-mai, à raison de 5 hectolitres de graines par hectare, si le chanvre est cultivé dans le but de faire des cordages ; à raison de 7 hectolitres, si on désire de la toile plus fine.

Dès que le chanvre a quelques centimètres de haut, on désherbe puis on éclaircit la plante.

Le chanvre, mûrissant en deux fois, se récolte en deux fois, au mois d'août le *chanvre femelle* et en octobre le *chanvre mâle*.

(Le vulgaire se trompe en donnant ces désignations, c'est justement celui qui s'appelle *femelle* que la science reconnaît être le mâle.)

La France produit par année environ pour 80 millions de chanvre.

La culture du *cotonnier* a été l'objet d'assez heureux essais dans la Provence et le Gard; l'*ortie blanche* de la *Chine* semble devoir réussir dans le Midi. Le *genêt* lui-même qui ne veut aucune culture est une plante textile.

Plantes Tinctoriales.

152. Certains végétaux fournissent, par leurs racines, par leurs tiges, leurs feuilles ou leurs fruits, une partie des couleurs employées dans la teinture et les arts. Ces plantes appartiennent à trois groupes, suivant qu'elles nous donnent les couleurs rouge, bleue ou jaune qui sont les couleurs principales entrant dans la composition des autres.

La culture de ces plantes, appelées tinctoriales, moins importante que celle des plantes alimentaires, est moins répandue dans la France, mais cependant elle offre un intérêt qu'on ne peut méconnaître.

153. La couleur *rouge* est obtenue de diverses plantes, la *garance*, le *bois de campêche*, l'*orcanette*, le *carthame*, l'*orseille*; mais en France on ne cultive guère que la première de ces plantes.

154. Garance. — La *garance*, originaire de la Perse, fut importée en Provence, en 1772, par un Persan fugitif nommé Altkan, qui dota le pays d'une nouvelle richesse. Depuis cette époque, le département de Vaucluse est celui qui produit le plus de garance, et il en retire un produit considérable. C'est la garance qui communique au coton cette belle couleur incarnat-foncé connue sous le nom de *rouge d'Andrinople* et qui est employée pour la teinture des pantalons de drap de l'infanterie française.

8

La culture de la garance ne prospère que dans un sol léger perméable, frais et riche, tel que les alluvions où domine le calcaire ; cependant elle peut végéter dans un sol privé de calcaire.

La terre a dû être défoncée par un labour profond de 0m 80 centimètres ; ce qui se fait généralement à la bêche, car il est de la plus grande importance qu'elle soit ameublie et débarrassée de toute mauvaise herbe.

Le semis se fait vers le commencement de mars dans le Midi et le commencement d'avril dans le Nord ; puis dès que les plantes sortent de terre, on fait plusieurs sarclages ; plus tard on donne un buttage. Souvent on cultive en pépinière et on transplante les jeunes pieds de garance.

L'arrachage des racines se fait dans l'automne de la quatrième année ou de la cinquième ; il s'opère à bras ou à la charrue.

Le rendement peut aller de 3,600 à 4,000 kil. de racines, riches à environ 3,000 kil. de fourrage sec de la plante fauchée chaque année.

155. Le bois de *campêche* nous vient d'Amérique : il donne une couleur rouge très-sombre. La racine d'*orcanette* fournit un rouge éclatant, mais peu solide. Les fleurs du *carthame* donnent un rouge tirant sur le rose. Le rouge produit par l'*orseille* est un peu violet et n'a pas de solidité.

156. La couleur *bleue* est obtenue de l'*indigo*, du *pastel*, de la *renouée* des *teinturiers*.

157. Pastel ou Guède. — Le *pastel* aime de préférence les sols où domine l'élément calcaire et redoute les terrains humides. Quelle que soit la terre, il faut qu'elle ait reçu au moins trois labours profonds qui l'aient bien ameublie et purgée d'herbes nuisibles. La fumure doit être abondante et provenir de substances végétales ou animales bien décomposées, telles que les matières fécales, le crottin des bêtes à laine, la colombine, les chiffons de laine, etc. L'époque des semailles varie, mais sous le climat de Paris il vaut mieux semer en automne, le semis se fait à la volée et se recouvre à la herse : la quantité est la même que pour le blé ; on sarcle plusieurs fois. La récolte des feuilles, qui contiennent le principe tinctorial, se fait à plusieurs reprises et avant que la fleuraison ne s'accomplisse ; il faut avoir soin, en arrachant les feuilles, de ne pas blesser les tiges. Les feuilles subissent quelques préparations que nous n'avons pas à indiquer ici pour pouvoir en extraire l'indigo.

La culture de cette plante décroît chaque jour en France à mesure qu'on se procure à meilleur marché l'indigo des colonies ; mais elle pourrait être cultivée comme fourragère.

158. L'indigotier fournit la belle et riche couleur qu'on appelle *indigo* : il pousse en Amérique et dans l'Inde, ce sont ses feuilles qui le fournissent.

159. Renouée des teinturiers. — Pour les étoffes communes la *renouée des teinturiers* remplace l'indigotier, sa couleur moins éclatante offre de la fixité.

Cette plante se contente de toute espèce de sol, mais redoute l'humidité ; elle ne réclame aucun soin de culture et se sème du 15 mars au 15 avril sur un seul labour, à raison de 8 kil. par hectare.

La récolte des feuilles où réside le principe tinctorial se fait à la main aussitôt que la plante en pleines fleurs est fauchée, elles subissent la même préparation que le pastel.

160. La couleur *jaune* est fournie par la *gaude*, le *quercitron*, la *graine d'Avignon*, le *nerprun* le *safran*, le *mûrier des teinturiers*, le *sumac du corroyeur*, etc.

161. Gaude. — La *gaude* ou *réséda jaune* renferme dans ses fleurs, sa tige et ses racines, une matière colorante d'un jaune peu éclatant, mais très-solide, qui sert à la teinture des étoffes communes.

On rencontre cette culture généralement dans les environs des manufactures de draps, de soieries ou de tissus de coton.

On cultive deux variétés de gaude : l'une d'automne, bisannuelle, qui se sème en juillet et août, et se récolte en juin et juillet; l'autre de printemps, annuelle, qui se sème en mars et avril, et se récolte en septembre et octobre.

La gaude, sans être exigeante sur la nature du terrain, veut un sol assez profond, bien ameubli et nettoyé de mauvaises herbes : elle pousse lentement dans la première période de végétation et réclame de nombreux sarclages. Le semis se fait à la volée, à raison de 7 à 8 kil. de graines par hectare. La récolte se fait au moment où la plante est en pleine fleur, on l'arrache pour avoir la racine qui contient

aussi le principe tinctorial. Quand la gaude est bien desséchée, on la lie en bottes de 5 kil. et on la donne aux teinturiers sans autre préparation. On tire de la graine une huile
propre à l'éclairage.

162. Le *safran* est cultivé dans le Gâtinais, l'*orcanette*
en Provence, le *carthame* dans le Lyonnais, le *tournesol* dans
le Gard.

Plantes à produits divers.

163. Certaines plantes n'ont pu être mentionnées dans
les catégories précédentes, mais, comme elles sont du domaine de l'industrie qui les demande à l'agriculture, nous
devons leur consacrer quelques lignes. Les produits de ces
plantes ne sont pas nécessaires, sans doute, au même degré
que les céréales; les unes, comme le tabac, sont devenues
d'un usage général, les autres comme le houblon, concourent
à la fabrication d'une boisson adoptée presque partout. Ce
sont de véritables plantes industrielles.

164. Tabac. — L'Ancien et le Nouveau-Monde paient
leur tribut au *tabac*, dont l'usage est devenu général et est
répandu dans toutes les classes de la société. Ce n'est pas
ici le lieu d'indiquer les effets pernicieux du tabac, ni de con-
damner l'usage de cette plante. Constatons seulement qu'a-
vant 1560 le tabac était complétement inconnu en France.
C'est à Tabasco (d'où vient le nom de tabac) en 1518 que les
Espagnols virent le tabac employé par un cacique. Cortez en
envoya des graines à Charles-Quint, mais ce ne fut qu'en 1560
que l'ambassadeur français Nicot en envoya des graines de
Portugal en France. On lui donna les noms d'*herbe à la
Reine*, de *Médicée*, parce que Catherine de Médicis en fit
usage pour priser, d'*herbe de sainte Croix*, du *grand Prieur*,
de nicotine, etc.

Que l'usage du tabac, favorisé par l'Etat parce qu'il procure
des revenus considérables au fisc, soit nuisible à la santé de
l'homme; nous n'avons pas à débattre cette question étran-
gère à notre sujet. La culture du tabac, bornée en France

à quelques départements, où la régie surveille exactement les champs où il est semé, voire même le nombre des feuilles de chaque pied, intéresse notre agriculture. La régie autorise la culture du tabac dans la région du nord de *l'Alsace* et dans la région du Sud-Ouest (*Nérac*). Les variétés que recommandent les manufactures des tabacs, sont : le *tabac à larges feuilles* et le tabac à feuilles étroites, plus recherché sous le nom de *tabac* de *Virginie*, mais moins productif.

La culture du tabac réclame une bonne terre à blé où domine l'élément calcaire ; deux ou trois labours profonds et une forte fumure d'engrais de ferme sont indispensables ; les engrais de tourteaux sont aussi excellents. Le semis a lieu en mars ; ce semis doit être abrité contre la gelée : le plant ainsi cultivé en pépinière est mis en place vers la mi-mai (plus tôt ou plus tard suivant le climat local.)

La transplantation a lieu sur un terrain bien rompu et bien divisé, en lignes, à un mètre en tous sens. Le tabac réclame des sarclages fréquents, quelques binages par un temps sec. Quand la plante commence à boutonner, on la pince et on l'étête, en supprimant avec le doigt le bouton floral.

La récolte a lieu au mois d'août ou de septembre, dès que les feuilles du tabac jaunissent et qu'elles commencent à s'incliner vers la terre ; la récolte se fait en cueillant d'abord les feuilles du bas (elles ne donnent qu'un mauvais tabac), puis celles du haut que l'on met à part. Les manipulations des feuilles de tabac pour leur dessiccation et leur conservation n'ont pas besoin d'être indiquées ici. Elles sont connues de tous les cultivateurs de tabacs, et la régie donne à ce sujet de précieux renseignements.

165. Houblon. — Le *houblon* est indigène dans les contrées septentrionales de la France, il se rencontre communément dans les haies et le long des eaux. Ses tiges grimpantes et chargées de cônes couvrent les broussailles et sont l'un des plus gracieux ornements des localités humides. Le houblon a une culture très-étendue en France et ne suffit pas encore à la consommation des brasseries.

Les *cônes* du houblon donnent à la bière ce goût assez aromatique qui caractérise cette boisson. Les terrains consacrés à la culture de cette plante forment des *houblonnières* qui couvrent près de 4000 hectares du territoire français ; malgré cette production, nous sommes forcés d'en demander plus de 1 million de kilogrammes aux pays étrangers.

Le houblon réclame une terre riche et profonde, un peu humide ; cependant il ne veut pas être planté dans les lieux trop ombragés, car il aime l'air et le soleil, mais redoute les vents froids et la poussière des grandes routes ; l'exposition du Sud ou du Sud-Est doit être préférée ; de plus, les houblonnières doivent être entourées de haies qui les abritent des vents trop violents.

Afin de permettre aux racines fines et délicates du houblon de s'étendre à volonté, la terre doit être défoncée à près d'un mètre. On plante les houblons, par boutures, à 1^m 60 ou 2 mètres, en les disposant en quinconces réguliers ; on met le fumier aux places où doit être le houblon.

Une précaution importante qu'il ne faut pas négliger, c'est de façonner en cuvette la place occupée par la plante pour que l'eau des pluies ou des irrigations puisse stationner.

La première année on peut utiliser l'espace vide par la culture de légumes ; à mesure que le houblon pousse, il faut munir chaque pied d'une perche autour de laquelle il puisse s'enrouler. Quelques sarclages, le rechaussement des tiges, la suppression des pousses surabondantes, et du feuillage du bas, tels sont les soins que réclame le houblon jusqu'au moment de la récolte. Cette récolte se fait lorsque les cônes deviennent fermes et visqueux ; à ce moment, ils possèdent tout leur arôme. Après une dessiccation faite avec précaution, reste l'emballage qui réclame encore bien des frais. C'est une culture qui demande beaucoup de main-d'œuvre, mais dont les produits compensent les frais qu'elle a occasionnés.

166. Cardère. — On connaît davantage la *cardère, chardon à foulon, chardon bonnetier*. Les têtes de ces fleurs garnies de crochets, enlèvent les poils excédants des draps et autres étoffes, et font l'office de cardes ; aussi la culture de cette plante se rencontre-t-elle surtout aux environs des manufactures de laine, à Louviers, Elbeuf, Sedan, etc.

Des sols profonds, argileux sans être trop fertiles, conviennent à la cardère pourvu que l'exposition soit élevée, et autant que possible, dirigée vers le Midi ; un ameublissement, préparé par un bon labour, précède l'ensemencement qui a lieu en avril, à la volée, à raison de 7 litres par hectare; mieux vaut faire le semis en rayons pour faciliter les éclaircissements, les binages, les sarclages.

La récolte se fait lorsque les têtes prennent une couleur blanchâtre ou, en plusieurs fois, à mesure qu'elles mûrissent.

Le rendement de la cardère est fructueux ; chaque pied produit environ 5 têtes, quelquefois plus.

Quelques plantes sont cultivées pour les essences qu'on en retire, pour leurs usages en médecine (*plantes médicinales*), etc., mais leur culture est tellement restreinte qu'elle forme une véritable exception dans les exploitations agricoles.

Résumé du Chapitre XVI

1. On appelle plantes *oléagineuses* les plantes dont les graines ou les fruits donnent des huiles employées dans l'éclairage et dans diverses industries, telles que la fabrication des savons. Ce sont le *colza*, la *navette*, l'*œillette*, la *cameline*, la *moutarde*, etc.

2. Le *colza* a deux variétés : le colza d'été, le colza d'hiver : il se cultive soit par semis à demeure, soit par repiquage ou transplantation. Il a besoin d'être été, et d'être coupé à la maturité. Rendement du colza.

3. La *navette* a aussi deux variétés : la navette d'été, la navette d'hiver. Rendement de la navette.

4. L'*œillette* a également deux variétés : le pavot aveugle, le pavot gris; elle exige des sols profonds et fertiles, et aime les engrais liquides. Rendement de l'œillette. Les résidus de ces plantes ou *tourteaux* servent à l'engraissement du bétail.

5. La *cameline* est la plus rustique des plantes oléagineuses; ses tiges peuvent servir à divers usages. Rendement de la cameline.

6. La *moutarde* a deux variétés : la blanche et la noire. Elle réclame un sol riche, bien ameubli, et un binage après le semis. Rendement de la moutarde.

7. D'autres plantes sont cultivées comme plantes oléagineuses; l'arachide, l'olivier, etc.; mais leur culture est plus restreinte.

8. On appelle plantes *textiles* celles dont la tige fournit de la filasse, dont on fait du fil et ensuite de la toile, ce sont : le *lin* et le *chanvre*.

9. Le *lin* offre deux variétés distinctes : le *lin d'hiver* et celui d'été, il

aime les terres d'alluvion ; cette culture réclame de grandes précautions. Le lin ne se vend qu'après avoir subi l'opération du *rouissage* à laquelle succède le *teillage*. Rendement du lin.

10. Le *chanvre* a deux variétés : le chanvre commun et le chanvre géant ; il aime le sol des vallées et des plaines formées d'une argile mêlée de sable et recouverte d'une forte couche d'humus. Il se récolte en deux fois. Rendement du chanvre.

11. Les plantes *tinctoriales* sont celles dont les racines, tiges, fleurs, etc., contiennent une matière colorante : ce sont : la *garance*, le *pastel*, la *renouée des teinturiers*, la *gaude*.

12. La *garance* est employée pour la teinture en rouge : elle aime les sols légers, perméables et riches.

13. Le *pastel* aime les sols calcaires et veut trois labours : il donne une belle couleur bleue. On peut le remplacer par la *renouée des teinturiers*.

14. La *gaude* fournit une couleur jaune utilisée dans les manufactures de draps ou de tissus de coton, elle a deux variétés : d'automne et de printemps.

15. Certaines plantes, sans être oléagineuses ni tinctoriales, sont utilisées et cultivées en grand pour certains usages, telles que le *tabac*, le *houblon*, le *cardère*.

16. Le *tabac* voit sa culture réglementée par l'État : sa culture demande assez de soins, mais la récolte en réclame de plus grands encore.

17. Le *houblon* demande une terre riche, profonde et un peu humide ; la culture des houblonnières est très-difficile et réclame beaucoup de main-d'œuvre.

18. La *cardère* ou chardon à foulon offre une culture fructueuse et se rencontre spécialement dans les environs des manufactures de drap.

CHAPITRE XVII

PLANTES FOURRAGÈRES

Sommaire — Plantes fourragères — prairies naturelles, leur composition
— prairies artificielles, leur composition.

167. On appelle *plantes fourragères* les plantes dont les
tiges ou les fanes servent de nourriture aux animaux.

Ces plantes jouent un grand rôle en agriculture puisque
l'abondance des fourrages permet d'entretenir un grand
nombre de bestiaux, un troupeau plus nombreux et par conséquent d'obtenir plus de fumiers pour l'engrais des terres.

Les terres qui produisent naturellement ou par ensemencement les plantes fourragères prennent le nom de prairies.

Les prairies *naturelles* sont celles où le fourrage se per-
pétue de lui-même sans qu'il soit besoin d'ensemencer de
nouveau le sol; elles sont permanentes et n'entrent pas dans
l'assolement. Les prairies *artificielles*, c'est-à-dire ensemencées par l'homme, sont temporaires et tiennent leur rang dans
les assolements.

On ne saurait trop recommander l'augmentation des prairies, c'est de cette augmentation que dépend la quantité des
fourrages et par suite, la production de la viande; car la plus
ou moins grande quantité de fourrages permet l'élève d'un
plus ou moins grand nombre de bestiaux, c'est pour cela que
l'Angleterre et la Hollande, qui ont la moitié de leur sol en
prairies, ont une agriculture florissante.

168. Les *prairies naturelles* ou *prés* forment la base de
notre production fourragère. Elles sont formées principale-

ment de plantes appartenant à la famille des graminées, et occupent le plus souvent le fond des vallées et les terrains avoisinant les rivières qui conservent une certaine humidité favorable à la végétation. Ces prairies couvrent 5 millions d'hectares. Les prairies naturelles ou les prés se rencontrent sur les sols profonds et frais, trop riches pour la culture des céréales, mais favorables aux productions herbacées.

Les *pâtis* ou *pâturages* secs se trouvent sur les mauvais sols, sur les terrains en pente, peu propres à être convertis en terres labourables, on les appelle encore *vaines pâtures, landes, bruyères, brandes, pâquiers, garrigues* : ils occupent 6 à 7 millions d'hectares et n'offrent aux troupeaux qu'une herbe rare et chétive, ce sont surtout des *terrains communaux*.

Les prairies naturelles sont *sèches*, si elles ne sont arrosées que par les pluies; *humides*, si elles peuvent jouir du bénéfice des irrigations. On les divise encore en prairies *basses* et en prairies *hautes* : basses elles occupent des terrains bas, marécageux et donnent un fourrage peu estimé; hautes, elles sont situées sur les sols élevés, sur les montagnes et fournissent un foin plus agréable et meilleur.

Les prairies permanentes sont nécessairement composées d'un grand nombre de végétaux vivant côte à côte les uns des autres. Les racines finissent par envahir le terrain et de droite et de gauche et les tiges se mélangent : c'est de cet enchevêtrement général que résulte le *gazon* qui forme le fond de la prairie.

169. — Il est de l'intérêt du cultivateur de créer des prairies naturelles permanentes, qui, bien conduites, peuvent durer un temps indéfini. Il faut, avant tout, qu'il examine si le terrain peut être irrigué ou non : le choix des graines ne sera pas le même dans l'un ou l'autre cas.

Les cultivateurs trouvent chez les marchands grainetiers des mélanges préparés pour le semis des prairies. On ne doit employer qu'un petit nombre d'espèces de plantes pour la formation d'une prairie, car les plus robustes par leur végétation rapide étouffent les graminées plus faibles : elles se nuisent mutuellement; comme la prairie est établie pour de longues années, il est de la plus grande importance de la constituer d'herbes qui aient des propriétés nutritives et bien adaptées au sol du pâturage.

En indiquant les plantes qui conviennent aux natures de terrains que le cultivateur peut rencontrer dans son exploitation, nous n'entendons pas établir une règle constante, mais diriger seulement le cultivateur dans le choix judicieux qu'il doit faire de ses graines.

Terrains humides : les agrostis, les canches, les vulpins des prés, les bromes élevé et sans barbe, la fétuque des prés, la houque laineuse, le lotier ailé, les pâturins des marais, des prés, aquatique, les trèfles filiforme et hybride, la phéole des prés, etc.

Terrains sablonneux et secs : la canche blanchâtre, la canche à crête, le vulpin des champs, les fétuques ovine, inclinée, l'amourette, le brome doux, etc.

Terrains secs et élevés : l'avoine élevée et l'avoine pubescente, le brome des prés, le dactyle pelotonné, la flouve odorante, le pâturin des bois, l'ivraie vivace, la canche flexueuse, l'anthyllide vulnéraire, la luzerne jaune, etc.

Terrains substantiels et francs : les avoines élevée, jaunâtre, des prés, le brome des champs, des prés, la crételle des prés, la sanguisorbe officinale, etc.

Terrains légers et secs : la coronille bigarrée, le sainfoin commun, la fétuque des prés, les pâturins commun et aplati, le trèfle-fraise, le trèfle incarnat, le trèfle couché, etc.

La terre, destinée à être mise en prairies, doit être préparée au moins aussi bien que pour la culture des céréales, le semis se fait à l'automne ou au printemps, on le couvre légèrement, puis on roule fortement. Chaque année on voit apparaître un nombre infini de mauvaises plantes qui croissent avec la bonne herbe et souvent plus vite qu'elle : un des soins que ne doit pas négliger le cultivateur, c'est l'arrachage de toutes ces plantes pernicieuses qui nuisent à la qualité du fourrage, on les extrait au printemps, à la main ou à l'aide de petits sarcloirs. Quand la prairie est assise et bien constituée, on destine la première herbe à être convertie en foin. En août et novembre on obtient le *regain*.

Les soins d'entretien sont : l'extraction des plantes nuisibles et inutiles, l'épierrement, les irrigations, les fumures, ou le parcage des bêtes bovines, l'épandage des bouses déposées par le bétail, l'étaupinage, un nivellement parfait de la surface.

170. — Les prairies *artificielles* ou *temporaires*, créées pour la main de l'homme pour subvenir au manque de fourrages naturels, ne sont ensemencées en général que d'une seule espèce de plantes fourragères et ne sont exploitées que pendant un certain nombre d'années. Ces plantes appartiennent à la famille des légumineuses et puisent dans l'atmosphère, par leurs feuilles et leurs tiges, la nourriture dont elles ont besoin en même temps que la décomposition de leurs racines enrichit le sol qui les porte. Les principaux éléments d'une prairie artificielle sont : la *luzerne*, le *trèfle*, le *sainfoin*. La plus importante est sans contredit la *luzerne*, une des meilleures plantes fourragères, qu'Ollivier de Serres appelait *la merveille du mesnage*.

171. *Luzerne*. — La *luzerne* était connue des anciens, et a de tout temps mérité sa réputation. Le sol, qui doit être converti en luzernière, a dû recevoir préalablement un marnage, opération qui favorise avantageusement la belle végétation de cette plante.

La luzerne demande une terre substantielle, profonde, bien préparée par plusieurs labours et bien nettoyée. Elle se sème au printemps dans le nord, à l'automne dans le midi ; quelquefois les gelées tardives du printemps lui sont très-nuisibles ; elle craint le froid tant qu'elle n'est pas parfaitement enracinée ; petit à petit elle développe une racine pivotante, presque dépourvue de racines latérales et pénètre dans des couches de terre où elle ne redoute plus les gelées. Le semis a lieu à la volée, à raison de 40 kilog. par hectare, il est recouvert par la herse, puis le rouleau nivelle le terrain : généralement on sème la luzerne à l'abri d'une céréale de printemps à raison alors de 15 kilog. à l'hectare.

Un champ, bien planté en luzerne, dure longtemps et ne réclame d'autres soins que le fauchage et le fanage des récoltes, l'épandage des taupinières et un engrais pulvérulent de cendres ou de plâtre.

Il n'est pas de prairie qui donne un meilleur fourrage ; seulement la *luzerne* donnée en vert, aux animaux ruminants, cause, comme le trèfle, des météorisations, surtout lorsqu'elle est mouillée par la pluie ou la rosée ; il vaut mieux ne la donner aux animaux que quand elle a été exposée un peu à l'air ou au soleil.

172. *Lupuline.* — On cultive encore une espèce de luzerne, désignée sous les noms de *lupuline*, de *minette dorée*, de *trèfle jaune*. Cette variété très-recherchée pour les bestiaux, et surtout pour les moutons, croît spontanément dans les champs : on la sème d'habitude pour rendre plus abondant le fourrage des prairies maigres ou nouvellement formées.

173. *Sainfoin.* — Après la luzerne vient le *sainfoin*, *Bourgogne* ou *Esparcette*. Cette plante est moins exigeante que la luzerne sur la nature du sol; elle aime les terrains secs, rocailleux, surtout les sols calcaires.

Le semis a lieu ordinairement sur des céréales et on le fait assez épais pour que les tiges soient plus fines et plus tendres. La semence du sainfoin, étant renfermée dans sa gousse, est assez grosse, elle peut être enterrée et hersée avec celle de l'orge, puis le rouleau aplanit la terre.

Le sainfoin dure plusieurs années, de 5 à 10 ans, suivant la localité et la nature du sol; il demande les mêmes soins d'entretien que la luzerne. Il faut avoir la précaution de ne récolter ce fourrage que bien sec; humide, il moisirait de suite et s'altèrerait complètement.

On cultive deux variétés de sainfoin, l'un qui ne se fauche qu'une fois, l'autre, le *sainfoin à deux coupes*, qui donne un regain.

174. *Trèfle.* — L'agriculture emploie avec succès le *trèfle* pour la formation de ses prairies artificielles : il fournit un fourrage abondant et de bonne qualité. On en cultive plusieurs espèces :

Le *trèfle commun* ou *trèfle des prés* ne réussit bien que dans les terres propres au froment, c'est-à-dire, celles qui conservent le plus longtemps leur fraîcheur. Il se sème au printemps, en hersant l'avoine, ou dans le blé en mars ou en avril; un léger hersage recouvre la graine. Dans les terres argileuses on fait précéder le semis de trèfle du passage du rouleau, puis on sème le trèfle et on herse.

Dans les terres peu fertiles, *le semis a lieu* à raison de 9 à 10 kil. de graines par hectare, et dans les terres substantielles à raison de 5 à 6 kil. : l'amendement, par excellence, pour le trèfle, c'est le plâtre à la dose de 300 à 400 kil. par hectare. Le plâtrage active la végétation des légumineuses d'une manière remarquable, comme le prouve l'expérience de Franklin pour faire adopter le plâtre en poudre à ses compatriotes incrédules. Il traça un nom avec le plâtre semé sur l'herbe et les lettres tracées, mises en relief par la rapidité de la végétation, convainquirent tout le monde.

Le fanage du trèfle est assez difficile ; ses feuilles tombent et pour le conserver il faut prendre certaines précautions.

Le *trèfle blanc* ou *rampant* ne constitue jamais à lui seul une prairie artificielle; on l'associe généralement au gazon anglais. Comme il est très-rustique, il peut être semé de bonne heure, en automne ; il fournit un assez bon pâturage sur les terres médiocres, mais il ne peut être fauché.

Les terrains secs sont favorables à la culture du *trèfle incarnat* ou *farouche ;* sa végétation est très-rapide et cesse aussitôt qu'il est monté en fleurs. C'est un fourrage annuel ; il succède au blé qui vient d'être récolté, ne réclame aucun soin ; il a l'avantage de la précocité. Aussitôt après la coupe du trèfle incarnat, on peut obtenir une seconde récolte en raves, en maïs, en pommes de terre, etc.

175. Les pois des champs ou bisailles, les vesces, les féverolles, les lentilles, les lupins, les gesses, etc., qui appartiennent à la famille des légumineuses, sont de très-bonnes plantes fourragères, mais elles ne constituent pas de véritables prairies artificielles, car ces végétaux sont annuels, mais ils contribuent à augmenter l'abondance des fourrages et la production des engrais : à ce point de vue le cultivateur ne saurait les négliger.

On emploie aussi, comme fourrages, un grand nombre de racines, de céréales et d'autres plantes que nous avons mentionnées.

Les prairies artificielles occupent 3 millions d'hectares.

Résumé du Chapitre XVII

1. On appelle *plantes fourragères* les plantes des terrains en nature de prairies, qui servent de nourriture aux animaux, fauchées ou pâturées. Ces prairies sont *naturelles* et *permanentes* ou *artificielles* et *temporaires*.

2. Les prairies naturelles ou *prés* sont sèches ou humides : quand on veut créer une prairie permanente, il faut la semer des plantes qui conviennent spécialement au terrain : elle réclame ensuite l'extraction des plantes nuisibles, l'épierrement, les irrigations, l'épandage des fientes, un nivellement de la surface.

3. Les prairies artificielles ne sont composées que d'une seule espèce de plantes, telles que la *luzerne*, la *lupuline*, le *sainfoin*, le *trèfle des prés*, le *trèfle blanc*, le *trèfle incarnat*; avantages de chacun de ces genres de fourrages.

CHAPITRE XVIII

RACINES ALIMENTAIRES

La culture des racines, améliorant par les soins qu'elle exige, est une source inépuisable de prospérité, pour l'alimentation du bétail et par la production des engrais.

H. DAUBIN

Sommaire — RACINES ALIMENTAIRES — Pomme de terre — igname — topinambour — carotte — panais — betterave — navet — rutabaga — betterave — sucre — alcool.

176 Les racines des végétaux offrent un grand intérêt à l'étude du cultivateur, car elles sont employées à la nourriture de l'homme et des animaux, au traitement de leurs maladies, et elles sont d'une immense utilité dans les arts et l'industrie. Les racines, par leur nature charnue et succulente, favorisent la sécrétion du lait, disposent à l'engraissement et préviennent les accidents que l'usage des aliments secs occasionnerait dans l'estomac des ruminants en irritant et causant des inflammations dangereuses. Nous allons passer en revue les racines alimentaires le plus universellement cultivées. Les cultures des racines s'appellent *cultures sarclées*, parce qu'on sarcle ces plantes plus souvent que les autres, ou *cultures par rangées*, parce qu'on les sème ou plante en lignes. Ces cultures ont l'avantage de nettoyer le sol et de fournir aux bestiaux pendant l'hiver des aliments abondants.

177. Pomme de terre. — Nous ne sommes plus à l'époque où un arrêt du parlement de Besançon (1630) interdisait la culture de la pomme de terre « sous peine d'une « amende arbitraire, attendu que la pomme de terre est une « substance pernicieuse et que son usage peut donner la « lèpre, etc. » Nous n'avons pas besoin de rappeler les services que la *pomme de terre* ou la *parmentière* rend à l'homme et aux animaux: il n'est pas de cultivateur aujourd'hui qui n'ait son champ de pommes de terre, et cette plante, comme culture sarclée, est d'un grand secours dans les assolements Elle commence toujours les rotations, car par les nettoyages et ameublissements qu'elle a éprouvés, la terre qui a produit des pommes de terre est apte à recevoir toute espèce de culture. Elle occupe environ un million d'hectares.

Originaire de l'Amérique méridionale, après trois siècles de luttes et d'efforts, la pomme de terre a triomphé de tous les obstacles : elle a conquis un rang important parmi les plantes cultivées et est devenue presque indispensable à l'existence de l'homme. La pomme de terre réclame un sol marneux, argilo-calcaire, surtout sableux, elle acquiert des qualités exceptionnelles dans les sables : mais elle redoute les sols humides, où elle devient mauvaise, et prend quelquefois des propriétés nuisibles. Il ne faut pas craindre de lui donner une fumure suffisante qui est payée largement par l'abondance de ses produits, mais il faut prendre la précaution de ne pas mettre les pommes de terre en contact immédiat avec le fumier frais ou la gadoue : elles contractent alors une odeur désagréable.

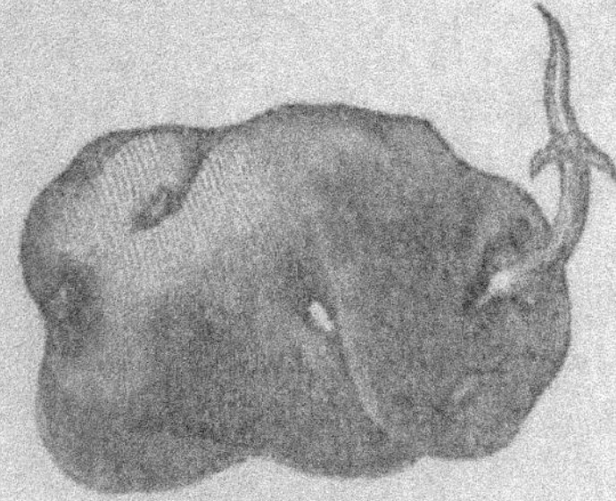

Fig. 5

La terre doit être bien ameublie par deux ou trois labours avant qu'on ne lui confie les tubercules.

Dans le choix des variétés, qui sont très-nombreuses, le cultivateur doit être dirigé par le but qu'il se propose.

Aussi, pour la consommation de la maison et pour la vente sur le marché, on plante quelques variétés précoces : la *pomme de terre marjolin*, la *shaw* d'Angleterre, ou *St-Jean*, la *truffe d'août*, la *rouge et la jaune de Hollande*, les variétés de *sept-semaines* et de *neuf-semaines*.

Un peu plus tard, on plante les variétés de bon produit et de bonne qualité : la *pomme de terre Segonzac*.

Puis pour la nourriture des bestiaux, on plante les variétés de qualité inférieure, mais de grand rendement : la *patraque jaune* et la *blanche*, la *pomme de terre de Rohan*.

Pour l'alimentation de l'homme, les meilleures variétés tardives sont : la *vitelotte*, la *rouge longue* ou *corne de chèvre*, la *violette de campine*, le *chardon*, etc.

La pomme de terre se reproduit de graines et par la plantation des tubercules. Le semis des graines n'est guère usité dans la grande culture et dans le jardinage, on ne l'essaie que pour obtenir des variétés nouvelles.

Pour la plantation par tubercules, on doit préférer les tubercules de grosseur moyenne et laissés entiers ; les plus gros peuvent être coupés en deux ou quatre tronçons. La plantation des tubercules moyens est la préférable. Trop gros, ils fourniraient un grand nombre de tiges qui ne trouveraient pas une nourriture suffisante ; trop petits, les tubercules ne donneraient pas assez d'aliments aux jeunes bourgeons. Nous condamnons la plantation faite, comme cela arrive trop souvent, par le moyen des pelures et par les yeux séparés des tubercules, ou par des tubercules de rebut, coutume vicieuse à tous égards.

L'époque la plus favorable pour planter est du 15 avril au 15 mai ; le semis a lieu dans la proportion de 8 hectolitres de tubercules par hectare. On peut, en les plantant, enterrer les pommes de terre à la main ou à la charrue, le premier procédé permet de les placer à la distance et à la profondeur qu'on désire ; il s'exécute soit avec la houe ou la fourche, soit avec la bêche.

Pendant qu'un ouvrier ouvre un sillon, un autre (femme ou enfant) dépose les tubercules en terre dans des trous, que le premier a faits à coups de bêche, à la profondeur de 15 centimètres ; le premier ouvrier, qui marche en avant, recouvre le trou avec la terre du trou suivant et ainsi de suite ; les lignes doivent être espacées de 0m60 à 0m70.

La plantation par la charrue tourne-oreille est plus expéditive et plus souvent utilisée dans la grande culture. La femme qui suit le laboureur dépose les tubercules dans les sillons ouverts par la charrue ; la charrue, en traçant le sillon de retour, recouvre celles des premiers sillons.

Entre chaque sillon planté on laisse deux sillons vides, de telle sorte que les pommes de terre restent espacées de 0m70.

On doit ramener le labour par quelques tours de herse quinze jours environ après la plantation, pour détruire les plantes nuisibles qui auraient poussé; les soins à donner consistent à entretenir l'ameublissement du sol par deux binages.

On récolte dans les champs, en août, septembre et octobre, alors que les tiges se dessèchent; on les récolte avec une fourche ou au crochet. L'arrachage à la charrue est sans doute plus expéditif, mais on oublie une assez grande quantité de pommes de terre dans les sillons, elles sont perdues ou gênent, par leurs pousses, les récoltes successives.

Le rendement est d'environ 300 hectolitres par hectare. Pourquoi faut-il que cette précieuse conquête faite sur le règne végétal du Nouveau-Monde soit atteinte d'une maladie dont la science ne peut prévenir le retour? L'altération de ce précieux tubercule peut inquiéter les esprits sérieux, car rien de ce qui se rattache aux subsistances ne devrait être négligé et nous ne saurions trop engager les cultivateurs à continuer leurs essais sur la culture des nouvelles plantes tuberculeuses et sur les moyens à employer pour prévenir, s'il est possible, les ravages de ce fléau.

178. Igname de Chine ou Dioscorée. — L'*igname* (fig. 10) a été importée en France par M. de Montigny, consul à Chang-Haï (Chine) et la culture en a été essayée comme pouvant offrir des ressources à l'alimentation de l'homme. Jusqu'alors ce n'est pas une plante de grande culture : elle est encore confinée dans les jardins ; cependant comme elle n'a besoin que de sept mois, d'avril à novembre, pour accomplir sa végétation, la grande culture pourra réserver une place à ce végétal, dès qu'il aura reçu la sanction du goût des consommateurs.

On plante généralement l'igname en place. Cette plante préfère les sols siliceux et surtout les sables noirs. elle ne réclame pas d'engrais, mais elle demande un terrain défoncé d'au moins un mètre; il est bon, pour concentrer la chaleur, d'exhausser le sol en forme de billons, d'une hauteur de 0m 30 cent. distants entre eux, du sommet de l'un de l'autre, de 0m 70. Pour faciliter cet exhaussement, on creuse un sillon à chaque ligne et on jette de côté la terre pour former le billon; au sommet de chacun d'eux, on ouvre un sillon de 0m 10 cent. de profondeur pour y coucher les tronçons de tubercules d'ignames: il faut seulement prendre la précaution

que l'œil terminal se trouve à la distance de 0ᵐ 30 cent.;
puis un léger hersage recouvre la plante.

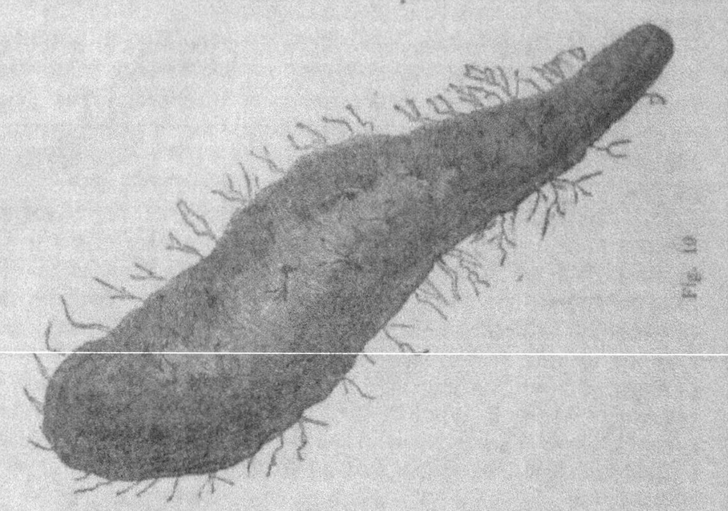

Au lieu de tronçons, on peut planter les bulbilles que l'on
rencontre à l'aisselle des feuilles et qui ont une grande tendance à s'enraciner promptement.

Les tubercules d'igname renferment une grande quantité
de fécule qui paraît jusqu'alors devoir jouer un grand rôle
dans l'alimentation publique.

179. Topinambour. — Le *topinambour ou poire de
terre* est le végétal qui peut-être demande le moins de soins de
culture. Le topinambour est originaire du Brésil et son nom
est celui d'une contrée voisine du fleuve des Amazones. Sa
culture en grand est peu répandue, bien qu'il puisse être de
grande ressource pour la nourriture du bétail par ses feuilles,
et par ses tubercules, pour l'alimentation de l'homme.

Il croît sur les terrains les plus médiocres et est assez
rustique pour ne pas craindre les gelées; mais il a le grand
inconvénient de repousser longtemps dans les terres où il a
été planté. Le topinambour donne 100 à 250 hect. par hectare.

La multiplication se fait par les tubercules qui se plantent
et se cultivent comme les pommes de terre.

180. Carotte. — Les *carottes*, cultivées sur une grande échelle, sont généralement destinées à la nourriture des animaux, surtout des chevaux qui en sont fort avides. Les principales variétés cultivées sont : la *jaune longue*, la *rouge longue*, la *blanche à collet vert*, la *blanche de Flandre*, la *carotte blanche des Vosges*.

La carotte aime un terrain léger où le sable domine : le sol doit avoir reçu, par un labour profond, une fumure suffisante avant l'hiver ; sans cette précaution, la racine, au lieu d'être unique, se bifurque et donne naissance à une infinité de petites ramifications.

Le semis se fait à partir du 15 mars, dès que la terre est un peu ressuyée ; il s'opère, à la main ou à la charrue, en lignes espacées de 0m35.

On peut cependant semer à la volée dans une récolte de céréales de printemps, mais il est indispensable que la terre ait été bien fumée, bien nettoyée. La carotte réclame de nombreux sarclages.

La dose des semences est de 7 à 9 kil. par hectare ; la graine doit à peine être enterrée.

181. Panais. — La racine du *panais* offre de grandes ressources, comme racine alimentaire, elle est très-rustique et on peut la laisser l'hiver dans les champs. Le panais demande une terre profonde, fraîche et saine. Cependant il réussit aussi dans les terres calcaires. Il se cultive comme la carotte. On emploie de 5 à 6 kilog. de semence par hectare.

182. Betterave. — La betterave est plutôt cultivée comme plante industrielle pour la fabrication du sucre (voir plus loin).

183. Navet. — On cultive en plein champ les plus grosses variétés de *navets*, comme plantes sarclées, pour la nourriture des bestiaux et notamment pour les vaches laitières et les moutons. Les navets comprennent un grand nombre de variétés, dont les pricipales sont : les *navets ronds aplatis* ou *turneps* et les *navets longs à raves* ; parmi les turneps on cultive surtout : les *navets ronds à collet vert* et les *navets ronds à collet violet* ; parmi les raves *le navet long d'Alsace* est seul cultivé en grand.

Le navet réclame un sol frais et un climat humide : il redoute la sécheresse, aussi voyons-nous la culture de cette plante prendre surtout une extension considérable sous les climats qui lui sont favorables, en Belgique, en Angleterre, dans le nord de l'Allemagne, etc. Les meilleurs sols pour le navet sont les terrains meubles, crétacés ou siliceux, un peu frais sans être humides.

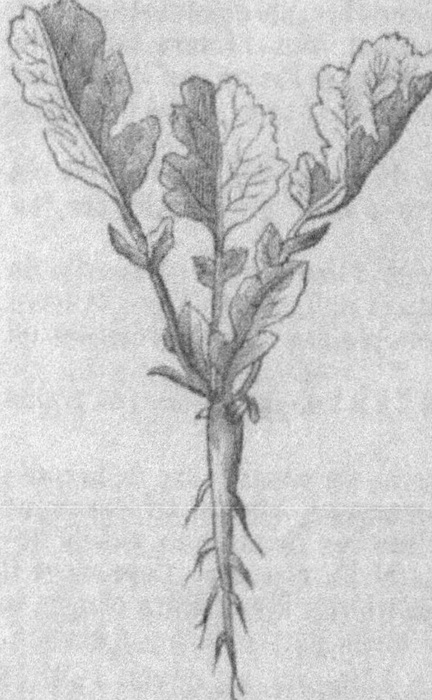

Fig. 11

Le procédé le plus simple de cultiver le navet, (fig. 11) c'est de le semer à la volée, sur la jachère en mai et juin, ou après une récolte hâtive à la fin de juin ou en juillet; on détruit le chaume par deux tours d'extirpateurs, puis on recouvre la semence par un léger hersage.

Les graines sont très-fines et l'on sème à raison de 6 kilog. de graine par hectare.

En Angleterre, la culture des navets commence une rotation de récoltes, elle a pour but de nettoyer la terre et de la préparer à recevoir des céréales, alors la culture de cette plante est plus compliquée, difficile et dispendieuse.

En France nous cultivons plutôt les navets en culture dérobée, en les associant à d'autres récoltes et alors il n'y a presque aucun soin à y apporter.

184. Rutabaga. — Cette plante est plus connue sous le nom de *navet de Suède* ou *chou-navet*, elle a la racine comme celle des navets, mais c'est un chou en réalité, et il est facile de s'en apercevoir aux feuilles qui sont lisses. Les animaux recherchent avec avidité le rutabaga et la sécrétion du lait des vaches laitières est considérablement augmentée par l'emploi de cette alimentation. C'est, d'ailleurs, une plante rustique, qui supporte bien le froid et qu'on peut laisser en terre jusqu'au printemps. Nous ne saurions trop recommander cette racine fourragère et il n'est guère de plus utile ressource pour la nourriture des bestiaux pendant l'hiver ; elle est cependant peu cultivée en France.

Cette plante doit être traitée comme plante bisannuelle : semée dans une bonne terre, en juillet, elle est repiquée ou transplantée en lignes, vers le mois d'octobre, elle ne réclame qu'un buttage et prépare admirablement le sol pour la culture des céréales.

185. Nous venons de passer en revue les racines alimentaires qui sont généralement admises dans la grande culture. Il en est d'autres que nous ne devons que mentionner, parce que leur culture est très-restreinte, ou est limitée, d'une manière spéciale, à certaines localités, à certains climats, ou n'est pas encore adoptée par la grande culture. Telles sont l'*oxalide crénelée*, l'*ulluco*, la *piquotiane*, la *capucine tubéreuse*; tout au plus offrent-elles un certain intérêt pour le jardinier, sans pouvoir rendre aucun service en agriculture.

Sucre et Alcool

186. Le sucre est très-répandu dans le règne végétal ; les racines, les tiges, les fruits de certains végétaux en fournissent en assez grande quantité. Jusqu'au commencement de ce siècle, c'est à la canne à sucre que nous demandions tout le sucre que nous consommions : mais, la guerre avec l'Angleterre nous priva, sous Napoléon, du sucre d'Amérique en en faisant élever le prix jusqu'à 12 francs le kil. Des savants trouvèrent heureusement le moyen de nous passer du sucre d'Amérique en découvrant un procédé d'extraire le sucre que contient la *betterave*.

Depuis ce moment la betterave est devenue une richesse pour la France en couvrant plus de 20,000 hectares de terrain, en occupant près de cinquante mille ouvriers et en fournissant plus de 250 millions de kilogrammes de sucre ; de sorte qu'au triple point de vue de l'engraissement du bétail, de la reproduction du fumier et du bénéfice qu'on en retire, la betterave joue un rôle considérable aujourd'hui dans notre agriculture, et mérite que nous nous étendions sur sa culture.

187. Betterave. — La betterave, cultivée pour les fabriques de sucre et pour les distilleries, doit offrir à poids égal une pulpe moins aqueuse et plus sucrée ; aussi, dans ce but spécial, on choisit comme variétés à cultiver : la *betterave blanche*, la *blanche à collet rose*, la *jaune* et la *betterave de Silésie*. La betterave se divise encore en deux variétés distinctes : la *betterave rouge ou disette ou champêtre*, employée comme aliment de l'homme et des animaux, la *betterave à sucre*, blanche ou jaune.

La betterave demande un sol profond et riche en engrais consommés, elle réussit sous tous les climats, pourvu que, pendant sa végétation, elle n'éprouve pas de gelée.

Le semis se fait en rayons, à l'aide du semoir principalement ou du plantoir, il pourrait se faire à la volée, mais il serait difficile et coûteux de faire les deux ou trois sarclages que réclame la culture de cette plante. La semaille doit se faire à l'époque où l'on ne craint plus les gelées blanches qui feraient périr le jeune plant à mesure qu'il sortirait de terre. La distance à laisser entre les lignes varie selon la fertilité du sol et la nature de la variété cultivée, elle est d'habitude de 0,50 à 0,60 cent. et les plantes sont espacées, sur chaque ligne, de 0,20 à 0,30.

Dès que les feuilles atteignent de 0,20 à 0,30 il ne faut pas hésiter de donner un premier binage et d'éclaircir le plant trop épais ; plus tard, environ trois semaines après le premier binage on en donne un second et on éclaircit les touffes trop vigoureuses : du reste on répète cette opération chaque fois qu'il est besoin et l'on cesse dès que l'instrument à sarcler (l'extirpateur par exemple) ne peut plus passer.

Au lieu de semer sur place, certains cultivateurs sèment en pépinière à la mi-mars dans le midi, dans la première quinzaine d'avril dans le nord ; le semis a lieu sur une pépinière bien ameublie, bien fumée, à l'aide du plantoir, à la distance de 0,12, des sarclages répétés doivent être donnés au jeune plant, puis on le transplante au plantoir. L'arrachage des betteraves se fait dès que la racine ne peut plus profiter en terre, quand la température ne dépasse plus 10 degrés ; il s'opère à l'aide du louchet ou de la fourche ; après l'arrachage on fait le *décolletage*, c'est-à-dire, que l'on coupe le collet de la racine, soit d'un coup de louchet, soit à la main avec un couteau ou une serpe ; on enlève en même temps le réseau de racines qui se trouve à l'extrémité, et la terre qui adhère à la betterave.

Aussitôt arrachées et décolletées les betteraves sont mises en monceau d'où elles sont conduites aux lieux de conservation ou aux fabriques.

Ce n'est pas seulement aux industries sucrières que la betterave offre de grandes ressources : elle est aussi une plante fourragère des plus précieuses pour la nourriture des bestiaux, pour leur engraissement, et partout où on cultive la betterave la production animale prend une extension considérable. Elle peut se consommer crue sans inconvénient ; elle est de longue garde et sert d'approvisionnement quand les autres racines manquent. Un hectare peut produire 30 à 40 mille kilogrammes de betteraves.

Les cultivateurs de betteraves ont l'habitude de choisir des *porte-graines* parmi les plants les mieux constitués. On les met en cave pendant l'hiver, on les repique au printemps dans un bon terrain et on les arrache à la maturité de la graine.

La betterave ne fournit pas seulement du sucre et du fourrage : elle rend un grand service pour la fabrication de l'alcool, et, sous ce rapport, on peut lui présager un avenir favorable.

Avant cette découverte il fallait demander aux vins et aux cidres les alcools de commerce. La betterave fait concurrence à ces produits depuis, surtout, que la maladie de la vigne a menacé de diminuer considérablement la production des esprits.

186. En terminant ce chapitre, nous ne pouvons ne pas faire remarquer combien l'extension de la culture des racines exerce une influence favorable sur l'ensemble de l'économie rurale ; bientôt on pourra affirmer que la culture de la betterave est le pivot de toutes les améliorations réalisables dans une exploitation. Elle donne fourrage abondant, augmente le bétail, multiplie les engrais, double la fertilité de la terre, et par ses produits de l'alcool et du sucre, elle enrichit le cultivateur.

Aussi les grandes exploitations ont presque toujours une distillerie qui leur est annexée ou bien leur voisinage attire les spéculateurs qui élèvent des distilleries.

La distillation n'est donc pas une industrie purement réservée à quelques spécialistes, elle entre dans le domaine de l'agriculture, et à ce titre elle a droit à quelques développements dans cet ouvrage.

La distillation réduit des liquides en vapeur, puis, de cet état de vapeur, elle les ramène à l'état liquide. La chaleur et le refroidissement produisent ces deux effets opposés. Par cette double opération on isole certains corps d'une volatilité différente, comme l'alcool. L'alcool n'est, en définitive, qu'une transformation du sucre que développe la fermentation.

189. Les vignobles, qui produisent des vins dont la réputation n'est pas répandue, comme les vignobles de l'ouest (Angoumois, Saintonge, Aunis, Poitou), voient une partie de leurs vins brûlés pour être convertis en alcools et en eaux-de-vie. C'est ainsi qu'on obtient les eaux-de-vie de Cognac, d'Angoulême, de Jarnac, d'Armagnac, etc. Les *fines champagnes* proviennent des meilleurs sols du territoire de Cognac.

Les eaux-de-vie et les alcools peuvent encore s'obtenir des pommes de terre, des grains de céréales, des cidres, des betteraves, etc. Ce sont particulièrement les départements du Nord, du Pas-de-Calais, de la Somme, de l'Aisne et du Calvados qui se livrent à cette fabrication. On fait en Provence des alcools de sorgho.

Le sucre indigène ou de betterave se fait surtout dans les départements du Nord, du Pas-de-Calais, de la Somme, de l'Aisne et de l'Oise. On compte en France 400 raffineries qui fournissent 250 millions de kilog. de sucre.

Résumé du Chapitre XVIII

1. On cultive comme racines alimentaires la *pomme de terre* et la *betterave*, l'*igname de Chine*, le *topinambour*, la *carotte*, le *panais*, le *rutabaga*.

2. La *pomme de terre* ameublit et nettoie le sol : elle réclame une terre légère et sableuse : elle offre des variétés précoces pour la vente, d'autres moins hâtives et plus abondantes, et d'autres à l'usage des bestiaux. Culture et rendement de la pomme de terre.

3. L'*igname de Chine* pourra devenir une plante de grande culture ; on la plante, sur place, par tronçons ou bulbilles, dans un sable noir.

4. Le *topinambour* est le végétal qui demande le moins de soins de culture.

5. La *carotte* est cultivée pour la nourriture des animaux, le *panais* pour l'usage de l'homme, le *navet* et le *rutabaga* pour l'alimentation des bestiaux : ces cultures nettoient la terre et la préparent à la culture des céréales.

6. Le *sucre* s'obtient en France de la *betterave*. Cette plante demande un sol profond, riche en engrais, mais craint la gelée : le semis se fait en rayons. L'arrachage des racines se fait quand la température n'est plus à dix degrés.

7. La *betterave* est encore utile pour la distillerie, qui transforme le sucre de betterave en alcool.

CHAPITRE XIX

PLANTES PARASITES ET NUISIBLES

Sommaire — PLANTES PARASITES : Gui — cuscute — ergot — orobanche — carie — rouille — charbon — ANIMAUX NUISIBLES — limaçon — altises — charançon — hanneton — alucite — ANIMAUX UTILES — oiseaux — taupe.

190. Les plantes *parasites* sont des plantes qui, ne pouvant tirer leur nourriture du sol, empruntent les matériaux nécessaires à leur existence à d'autres végétaux, dans les tissus desquels elles s'implantent et dont elles absorbent les sucs nourriciers en les détournant à leur profit. Par la place qu'elles occupent au milieu des récoltes, ou par leur adhérence aux plantes utiles, elles sont nuisibles et étouffent les bonnes plantes, et doivent être combattues par tous les moyens possibles.

191. Gui. — Le *gui* pousse sur les branches des arbres de diverses essences, mais principalement sur les pommiers. Les fruits blanchâtres et visqueux, transportés par les oiseaux qui volent d'arbre en arbre, s'attachent aux rameaux, y germent et y poussent des racines qui s'implantent dans l'écorce du bois pour y prendre nourriture.

Le gui absorbe la sève des arbres, les épuise et les fait dépérir, si on a la négligence de ne pas le détruire.

Pour faire disparaître le gui, il faut le détacher et couper sa racine au-dessous de l'écorce ; quelquefois même il faut sacrifier la branche qui en est infectée.

192. Cuscute. — Cette plante parasite est le fléau de la luzerne et du lin : les cultivateurs la connaissent sous le nom de *teigne*, d'*épithyme*. Elle germe en terre, mais dès que l'extrémité de sa tige atteint une plante, elle s'enroule autour d'elle et l'étreint sous de nombreuses tiges filiformes munies de suçoirs qui pompent la sève; de cette plante elle jette ses racines sur celles du voisinage, et de proche en proche elle couvre la moisson de son terrible réseau.

L'intérêt du cultivateur est de se débarrasser d'un fléau qui peut anéantir ses luzernières. Pour cela, il faut arracher, avant la floraison, tous les pieds de la plante attaqués, si toutefois cette plante est annuelle; si, au contraire, elle est vivace, comme la luzerne, il faut avec la pioche couper les pieds infectés entre deux terres; toutes les plantes arrachées doivent être brûlées. L'emploi d'un feu de paille ou un semis épais de chaux vive sont encore des moyens de destruction efficaces; cependant le meilleur moyen, le plus sûr, c'est de défricher la luzerne.

La cuscute attaque aussi le lin et le chanvre.

193. Orobanche. — Cette plante parasite n'est heureusement pas très-commune, on la reconnaît à ses tiges garnies de feuilles petites en forme d'écailles, terminées par un épi de fleurs, diversement coloré, mais l'ensemble de la plante est privé de cette couleur verte si naturelle aux végétaux. Les graines des orobanches ont une grande vitalité et peuvent se conserver de longues années, mais leurs germes ne se développent que lorsqu'ils trouvent à leur portée les racines des plantes sur lesquelles elles peuvent implanter leurs suçoirs.

Dans les champs de trèfle, de chanvre, l'orobanche peut produire des dégâts considérables qui compromettent même souvent la récolte et la santé des animaux. Il n'y a pas d'autre moyen de se débarrasser de cette plante que de l'enlever avant la maturité des graines et de changer la culture qui la favorise.

194. Carie. — Une poussière brune, olivâtre, qui se développe dans le grain du blé au lieu de farine révèle la présence de la carie, fléau qui a causé tant de pertes à l'agriculture et qui se reproduit sur les grains avec lesquels elle est en contact, à l'aide de l'ensemencement. Cette maladie du blé s'appelle vulgairement, *noir, cloque, gras, moucheture, blé bouté, petit.*

La carie du blé est attribuée à un champignon microscopique du genre *uredo.*

Malgré toutes les précautions prises, ce champignon se multiplie sans que nous puissions le détruire. Tantôt la semence invisible de l'*uredo* repose dans la terre même où les épis fauchés des moissons l'ont fait tomber, tantôt la paille provenant des épis malades infecte les fumiers, et vient par leur transport, infecter les champs. L'expérience a prouvé qu'il n'y a qu'un seul moyen d'arrêter la carie, c'est d'en détruire les germes, sur les semences mêmes, à l'aide : 1° du *chaulage* (autrefois on n'employait que la chaux dans cette opération) soit à sec, (chaux en poudre) soit par immersions, (chaux liquide) ; 2° du *sulfatage*, c'est-à-dire par l'immersion du grain de blé dans une dissolution de sulfate de soude ou de sulfate de cuivre (*vitriol bleu, couperose*); 3° du *pralinage*, qui s'obtient en couvrant de chaux en poudre le grain préalablement humecté de cette eau sulfatée.

Recette au sulfate de cuivre pour un hectolitre. — Faire dissoudre 150 grammes de sulfate de cuivre dans 8 litres d'eau, on peut encore y ajouter le pralinage à la chaux.

Recette au sulfate de soude pour un hectolitre. — Faire dissoudre dans 8 litres d'eau 700 grammes de sulfate de soude; verser l'eau peu à peu sur le blé que l'on remue à la pelle, y répandre 4 kilos de chaux fusée en remuant toujours le blé, le mettre en monceau pour qu'il sèche.

195. Rouille. — On donne le nom de *rouille* à cette maladie qui se manifeste par les taches jaunâtres dont se couvrent les pailles et les fourrages. Elle est due à un champignon microscopique et parasite du genre *uredo*; elle compromet les récoltes ou arrête la fructification par la sève qu'absorbe le parasite, puis elle est un poison pour les animaux qui consomment des fourrages rouillés. Il n'y a pas d'autre moyen d'arrêter le mal que de faucher les blés dès qu'on s'en aperçoit; les nouvelles feuilles qui se développent en sont souvent exemptes.

196. Charbon. — Cette maladie affecte spécialement les céréales, blé, orge, maïs, avoine; elle est due à la présence d'un champignon parasite, qui se développe sur le grain et se propage par la dispersion de la semence qui n'est autre chose qu'une poussière noirâtre nommée *charbon* ou *nielle*.

Le chaulage ou le sulfatage sont les seuls moyens préservatifs de cette maladie.

197. Ergot. — On nomme ainsi cette altération des grains de seigle qui prennent un développement considérable et ont alors une couleur noirâtre : leur substance devient dure et cornée. Cette maladie est due à un champignon parasite, du genre *sclerotium*. Les grains ergotés sont pernicieux aux hommes comme aux animaux, et ils ont l'apparence d'un ergot de coq. On ne connaît pas de moyen qui préserve le seigle de cette maladie, le cultivateur ne peut donc que séparer les bons grains des grains infectés, soit à la gerbe, soit à l'aide de cribles.

198. Oïdium. — La vigne est sujette à être attaquée par un champignon qu'on a nommé *oïdium*. Le seul moyen préventif est de soufrer la vigne, c'est-à-dire, d'y projeter de la fleur de soufre. Ce soufrage s'exécute, à l'aide d'un soufflet spécial, sur les feuilles, les fleurs et les grappes plusieurs fois de mai en août.

Quant à la *morphée*, champignon microscopique noirâtre, qui attaque les oliviers, et quant au *rhizotone*, champignon à filaments rougeâtres qui attaque les bulbes du safran et les racines de la garance et de la luzerne, le cultivateur a beaucoup de peine à les détruire, il n'est même guère possible d'y arriver.

199. La *mousse* et le *lichen*, qui se développent sur les troncs et les branches des vieux arbres ou des arbres reposant sur un sous-sol humide, se détruisent en badigeonnant ces parties avec un lait de chaux au commencement de l'hiver.

200. En dehors des plantes parasites que nous venons d'énumérer et qui nuisent aux récoltes, il est d'autres végétaux qui, par la facilité avec laquelle ils se propagent dans les moissons et la vitalité qui rend leur destruction lente et difficile, deviennent nuisibles aux récoltes et réclament des moyens tout spéciaux de destruction.

Ce sont : la renoncule rampante ou bassinet, le chardon des champs, les agrostis, le chiendent, le liseron, la bugrane, la moutarde sauvage, le coquelicot, etc.

On les détruit par les labours réitérés faits par un temps sec, par des hersages fréquents qui ramènent à la surface les plantes

nuisibles, et les exposent au soleil, par l'échardonnage, etc.
La présence de ces mauvaises plantes dans les champs est
toujours une preuve d'une culture peu soignée : labourer,
herser et rouler, voilà le seul moyen de purger le sol de cette
végétation inutile qui l'épuise. Le cultivateur doit combattre
constamment toutes les causes qui peuvent diminuer sa récolte, il ne doit pas oublier que, dans cette œuvre de destruction des mauvaises herbes, il ne doit pas se reposer, car
les grains ont une vitalité et une puissance de reproduction
presque sans limites.

Animaux nuisibles.

301. L'homme n'a pas seulement à lutter contre le
règne végétal : il lui faut encore combattre les ravages inces-
sants des animaux nuisibles, dont le nombre est vraiment
effrayant. On peut affirmer, en thèse générale, que chaque
plante a son insecte particulier qui vit à ses dépens, quand
elle n'en a pas plusieurs ; il serait presque impossible de les
énumérer tous, sans faire un cours complet de l'histoire des
insectes. Nous ne pouvons ici que signaler les plus redoutables ou les plus communs.

Tout le monde connaît les ravages des *chenilles*. Il est de
l'intérêt de tous de détruire les chenilles qui dévorent les
feuilles des arbres et les empêchent de se mettre à fruits ; il
peut les ramasser la nuit à l'aide d'une lanterne, ou le matin
à la pointe du jour, alors qu'elles sont rassemblées en
famille.

Il faut aussi, à la fin de l'hiver, faire *écheniller*, c'est-à-
dire retrancher les anneaux d'œufs collés sur les branches,
couper et enlever les nids sur les arbres à haute tige avec
l'*échenilloir*, puis les brûler sous peine d'avoir fait un travail
inutile.

Le *puceron lanigère* ou le *blanc des pommiers* se détruit
en nettoyant l'écorce des arbres et brossant avec force, et
badigeonnant ensuite d'un lait de chaux vive.

La *saperde* attaque souvent les céréales en végétation. Il
faut, aussitôt après la moisson, arracher et brûler le chaume
dans lequel se réfugie la larve, après qu'elle a rongé la partie
intérieure de la tige du blé.

La vigne est souvent attaquée par la chenille de la *pyrale* qui produit des œufs en abondance. Il n'y a qu'un moyen de les détruire, c'est d'*échauder* les ceps avant le développement des bourgeons.

202. Les *limaçons à coquilles* et les *limaces* infectent les vignes, les jardins et les champs voisins des murs. La *petite limace grise* surtout, aux premières pluies d'automne, détruit quelquefois entièrement les semis de la plus belle apparence. Il n'y a guère d'autre moyen de les détruire, que d'aller au lever du jour, purger le champ de ces ennemis, en les coupant en deux à l'aide de ciseaux. Le procédé est lent et minutieux, mais il est bien plus sûr que les cendres, la chaux, le plâtre semés sur la terre, et qui se trouvent bientôt lavés par l'eau de pluie ou par la rosée.

203. Les *altises* ou *puces de terre* attaquent particulièrement les raves, les navets, les choux, les radis, etc., au moment où le plant sort de terre, et quelquefois le détruisent entièrement ; elles rongent aussi les jeunes feuilles de trèfle et des luzernes : les seuls moyens connus, non de les faire périr, mais de les éloigner, c'est de semer sur la récolte naissante, du plâtre, de la chaux, de la cendre à forte dose, de la suie, ou d'arroser les récoltes avec des décoctions de plantes ou de feuilles âcres (tabac, noyer, sureau, tomate, etc.)

204. Le *charançon* ou la *calandre* attaque le blé dans les greniers : les larves pénètrent par myriades dans les grains des tas de blé, en dévorent toute la farine et ne laissent que le son ou l'écorce qui, à l'œil, a l'apparence d'un grain sain. Jusqu'ici on ne connaît aucun moyen assuré de le détruire de manière à pouvoir se préserver de ses ravages. On a comme ressource unique de remuer fréquemment le blé, et de le vendre aussitôt qu'il est attaqué.

Le pelletage, le vannage, le criblage, un courant d'air établi entre deux fenêtres opposées, sont les seuls soins à donner dans ce cas.

205. Le *hanneton*, par lui-même, et par ses larves, connues sous les noms de *ver-blanc, man, hourlon*, est, sans contredit, le fléau le plus redoutable pour l'agriculture. Rien n'est à l'abri de ses attaques ; il dépouille les arbres et les plantes de leurs feuilles, il détruit les gazons des herbages, il ronge les racines des légumes et des plantes cultivées, aussi bien que celles des arbres fruitiers. En effeuillant les arbres, il les rend presque toujours improductifs pour plusieurs années. La larve hideuse et vorace ne respecte rien, et sans vouloir nous étendre sur les ravages qu'il peut causer, et que tout le monde connaît, qu'il nous suffise de dire, que certaines années, fécondes en hannetons, les dégâts causés dans le département de la Seine-Inférieure ont été estimés à plus de vingt millions. On connaît maintenant les mœurs de ces insectes, on sait que la femelle des hannetons fait trois pontes de vingt œufs chacune environ, mais qu'en moyenne une trentaine d'œufs seulement restent vivants, qu'après la ponte le hanneton meurt et se laisse tomber sur la terre où il a déposé ses œufs. La larve demeure enfouie trois ans sous terre à l'état de ver-blanc (fig. 12) qui recherche les racines pour s'en nourrir et fait d'autant plus de ravages qu'il approche de sa métamorphose en hanneton; on sait encore que, vers l'automne et à l'hiver, les larves s'enfoncent dans le sol pour se garantir du froid, et remontent au printemps pour recommencer leurs dégâts. C'est d'après la connaissance de ces mœurs que l'on peut arriver à leur destruction.

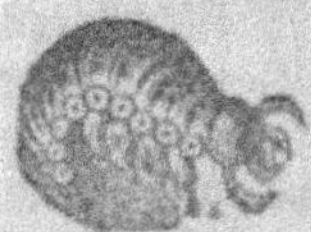

Fig. 12

Tous les moyens indiqués sont insuffisants, parce que la larve sait les éviter. Ils ne sont pas praticables dans les terres ensemencées ou les prairies : il n'y a qu'un seul moyen qui aille véritablement au but, et qui soit d'une efficacité radicale et décisive, c'est la chasse aux hannetons, c'est le *hannetonage*, la recherche de l'insecte, la recherche de ses larves, en tout temps, en tous lieux, par tous les moyens possibles. Mais il faut que cette chasse soit obligatoire pour présenter un caractère de généralité utile, obligatoire comme l'échenillage, comme l'échardonnage. Les Sociétés d'agriculture, d'horticulture, les municipalités, la presse elle-même, tout le monde s'est élevé avec énergie contre les hannetons, et, grâce à ces plaintes universelles, une croisade efficace, il faut l'espérer, a été inaugurée par toute la France, et a amené la destruction de milliards de ces insectes dévorants.

306. L'*alucite* ou *teigne du blé* est un des fléaux de l'agriculture par les ravages que cette chenille fait sur les grains. La femelle de ce petit papillon pique la partie la plus tendre, du grain, y dépose un œuf qui donne naissance à une petite chenille ; celle-ci vit et croît dans les grains dont elle dévore la farine, elle atteint le blé dans les greniers, tout aussi bien que dans les épis. Les tas de grains remplis d'alucites s'échauffent beaucoup au moment où la chenille va devenir papillon. Les dégâts causés par l'alucite sont assez graves pour que les blés perdent 15 à 20 0/0 de leurs poids.

On remédie à ce fléau en aérant les greniers, en vannant et remuant le blé ; M. Doyère, ancien professeur de zoologie à l'institut agricole de Versailles, a recommandé contre l'alucite de chauffer le blé dans des fours jusqu'à une température de 70 degrés.

Animaux destructeurs des animaux nuisibles.

Si le cultivateur rencontre parmi le règne animal beaucoup d'ennemis de ses récoltes qui viennent sans cesse contrarier ses efforts et tromper ses espérances, il y trouve aussi d'utiles auxiliaires qui semblent avoir pour mission de combattre la multiplication des insectes nuisibles.

207. Ces auxiliaires sont les *oiseaux* dont le plus souvent on méconnaît le rôle en les poursuivant de toutes parts. Il est maintenant constant que la destruction des petits oiseaux, de leurs nids et de leurs couvées a amené la plupart des fléaux qui ravagent notre agriculture et nous menacent continuellement de disette.

L'harmonie règne partout dans la nature : partout où l'équilibre est rompu, l'homme souffre de cette irrégularité. La destruction des oiseaux, chargés de combattre les insectes nuisibles, a détruit l'équilibre, et, par sa faute, l'homme paie chèrement son imprévoyance et sa barbarie : sans doute quelques oiseaux, tels que les corbeaux, les corneilles, les freux déterrent le grain et forcent quelquefois à ensemencer de nouveau le champ sur lequel ils se sont abattus ; sans doute les pies cassent et enlèvent quelques épis au bord des champs, le moineau vorace consomme audacieusement les grains et dans la plaine et dans le grenier, etc.

Mais nous ne voyons que le mauvais côté de cette classe d'animaux sans vouloir reconnaître les services qu'ils nous rendent et qui compensent largement les pertes qu'ils nous causent; les corbeaux, corneilles, orfraies, pies, nous débarrassent d'une assez grande quantité de vers-blancs et de hannetons, le moineau détruit un grand nombre d'insectes et de chenilles, et nous rendons contre ces oiseaux un arrêt injuste de proscription; ils ne causent que des dégâts temporaires mais ils nous délivrent d'ennemis perpétuels.

Fig. 13

Fig. 14

Il est donc du plus haut intérêt pour le cultivateur de conserver les petits oiseaux, et l'on ne saurait trop féliciter les autorités départementales et municipales qui veillent à la stricte exécution de la loi qui interdit la chasse des petits oiseaux.

Ces oiseaux insectivores sont spécialement le *rouge-gorge* (fig. 13) l'*hirondelle*, la *mésange*, la *fauvette*, le *rossignol*, le *merle*, le *roitelet*, le *geai*, le *pivert*, le *grimpereau* (fig. 14), etc.

Le *hérisson* doit être respecté des enfants qui se plaisent à le martyriser: il vit d'insectes et d'animaux nuisibles.

208. La *taupe* fait partout des dégâts considérables, en creusant des galeries souterraines. Les taupinières étouffent l'herbe et détruisent le niveau de la prairie, et gênent le travail des faucheurs; elles soulèvent les jeunes plantes, elles dérangent les semis; aussi fait-on généralement aux taupes une guerre acharnée.

Malgré les dégâts incontestables des taupes, méritent-elles sans restriction la proscription dont tout le monde les frappe? Nous ne le pensons pas, elles causent des dégâts réels, sans doute, mais en creusant leurs galeries, elles font le drainage des champs, elles l'ameublissent; leur vie se passe à faire une guerre continuelle aux larves des hannetons, insectes plus redoutables encore que les taupes. Les services que rend la taupe sont des circonstances atténuantes dans sa cause, et l'on peut affirmer que sans la désirer on n'a pas sujet de la redouter.

<hr>

Résumé du Chapitre XIX

1. Les plantes *parasites* sont des plantes qui, ne pouvant tirer leur nourriture du sol, empruntent les matériaux nécessaires à leur existence à d'autres végétaux dans les tissus desquels elles s'implantent, et dont elles absorbent les sucs nourriciers en les détournant à leur profit. Elles sont nuisibles et étouffent les bonnes plantes.

2. Le *gui* pousse sur le pommier d'habitude; pour le détruire, il faut le détacher et couper sa racine au-dessous de l'écorce.

3. La *cuscute* ou *teigne* attaque généralement la luzerne, le trèfle, le lin, etc. Pour la détruire, il faut arracher, avant la floraison, tous les pieds attaqués ou avec la pioche couper les pieds infectés entre deux terres. On doit brûler tous les pieds arrachés ou coupés.

4. L'*orobanche* du trèfle, du chanvre, doit être enlevé avant la maturité des graines, puis il faut changer la culture qui le favorise.

5. La *carie* ou *nielle* du blé ne peut être prévenue que par le *chaulage*, le *sulfatage* ou le *pralinage* de la semence. Recettes diverses.

6. La *rouille* du fourrage ne peut être guérie que par le fauchage des feuilles.

7. Le *charbon* des céréales a pour préservatif le chaulage et le sulfatage.

8. L'*ergot* du seigle ne peut être prévenu : il faut se résigner à séparer le bon grain du grain attaqué.

9. Les *limaçons à coquilles*, les *limaces*, la petite *limace grise* font de grands ravages dans les moissons; le moyen le plus sûr de les détruire est d'aller, au lever du jour, purger le champ de ces ennemis en les coupant en deux avec des ciseaux. Les *altises* des crucifères se détruisent en semant sur la récolte naissante du plâtre, de la chaux, ou en arrosant avec des décoctions de feuilles âcres.

10. Contre le *charançon* on ne connaît de moyens préservatifs que le pelletage, le vannage, le criblage, etc., en un mot, toute opération qui remue les tas de blé.

11. Le *hanneton* et sa *larve* causent aux récoltes un tort considérable, on ne saurait trop recommander le hannetonage, au moins aussi utile que l'échenillage.

12. L'*alucite* est encore un fléau de l'agriculture : on y remédie en aérant les greniers, en vannant et remuant le blé.

13. A tous les moyens de destruction que nous venons d'indiquer, il faut ajouter la conservation des petits oiseaux qui nous délivrent de ces ennemis, et l'on ne saurait trop punir les destructeurs des petits oiseaux du pays.

CHAPITRE XX.

VÉGÉTAUX LIGNEUX.

Sommaire — Boisement artificiel — ses avantages ; assainissement de l'atmosphère ; conservation des sources, préservation des inondations, etc.

269. Les végétaux ligneux (arbres ou arbustes) sont indispensables à l'homme : ils lui fournissent du bois de construction et du bois de chauffage, des boissons et des aliments presque sans peine. La culture des arbres est donc importante et devient une source de richesse pour le cultivateur, malheureusement il la néglige, et, loin de planter le plus souvent, il déplante imprudemment, oubliant que tout sol boisé est un bienfait pour tout le monde, que les plantations assainissent l'atmosphère, conservent les sources et empêchent l'affreux fléau des inondations, protègent les récoltes contre les vents, retiennent les terres des terrains en pente, fertilisent les terres stériles et enrichissent le sol de leurs détritus.

Soyons plus soucieux de l'avenir, réparons nos fautes, repeuplons nos clairières, garnissons les montagnes dénudées, regagnons le terrain perdu, régularisons l'écoulement des eaux torrentielles, préservons la plaine des ravages des inondations ; en un mot, plantons, plantons toujours. La loi du 28 juillet 1860, due à la haute initiative de l'Empereur, prouve combien grande est l'œuvre de la plantation, quelle est l'importance du reboisement des montagnes, des terrains nus et stériles. Enseignons à nos enfants à planter ; la nature, plus soucieuse de nos intérêts que nous, fait chaque jour nos plantations : plantons nos montagnes, reboisons nos terrains en pente, fécondons par des plantations nos terrains vagues et incultes ; plantons et rappelons-nous que ce reboisement sera une source de richesses immenses qui augmentera chaque jour notre fortune sans nous en occuper, car n'est-ce pas la nature qui fait tous les frais de la croissance et de la valeur des bois ; mais, bien que la nature se charge le plus souvent de planter par la voie des semis ordinaires, il serait imprudent de croire qu'il faille se reposer sur elle de ce soin important, sans doute il faut user en bon père de famille de ce que la nature nous offre gratuitement, mais il ne faut pas attendre ces dons tout accidentels. Il nous faut conquérir par l'art ce que la nature ne nous donne pas.

D'ailleurs, par le reboisement naturel nous n'obtenons pas ce que la consommation, ce que l'industrie exigent, la production dans le plus bref délai des végétaux ligneux qui rapportent le plus possible. Pour cela il faut des soins tout particuliers, soit pour la préparation de la graine, soit pour la plantation, soit pour la taille, soins qui se trouvent développés dans le chapitre suivant.

210. *Organisation des végétaux ligneux*. Les végétaux ligneux puisent leur nourriture dans la terre ou dans l'eau, à l'aide d'organes souterrains que l'on nomme *racines*. Les extrémités inférieures des racines s'appellent *spongioles* : leurs tissus fins et déliés s'imprègnent facilement de l'humidité de la terre, comme une éponge, et la transmettent ensuite aux parties aériennes. Les végétaux respirent et absorbent l'air à l'aide d'organes aériens qu'on appelle *tiges*, *branches* et *feuilles*. Le point où finit la tige et où commence la racine s'appelle le *collet*. Il est à fleur de terre ordinairement.

Quand une graine mûre est placée dans des conditions favorables pour sa germination, elle se gonfle, rompt ses enveloppes et laisse échapper une petite racine qui s'enfonce dans le sol et, en sens opposé, une petite tige ou *gemmule* qui s'élance hors de terre, accompagnée dans certains cas d'une ou de deux feuilles d'une nature particulière (appelées *feuilles séminales* ou *cotylédons*) et terminée par un petit œil qui se développe en rameaux, branches, etc.

Le *tronc* d'un arbre, ou la tige principale, est cette partie qui naît du collet, s'élève à une certaine hauteur et supporte branches, rameaux, feuilles, etc. Si l'on coupe transversalement le tronc d'un végétal ligneux pour en établir la structure interne on trouve : 1° au centre un canal cylindrique (*canal médullaire*) qui se prolonge depuis le pivot de la racine jusqu'au sommet de la tige : il est rempli d'un tissu lâche appelé *moelle* ; 2° des couches concentriques de bois placées l'une sur l'autre (*corps ligneux*) produites chacune par la végétation d'un an ; 3° une partie ligneuse plus blanche, moins dure (*aubier*) ; 4° à l'extérieur se trouve l'*écorce*.

L'écorce se compose de 4 parties : 1° la plus intérieure, qui est en contact avec l'aubier, (*liber*) composée de couches fibreuses, minces, flexibles ; 2° ensuite des couches plus ou moins desséchées dans les vieux arbres qui se déchirent par suite du grossissement du tronc (*couches corticales*) ; 3° dans les jeunes tiges, à la place de ces couches corticales, se trouve un tissu continu, verdâtre, herbacé, analogue à la moelle (*enveloppe herbacée*) ; 4° une couche extérieure mince et transparente.

Les réflexions générales qui précèdent s'appliquent plus spécialement aux végétaux *forestiers*. Mais, comme le cultivateur plante dans les champs de son exploitation et dans les jardins qui dépendent de sa ferme les arbres fruitiers qui lui donnent sa boisson ou des produits importants, nous devons consacrer plus de détails à la catégorie des végétaux ligneux qu'on appelle arbres *fruitiers*. Ces arbres, d'ailleurs, exigent des soins que ne demandent pas les espèces forestières ; ils réclament, le plus souvent, la greffe, tandis que les arbres de nos bois viennent le plus souvent de semis.

Résumé du Chapitre XX

1. Il est de l'intérêt de l'agriculteur de planter : tout sol boisé est un bienfait, car les plantations assainissent l'atmosphère, conservent les sources, protègent les récoltes contre les vents, retiennent les terres des sols en pente, etc.

2. Par le reboisement artificiel, on a pour but de produire dans le plus bref délai des végétaux ligneux qui rapportent le plus possible.

3. Les végétaux puisent leur nourriture à l'aide des *racines* terminées par les *spongioles*. Ils respirent à l'aide des *tiges*, *branches* et *feuilles*. Le point où finit la tige s'appelle le *collet*.

4. Le *tronc* se compose d'un *canal médullaire*, d'un *corps ligneux* de l'*aubier*, de l'*écorce*.

L'*écorce* se compose du *liber*, des *couches corticales*, de l'*enveloppe herbacée*, de l'*épiderme*.

CHAPITRE XXI.

MULTIPLICATION DES ARBRES.

Qui plante chèrement,
Plante sûrement.
Proverbe.

211. Les arbres se reproduisent : 1° par les *semis* naturels ou artificiels ; 2° par les *marcottes*, les *boutures* et les *greffes* ; 3° par les *souches* et par les *racines*. Nous avons suffisamment expliqué le premier mode de multiplication au chapitre Ier, cependant nous en dirons encore un mot à l'article pépinière ; le deuxième n'a été que défini, il forme un paragraphe spécial dans ce chapitre ; quant au troisième, tout le monde sait qu'on appelle *souche* la culée et les grosses racines restées en terre dans les forêts ; la loi ne permet même de les arracher que lorsqu'elles sont bien mortes ; c'est qu'en effet, pour certaines essences, c'est par les rejets qui partent des souches qu'elles se reproduisent ; quand les vieilles souches ne repoussent plus, on ménage, dans les bois taillis, hors de ces coupes, certains arbres réservés qu'on laisse croître en futaies et qu'on nomme *baliveaux* : c'est avec les graines que produisent ces baliveaux réservés qu'on repeuple une forêt abattue.

Certains arbres fruitiers (oliviers, figuiers, orangers) ont des racines extrêmement vivaces qui peuvent donner naissance successivement à plusieurs troncs pendant un temps considérable.

Les bois exploités périodiquement sur souches s'appellent des *taillis*. Le jeune bois de semis prend encore ce nom jusqu'à 25 ans environ.

Semis

Le semis reste toujours le moyen le plus sûr, le plus

expéditif et le plus économique de multiplication des plantes ligneuses; mais il réclame des soins particuliers qu'il trouve dans la pépinière.

La reproduction par graines est celle que semble préférer la nature et l'homme doit, autant que possible, suivre ce précieux enseignement. Le *semis*, d'ailleurs, donne des sujets vigoureux et sains en même temps qu'il procure des variétés nouvelles.

Les semis se font *en place* ou dans une *pépinière*. Le premier procédé est employé le plus souvent pour le peuplement d'un terrain que l'on veut planter en bois, c'est-à-dire, pour les essences forestières. Les arbres fruitiers sont plutôt élevés dans une pépinière, puis plantés à demeure et greffés ensuite, ou bien ils sont mis en place après deux ans de greffe.

Pour le semis le cultivateur récolte la semence à l'époque de la maturité du fruit, en choisissant les fruits de la meilleure qualité. On sème les pépins et les fruits membraneux vers février ou mars, (excepté la semence d'*orme* qui se sème en mai).

Les noyaux et les semences de fruits charnus se mettent d'habitude en terre à l'automne, ou on les fait *stratifier*, c'est-à-dire qu'aussitôt qu'ils sont séparés du fruit on les place dans des vases remplis de terre que l'on dépose en endroit chaud : la germination est activée par ce procédé.

Les jeunes plants semés à la volée ou en rayons finissent par se nuire réciproquement : ils doivent être *repiqués* en pépinière, c'est-à-dire transplantés. L'époque du repiquage est l'automne pour les espèces à feuilles caduques et fin avril pour les espèces à feuilles persistantes. Cette opération a pour but d'espacer les plants et de leur permettre de croître avec plus de vigueur en recevant davantage l'influence de l'air et du soleil. Pour repiquer il faut : 1° *déplanter*; 2° *habiller*; 3° *planter*.

La *déplantation* a pour but spécial d'arrêter la végétation des racines pivotantes et de faire développer le chevelu.

L'habillage fait disparaître, avec un instrument bien tranchant, une partie du pivot ainsi que les racines endommagées; cette suppression force la racine principale à se ramifier et favorise le développement du chevelu qui, s'étendant horizontalement plus près de la surface de la terre, subit mieux l'influence des arrosements.

Pour la plantation, on place en rigoles de 0,20 de profondeur, les plantes à 0,30 de distance; puis on tasse légèrement la terre avec le pied ou le dos d'une pelle.

Pépinière.

212. La *pépinière* est le lieu où l'on élève des arbres et des arbustes avant de les planter à demeure dans le terrain qui les nourrira pendant toute leur vie.

L'utilité d'une pépinière est incontestable : le semis sur place serait exposé à trop d'inconvénients; les graines, dévorées par les insectes, disparaîtraient; il ne serait pas possible de leur donner tous les soins qu'elles réclament, tels qu'un sol spécial, des arrosements, etc. La pépinière permet de placer la graine dans le sol qui lui convient, de l'entourer de tous les soins nécessaires jusqu'au moment où le plant assez rustique pourra être mis en place.

On n'est pas toujours libre du choix du terrain de la pépinière : quand on en est maître, il faut, avant tout, prendre un terrain qui soit abrité des grands vents et surtout des vents du Nord et du Nord-Est, la surface du sol doit être plane pour éviter que l'eau des pluies ne la ravine et pour faciliter les arrosements; il faut aussi que l'air puisse circuler librement.

Une terre franche est le sol qui convient le mieux pour une pépinière consacrée à des semences d'arbres différents; si les essences sont les mêmes, la logique engage à faire choix d'un terrain qui se rapproche, par sa composition, de celui que l'on aura à planter. C'est une erreur de croire qu'il faille choisir le meilleur sol de son exploitation; car les jeunes plants, croissant dans un sol trop riche, prennent un grand développement, et quand on les transplante dans un sol plus maigre, ils ne trouvent plus une alimentation suffisante, ils dépérissent. L'expérience prouve ce que nous avançons et les reproches faits souvent aux pépiniéristes, sur les arbres provenant de leurs riches pépinières et qui ne végètent plus, mis en place, confirment ce principe qui, au premier abord, semble étrange. Qu'on n'oublie pas qu'un arbre, pris dans un mauvais terrain, réussit bien quand il est planté dans un bon. Sans être trop absolu que le cultivateur choisisse un sol d'une fertilité moyenne, il s'en trouvera mieux.

Le terrain ne doit pas reposer sur un sous-sol imperméable à l'eau, car les racines seraient sujettes à pourrir; la couche végétale doit avoir près de 0m70 cent. de profondeur pour permettre le développement du réseau des racines. Dès que le choix d'une pépinière est terminé, on la distribue en raison du mode de culture qu'exigent les espèces qui y sont multipliées, c'est-à-dire qu'il faudra faire des planches ou plates-bandes, dirigées de l'Est à l'Ouest, de telle sorte que les arbres s'abritent mutuellement contre les vents de l'Ouest; on mettra les mêmes essences dans les mêmes plates-bandes.

Le sol de la pépinière doit être meuble et perméable aux racines des jeunes arbres, il doit être défoncé, à une profondeur d'au moins 0m60 cent., plusieurs mois avant qu'il ne reçoive les semis ou plantations.

Les plates-bandes destinées à recevoir des arbres pour être plantés dans des terrains peu profonds ne doivent être défoncées qu'à 0m 25 cent pour que les jeunes plants développent des racines traçant à fleur du sol plutôt que des pivots.

Quelques espèces, telles que les arbustes à feuilles persistantes, etc., exigent la terre de bruyère; il faudra enlever la terre franche des plates-bandes et les remplacer par cette terre de bruyère qu'elles réclament impérieusement.

Une fois la pépinière établie, on lui donne les soins nécessaires au bon entretien du sol, tels que les *binages*, qui détruisent les mauvaises herbes et facilitent la croissance des racines; les *couvertures du sol*, à l'aide du chaume, de la paille, des feuilles sèches, etc., pour tenir la terre fraîche et saine et amender le terrain; les *fumures*, si les arbres doivent être transplantés dans un meilleur terrain; les *arrosements*, quand la sécheresse les réclame.

Marcottage, Bouturage, Greffe

212. Marcottage. — Le couchage simple, ou *provignage* ou *marcottage en archet* d'une partie aérienne d'une plante, force cette partie à développer des racines dans la partie enterrée.

Ce procédé consiste à courber en terre la branche dans une fosse de 0m,08 c. de profondeur au plus que l'on maintient à l'aide d'un crochet en bois. On effeuille la partie enterrée et l'on redresse celle qui est au-dessus en lui conservant un ou deux yeux, c'est le procédé employé pour la vigne.

Couchage continu ou *marcottage en serpenteaux* ou *en arceaux.* Ce procédé est le même, mais il faut que la branche soit plus longue ; on lui fait décrire une suite d'arceaux, analogues aux inflexions d'un serpent : on emploie cette méthode pour les vignes, aristoloches, clématites et autres plantes sarmenteuses.

Marcottage par butte ou par cépée. Au printemps, on rabat, au raz du sol, la plante-mère près du collet, et on recouvre de terre ; cette opération fait développer de nombreux bourgeons qui s'enracinent et peuvent être séparés et plantés l'année suivante. C'est le procédé adopté par les pépiniéristes pour obtenir des sujets de coignassiers destinés à recevoir des greffes de poiriers ; il sert à la multiplication du mûrier multicaule, du cyprès distique, du gincko, du framboisier, etc.

Marcottage compliqué. Si les branches ont de la peine à s'enraciner, on a recours à des procédés plus énergiques que l'on applique au point le plus bas de la courbure, tels par exemple, que :

La *strangulation* qui consiste à serrer l'écorce sans la couper, près et au-dessous d'un œil ou d'un nœud, avec du fil de fer, de laiton, dans le but de comprimer les vaisseaux et d'amener la stase (arrêt) de la sève ;

La *torsion* de la branche employée pour les plantes sarmenteuses à écorce fine ;

La *circoncision* ou l'enlèvement d'un anneau de l'écorce au-dessous d'un œil ;

L'*incision*, soit en *fente*, qui consiste à fendre la branche dans le milieu et à mettre entre les deux parties, un petit corps, une pierre, par exemple, pour les tenir écartées ; soit à *talon*, qui consiste à faire une incision horizontale pénétrant jusqu'au milieu de l'épaisseur de la branche ; puis, on détourne le tranchant de l'instrument et l'on fend la branche en deux en remontant de 0,20 c. sans rien couper ; on écarte le talon lorsqu'on relève la branche pour faire sortir son extrémité de terre.

Quand la branche n'est pas près du sol, et qu'il n'est pas possible de la plier sans s'exposer à la briser, ou quand au voisinage du sol il ne se trouve pas de branches, on emploie le procédé suivant :

Marcottage en l'air. On prend un vase quelconque, (fig. 15) un cornet conique de zinc, par exemple, percé en haut et en bas ou sur le côté : on fait passer la branche par les deux ouvertures, on remplit de terre de bruyère, et on tient élevé le vase, par un moyen quelconque, à la hauteur de la branche à marcotter.

Chacune de ces sortes de marcottes a ses inconvénients et ses avantages ; le cultivateur intelligent doit pour pratiquer l'une préférablement à une autre, connaître la nature des végétaux qu'il veut multiplier.

Fig. 15

Fig. 16

Il est évident que le marcottage en *pots* (Fig. 16) n'est qu'un marcottage simple à l'usage des horticulteurs.

214. Bouturage. — Le *bouturage* diffère du marcottage, en ce que la *bouture* qui en est le résultat, est une partie détachée d'un végétal, qui, sous l'influence de certaines conditions, produit un individu semblable à la plante-mère.

Les plantes bouturées réclament des soins constants et surtout une température et une humidité proportionnées à la nature du sujet, ce qui oblige le cultivateur à connaître la provenance des plantes qu'il se propose de bouturer, le degré de chaleur de leur climat natal, leur station, l'humidité ou la sécheresse de l'air et du sol de leur habitation primitive. La plus grande précaution est d'éviter le double écueil de la pourriture ou du dessèchement ; c'est pour cette raison que l'on emploie le plus souvent des *cloches* pour la reprise des boutures ; elles ont pour effet de retenir l'humidité autour de la bouture et de la conserver vivante jusqu'au moment où elle émettra ses racines : elles abritent les jeunes plantes contre les variations trop brusques de la température et diminuent quelque peu la lumière.

M. Carrière, chef des pépinières du Muséum d'Histoire Naturelle, classe tous les modes de bouturage en trois sections, savoir : 1° *boutures dépourvues de feuilles* ; 2° *boutures pourvues de feuilles* : 3° *boutures de gemmes* produites naturellement. Nous ne pouvons mieux faire que de suivre cette classification du savant praticien, en ne nous arrêtant qu'aux procédés le plus communément usités.

Boutures dépourvues de feuilles. — 1° *Boutures en plançon.* — On prend une branche dont on taille en biseau allongé l'extrémité inférieure, on la plante ensuite droite dans le sol (saule, peuplier, etc.).

2° *Bouture à talon.* — On enlève avec soin une branche de 2 à 3 ans de telle sorte qu'il reste à la partie inférieure un *talon* ou *empâtement* de bois plus âgé que celui de la branche elle-même ; on enterre la branche ayant 2 ou 3 yeux et on laisse un œil au-dessus du sol.

3° *Boutures en crossette.* — C'est une bouture à talon à la partie inférieure de laquelle est conservé un tronçon de vieux bois qui y forme une *crosse* ou courbure. (Vignes, groseillers, quelques espèces de rosiers, oliviers et en général les plantes sarmenteuses ou drageonnantes.)

Boutures pourvues de feuilles. — 4º Une feuille, coupée près de la tige et accompagnée de son pétiole, peut, dans certaines conditions, produire de nouveaux individus; il faut faire attention à ce que la base de la feuille soit quelque peu enterrée; il se forme, si les conditions sont favorables, une agglomération de quelques bulbilles qui donnent naissance, la plupart du temps, à des bourgeons, (cresson, plantes grasses, begonia, gloxinia, écailles de lis etc.).

5º *Boutures de rameaux feuillés.* — On prend des rameaux *aoûtés*, c'est-à-dire dont la couche ligneuse n'est plus herbacée et commence à se durcir. Ce genre de bouture s'opère, soit sur la sommité d'un rameau ayant son bourgeon terminal, soit sur un simple tronçon de ce rameau ayant un ou deux bourgeons latéraux. Il faut avoir soin dans ces deux cas de laisser la feuille hors de terre.

Si l'on fait des boutures de rameaux herbacés, il faut choisir la période d'activité de la végétation; si le rameau est ligneux, on doit le faire dans la première moitié de l'automne pour le climat de Paris ou plus tôt pour le midi.

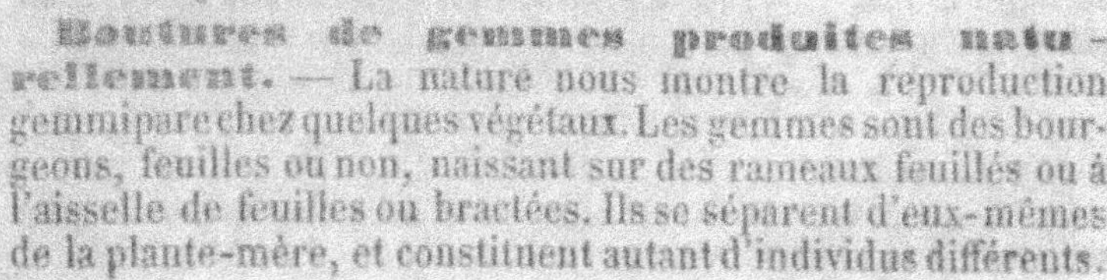

Fig. 17

Ce cinquième procédé (fig. 17) est le plus usité; il sert pour la multiplication des plantes grasses, des Pelargoniums, des arbustes de pleine terre, etc.

Ce genre de bouture réussit mieux quand le godet a un diamètre très-petit. C'est un fait que la pratique confirme chaque jour : plus le diamètre du pot est petit, plus la bouture a de tendance à développer des racines.

Boutures de gemmes produites naturellement. — La nature nous montre la reproduction gemmipare chez quelques végétaux. Les gemmes sont des bourgeons, feuilles ou non, naissant sur des rameaux feuillés ou à l'aisselle de feuilles ou bractées. Ils se séparent d'eux-mêmes de la plante-mère, et constituent autant d'individus différents.

Ce sont alors autant de véritables boutures enracinées. Tel est le cas des *caïeux* qui naissent à l'aisselle des écailles des bulbes (lis, tulipe etc.,) des bulbilles qui naissent sur une tige non bulbeuse, (la dentaire, la saxifrage granulée, le lis bulbifère). C'est à l'horticulteur ou à l'agriculteur de savoir tirer parti de cet enseignement de la nature.

215. Greffe. — Les pépinières deviennent utiles surtout quand, au lieu d'acheter des arbres tout greffés que livre le pépiniériste, on désire les greffer soi-même, dans ce cas, le plus souvent ce ne sont pas des arbres de semis que l'on choisit pour sujets, on prend dans les bois des *sauvageons* appelés *égrains* et que l'on greffe, soit au moment de la plantation, soit quand ils ont poussé quelques branches. Les *doucins* et les *paradis* sont des variétés de sauvageons qui se multiplient facilement pour marcotter. C'est sur le *doucin* que l'on greffe les pommiers en espalier et le *paradis* sert pour les pommiers nains.

Par l'opération de la *greffe* on se propose de faire vivre un végétal aux dépens d'un autre en mettant en communication les vaisseaux par lesquels passe la sève; il faut donc que les sèves du sujet et de la greffe aient une assez grande analogie, voilà pourquoi il faut les choisir tous deux dans la même famille; il faut, en outre, que les vaisseaux séveux communiquent, par conséquent, il faut mettre en contact les jeunes couches d'aubier et les jeunes couches du liber du sujet (couches dans lesquelles se trouvent placés les vaisseaux), avec les mêmes couches de la greffe : on comprend, en outre, que pour empêcher la dessiccation des écorces fraîchement coupées et mieux les consolider, il faut faire une ligature de laine ou de jonc et couvrir la place à l'aide de l'onguent St-Fiacre (1) ou du mastic Lhomme-Lefort.

On prend d'habitude les greffes sur le bois d'un an, le bois de deux ans se met plutôt à fruit, mais l'arbre n'est jamais de belle venue. Les greffes doivent être prises sur des arbres sains et vigoureux et coupées un mois ou six semaines à

____

(1) L'onguent Saint-Fiacre est composé de deux tiers de terre franche et d'un tiers de bouse de vache.

l'avance et enterrées au pied d'un mur au nord. L'écusson, au contraire, se lève au moment de la greffe.

La greffe est, pour les végétaux, ce que le croisement des races est pour les animaux; par la greffe on peut obtenir, sur des sols qui ne les auraient pas adoptées, des essences précieuses greffées sur des sujets indigènes qui les nourrissent parfaitement : la greffe augmente la qualité des fruits et hâte l'époque de leur maturité; elle avance de plusieurs années la fructification des arbres. La sève, en effet, circule plus lentement dans la greffe, gênée qu'elle est par la soudure; elle y reçoit une préparation plus parfaite, elle s'améliore et est plus tôt propre au développement des fleurs et fruits.

216. On se sert pour pratiquer les greffes de *greffoirs*, d'une *serpette*, d'une *scie à la main* et d'un petit maillet de bois.

Le *greffoir* est une espèce de petit couteau recourbé, dont le tranchant forme l'arc extérieur et qui se termine par une petite lame en ivoire ou en métal, en forme de spatule : cette spatule sert à soulever l'écorce sur laquelle on a fait l'incision, afin de placer entre elle et le bois les rebords de l'œil de la greffe.

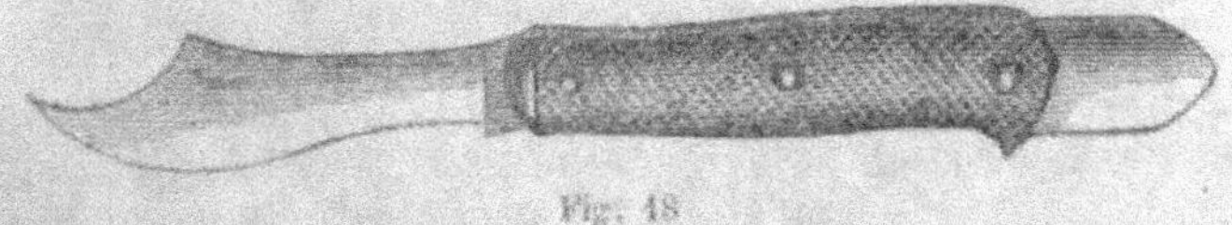

Fig. 48

On connaît une infinité de procédés pour greffer, mais tous peuvent se partager en trois sections : 1° les greffes par approche; 2° les greffes par scions ou par rameaux; 3° les greffes par gemmes, œils ou boutons. Nous ne décrirons que les principales, les plus utiles ou les plus avantageuses.

217. *Greffes par approche.* — Ces greffes ne sont séparées du pied-mère que lorsqu'elles sont complétement soudées avec le sujet. Elles consistent, en un mot, à faire à chacune une entaille correspondante et à réunir ces deux plaies de manière qu'elles se recouvrent mutuellement, à l'aide de liens, de ligatures, de tuteurs qui empêchent toute disjonction, et de mastic qui empêche l'air d'altérer la sève.

On effectue cette greffe généralement au printemps et l'on fait le sevrage l'année suivante.

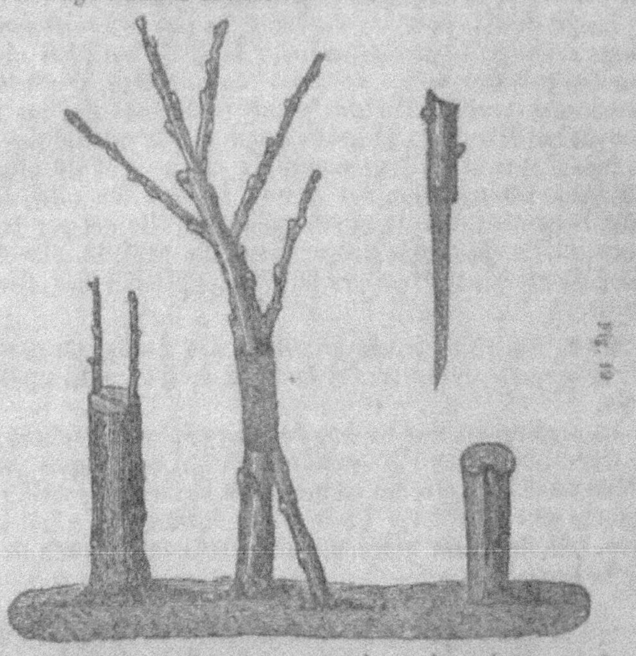

La *greffe Sylvain* s'opère en courbant deux jeunes arbres l'un sur l'autre; au point de croisement on fait deux entailles correspondantes jusqu'au canal médullaire, puis on réunit les deux parties entaillées en les maintenant à l'aide d'une ligature.

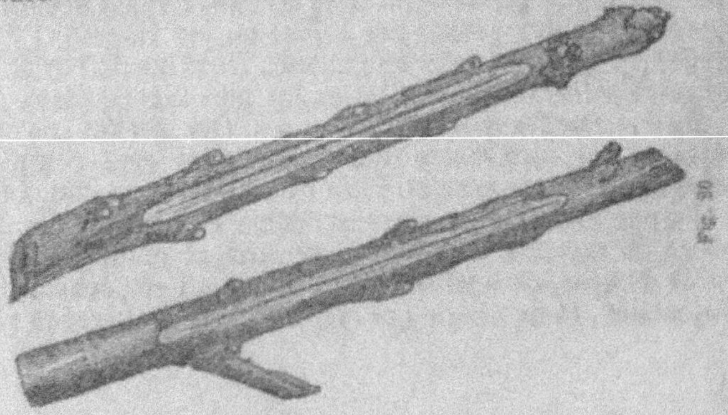

Elle est employée pour la confection des palissades, des haies vives, avec charme, hêtre, orme, troëne, saule, etc.

La greffe Agricola s'opère en rapprochant la tige du sujet de la branche qui doit servir de greffe; on fait sur la tige du sujet et sur la branche qui sert de greffe une entaille longitudinale de même étendue et jusqu'au canal médullaire; on couvre ces deux plaies l'une par l'autre, puis on ligature.

On emploie encore les greffes *anglaise ou Aiton et herbacée Jard*.

218. *Greffes par scions ou par rameaux.* — Cette catégorie de greffes embrasse les modes de greffes en fente, de greffes en couronne, de greffes de côté. Elles s'effectuent avec des rameaux ou des portions de rameaux qu'on sépare de leur pied-mère pour les placer sur un autre individu.

La greffe en fente est la plus usitée. Elle consiste à couper en travers la branche d'un sujet, à la fendre dans son milieu, et à maintenir la fente ouverte avec un petit coin. On taille la petite branche à greffer en coin allongé en amincissant le côté interne. On ajuste avec soin son écorce afin que son feuillet (*liber*) soit parfaitement en rapport avec celui du sujet; puis on retire le petit coin et, en se resserrant, la fente comprime et fixe les branches ajustées. Elle s'opère au printemps et à l'automne.

La greffe en fente Bertemboise s'opère en coupant la tête du sujet en biseau terminé par une petite surface horizontale, puis en plaçant la greffe au sommet du biseau, on ligature, on recouvre la plaie avec du mastic à greffer. On peut encore employer les greffes en fente *simple*, *ou Atticus double ou Palladius, Lee, anglaise, herbacée.*

La *greffe en couronne* se pratique sur des branches d'arbres déjà vieux et trop grosses pour être fendues. On les scie, on écarte leur écorce sur plusieurs points, on y fiche entre l'écorce et le bois les greffes taillées en bec de plumes, de telle sorte que les deux feuillets correspondent.

La greffe en couronne Varin s'opère en coupant horizontalement la tête du sujet : on pratique transversalement une entaille triangulaire sur l'un des côtés de la surface de la coupe, puis on fend verticalement l'écorce en face de l'entaille pratiquée. On taille la base de la greffe en bec de flûte, en pratiquant à l'entaille une dent triangulaire. Il ne reste plus qu'à insérer la greffe entre l'écorce et l'aubier de manière que la dent vienne remplir l'entaille triangulaire.

La greffe en couronne perfectionnée Dubreuil s'opère en coupant la tige en biseau; on pratique une fente verticale sur l'écorce, un peu à gauche ou à droite du sommet du biseau. On taille les greffes comme précédemment, seulement on incise l'un des côtés de la languette et on place la greffe sur le sujet, de façon que la dent du sommet de la partie entaillée chevauche sur le sommet du biseau du sujet et que l'incision latérale de la languette s'applique contre le côté de l'écorce du sujet non soulevée pour recevoir cette languette. On ligature et on couvre de mastic.

On emploie encore la greffe en couronne *Théophraste.*

219. *Greffes par gemme, œil ou bouton.* Ce genre de greffes se subdivise en deux sections. 1° Greffe *en écusson*, 2° greffe *en flûte.*

On donne le nom *d'écusson* à une plaque d'écorce sur laquelle se trouve un œil ou bouton, cette plaque rappelle par sa forme les écussons d'armoiries. La greffe en écusson est employée lorsque les arbres *sont en sève*, au printemps, à *œil poussant*, ou à la fin d'août à *œil dormant*; alors l'écorce se détache plus facilement de l'aubier. Cette greffe est spécialement employée pour les jeunes sujets ayant une écorce mince, lisse et tendre. Elle s'opère en enlevant un lambeau d'écorce sur lequel se trouvent un ou plusieurs boutons de l'espèce que l'on veut multiplier. On enlève un lambeau d'écorce de même forme et de même dimension sur la tigenourrice et l'on applique à sa place celui qu'on veut greffer. Dans la crainte de vider l'œil, on laisse généralement un peu de bois à l'intérieur de l'écusson en l'enlevant, et on le réduit avant de le poser. On le fixe avec un fil de laine blanche qui assure la reprise de l'écusson en conservant plus de fraîcheur.

Pour la greffe à œil dormant, on lève les écussons sur les bourgeons de l'année, coupés le jour même : on a soin d'en détacher les feuilles, en conservant seulement le pétiole de peur d'endommager l'œil : s'il s'agit, au contraire, de la greffe à œil poussant, on lève les écussons ou yeux sur des rameaux de l'année précédente, ou bien, en mai ou juin, sur des jeunes bourgeons.

Fig. 22

Souvent l'incision destinée à recevoir les yeux présente la figure d'un T (fig. 23) ou d'une croix : elle doit pénétrer jusqu'à l'aubier; avec la spatule du greffoir on écarte par le haut, les deux lèvres de l'écorce qui permettent d'appliquer l'écusson.

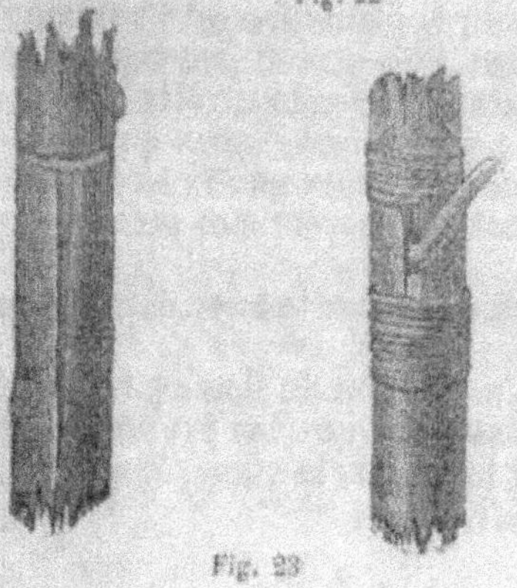

La greffe en flûte s'opère plus particulièrement pour la multiplication de certains grands arbres, noyers, châtaigniers, chênes, mûriers, etc. ; elle est pratiquée comme la greffe en

Fig. 23

écusson, mais l'écusson est circulaire au lieu d'être circonscrit.

La greffe en flûte Jefferson s'opère en enlevant sur un bourgeon, non détaché du pied-mère, un anneau d'écorce muni d'un ou deux yeux bien formés. On détache sur le sujet un anneau d'écorce sans yeux et de pareille dimension, on place l'anneau de la greffe à la place de celui enlevé au bourgeon de la greffe, on recouvre de mastic à greffer, et au printemps, après la reprise, on coupe la tête du sujet immédiatement au-dessous du point où la greffe a été posée.

Les horticulteurs opèrent encore la greffe en écusson *Vitry*, *Jouette*, *double*, *Lenormand* et la greffe *en sifflet*, de *Faune*.

Les rameaux-greffes sont coupés en février, liés par petits paquets, mis en repos dans une cave ou un cellier, où on les plante debout dans du sable frais, ou bien on les couche dans une petite tranchée au pied d'un mur exposé au nord.

Plantation, éducation et entretien des arbres

220. La *plantation* comprend tous les soins relatifs à la mise en terre des jeunes plants (arbres ou arbrisseaux en pépinière), là où ils doivent rester jusqu'à la fin de leur existence; la plantation comprend aussi l'éducation et l'entretien destinés à assurer la bonne végétation des plantes.

L'époque la plus favorable pour la plantation est l'automne et la fin de l'hiver; si cependant l'hiver était peu rigoureux on pourrait continuer les plantations pendant cette saison. Mais, en réalité, les meilleures plantations, celles qui réussissent le plus, sont faites en automne, alors que la terre a un peu de chaleur encore et permet au chevelu des racines de se développer.

Il ne faut pas planter par la pluie, quand la terre détrempée se tasse et se colle aux racines.

Il faut aussi avoir soin à l'exposition du lieu au moment des plantations : on sait, par exemple, que les pruniers, les poiriers, les pommiers aiment le levant, la vigne, le pêcher, l'abricotier affectionnent le midi.

Si l'on plante près d'un mur il faut le faire à 0,25 du mur, puis incliner la tige pour la rapprocher du mur.

Avant de planter il faut *habiller* les arbres : il faut enlever les racines mortes et couper jusqu'à la partie saine celles qui seraient cassées ou froissées, tailler à la serpette les grosses racines et les radicelles ; il est utile aussi, pour les arbres à pépins, de faire une incision longitudinale sur l'épiderme de l'arbre, sur la greffe et sur le corps des grosses racines ; ces incisions excitent l'ascension et le développement de la sève.

Dès que l'arbre est habillé, on se trouve bien d'en praliner les racines avec un mélange de deux tiers d'argile et d'un tiers de bouse fraîche de vache ; on peut y ajouter un peu de crottin de cheval, puis on délaie le tout dans du purin pour obtenir une bouillie assez claire. On plonge les racines de l'arbre à planter dans ce pralin en y ajoutant au moment même de l'immersion 25 grammes de couperose verte (sulfate de fer) par 3 litres de mélange.

La mise en place a dû être précédée, pour les plantations continues, de l'ouverture d'une tranchée de 0,80 et profonde de 0,60 sur le sol bien défoncé. A l'endroit où doit être posé l'arbre on forme un mamelon de terre sur lequel on place les racines à une profondeur telle qu'elles puissent recevoir l'influence de l'air sans être exposées à la sécheresse. Pour bien planter, il faut être deux personnes : l'une jette doucement la terre sur la main de celui qui plante ; ce dernier introduit légèrement cette terre entre les cavités des racines que l'on place par étages en conservant toujours la forme conique du mamelon primitif ; pour opérer le tassement on arrose avec l'arrosoir à pomme et l'eau transporte les terres dans les cavités des racines qui se trouvent ainsi remplies.

La plantation ainsi faite, on enveloppe tout le creux du mamelon d'une couche de 0,05 de fumier consommé destiné à nourrir les radicelles à mesure qu'elles se développeront, puis on termine par combler le trou ou la tranchée par un mélange de terre et de fumier. En février ou mars on palisse l'arbre et on l'enduit d'un lait de chaux composé de deux tiers de chaux vive et d'un tiers d'argile ; ce lait de chaux préservera les jeunes arbres des effets desséchants des vents et des rayons du soleil. Sans cette précaution l'écorce du tronc se durcirait, perdrait son élasticité, se crevasserait et gênerait la circulation de la sève.

221. *Entretien des arbres*. On ne peut se dispenser de cultiver la terre qui est au pied des arbres si l'on veut que les fruits soient beaux et bons. On donne alors deux façons à la terre, l'une en hiver, l'autre au commencement de juillet.

Il faut encore biner la terre de temps à autre : le terrain profite mieux des rosées de la nuit et les mauvaises herbes disparaissent. On enlève la *mousse* qui s'attache à l'écorce des arbres et gêne la respiration, le *gui* qui épuise la sève ; on détruit les nids de chenilles, les limaçons, les hannetons et les autres insectes nuisibles.

L'arbre est-il souffreteux, on enlève la terre et on la remplace par de la terre neuve mélangée de terreau. On arrose si le temps le réclame et on recouvre la surface de la terre d'un léger *paillis* qui en entretient la fraîcheur.

On doit diriger les arbres en plein vent de telle sorte que leur tige pousse droit : s'ils prenaient une fausse direction on les redresserait à l'aide d'un piquet ou d'un *tuteur*, mais pour que l'arbre ne soit pas blessé, entre le tuteur et l'arbre on place un coussinet en foin ou en paille.

Résumé du Chapitre XXI

1. La multiplication des végétaux ligneux a lieu par le *semis*, par la *greffe* et la *marcotte*, par les *souches et les racines*. Quand les vieilles souches ne repoussent plus, on ménage, dans les bois taillis, hors des coupes, certains arbres réservés qu'on laisse croître en futaie et qu'on nomme *baliveaux*. C'est avec les graines que produisent ces baliveaux réservés qu'on repeuple une forêt abattue. Les bois exploités régulièrement sur souches s'appellent des *taillis*.

2. La *pépinière* est le lieu où l'on élève des arbres et des arbustes avant de les planter à demeure dans le terrain qui les nourrit pendant toute leur vie.

L'utilité d'une *pépinière* est incontestable. Si l'on est libre de choisir le terrain, il faut, avant tout, prendre un terrain abrité des grands vents ; la surface du sol doit être plane et il faut que l'on puisse circuler librement. La terre doit être franche. Ensuite on dispose la pépinière en planches dirigées de l'Est à l'Ouest, défoncées au moins à une profondeur de 0ᵐ 70.

Certains arbustes exigent la terre de bruyère. Une fois la pépinière établie, on lui donne comme soins des *binages*, des *couvertures*, des *fumures*, des *arrosements*.

3. Les principaux procédés de marcottage sont : le *marcottage en archet*, le *marcottage en serpenteaux*, le *marcottage par cépée*, le *marcottage en l'air*.

Le bouturage se fait de boutures *dépourvues de feuilles*, de *boutures pourvues de feuilles*, de *gemmes naturelles*.

4. La *greffe* est un des meilleurs moyens de multiplication des arbres. Il existe une infinité de procédés pour greffer, mais tous peuvent se partager en trois sections : 1° les greffes *par approche* ; 2° les greffes *par rameaux* ; 3° les greffes *par gemmes*.

Les principales greffes par approche sont la *greffe Sylvain*, la *greffe Agricola* et la *greffe anglaise*. La greffe n'est séparée du pied-mère que lorsqu'elle est parfaitement soudée avec le sujet.

La greffe par rameaux comprend les modes de greffes en fente, en couronnes de côté ; elle s'effectue avec des rameaux qu'on sépare du pied-mère pour les placer sur un autre individu : telles sont les *greffes en fente Bertemboise*, la *greffe en couronne Varin*, la *greffe en couronne perfectionnée Dubreuil*, etc.

La greffe par gemmes se divise en greffe en écusson et greffe en flûte.

5. Les soins de la plantation sont : l'*habillage des racines*, le pralinage, la plantation à demeure, la composition de la terre.

CHAPITRE XXII

ARBRES FRUITIERS

Sommaire. — Définitions essentielles — Principes généraux de la taille — Constitution générale de l'arbre — Formes diverses — Taille du poirier, du pommier, de l'abricotier, du prunier, du pêcher, du cerisier, de la vigne, etc. — Pincement — Principales variétés de fruits.

> L'homme des champs devrait planter toute sa vie comme il sème toute sa vie : car planter, c'est aussi semer une récolte assurée, dont la nature fait seule les frais de culture, lorsqu'on la lui a confiée.
>
> A. RICHARD, du Cantal.

222. Arbres fruitiers. — Les arbres fruitiers sont, comme l'indique leur nom, ceux qu'on cultive pour leurs fruits. Des soins spéciaux de culture leur sont accordés de manière à ce qu'ils donnent des produits supérieurs à ceux qu'ils fournissent à l'état de nature. Par une culture appropriée et par la greffe, on est parvenu à obtenir de nombreuses variétés de beaux fruits. Les espèces d'arbres fruitiers le plus souvent cultivés sont : le châtaignier, le noisetier, l'olivier, le framboisier, le néflier, le prunier, le poirier, le pommier, le cognassier, le cerisier, l'abricotier, le pêcher, l'amandier, la vigne, le groseillier, le noyer, le figuier, le mûrier, etc., etc.

Les arbres fruitiers se classent en arbres *fruitiers à noyaux*, à *pépins*, à *amandes* suivant les fruits qu'ils donnent; en *plein-vent*, *espaliers*, *contre-espaliers*, *basses tiges*, *arbres en éventail*, en *buisson*, en *gobelet*, en *pyramide*, etc., suivant la forme qu'ils affectent.

Les arbres de *plein-vent* ou à *haute tige* sont abandonnés, après leur plantation, à leur croissance naturelle, sans abri, sans appui.

On les plante généralement en *verger*, c'est-à-dire dans un enclos planté d'arbres fruitiers, ou dans une terre à usage de prairie.

Les arbres de *plein-vent* produisent des fruits moins gros que ceux des espaliers et des arbres soumis à la taille, mais ils sont plus savoureux et plus sucrés. La conduite du *plein-vent* est bien simple : elle consiste à biner la terre au pied de l'arbre et à tailler quelques branches au milieu de l'arbre de manière à ce que l'air puisse circuler et les rayons du soleil pénétrer partout.

Parmi ces arbres fruitiers quelques-uns ne réclament pas de soins, d'autres, ceux surtout qui sont plus spécialement appelés *arbres fruitiers*, comme le pêcher, l'abricotier, le pommier, le poirier, la vigne, le cerisier, demandent des soins particuliers et veulent surtout être taillés.

223. Taille. — La *taille* consiste à retrancher une partie plus ou moins grande des rameaux d'un arbre, cette opération a deux buts : le premier est d'augmenter la production des fruits et de les rendre meilleurs ; le second, est de borner le plus possible l'espace qu'occupent les arbres fruitiers dans les potagers en leur donnant une forme et des proportions convenables. On comprend, d'après cela, combien la taille doit être variée pour qu'elle s'adapte au besoin de chacun. De nos jours on est arrivé par une série de soins, par les pincements surtout, à supprimer, pour ainsi dire la taille, et à la remplacer par une bonne direction, un bon entretien des arbres. Mieux vaut les bien *conduire* que de les tailler.

Quelques définitions feront mieux comprendre les principes qui dirigent l'horticulteur dans la conduite des arbres fruitiers.

Les rameaux concourent à former la charpente ou à donner des fruits ; dans le premier cas on les appelle *rameaux de prolongement* et ils terminent les branches charpentières, ou *rameaux à fruits* lorsqu'ils sont prêts à se mettre à fruit. Ces rameaux sont terminés par *un œil terminal naturel* ou *combiné*, (s'il provient d'une taille), on les appelle *latéraux supérieurs* s'ils poussent au-dessus de l'œil terminal, *latéraux inférieurs*, s'ils sont placés au bas de l'arbre.

On appelle *yeux stipulaires* les deux petits yeux opposés placés à la naissance des rameaux, et *rameaux anticipés* les rameaux sur lesquels la même année des yeux se sont développés en bourgeons; les *yeux latents*, à peine visibles, se développent par suite d'une entaille, d'une incision.

Le rameau devient *branche* lorsqu'il sert de support à d'autres rameaux. *L'œil* est le petit bouton, aplati sur le bois, élargi à la base et brusquement pointu. Le *bouton* est un œil arrondi au centre, étranglé à la base, peu allongé, il deviendra le fruit.

Le *dard* est un petit rameau qui naît sur la charpente, il est gros, allongé de 0,01 à 0,05, et terminé par un œil qui, le plus souvent, se change en bouton à fruit; la *brindille* est un petit dard grêle allongé de 0,20 à 0,25.

Le *rameau fruitier* est celui qui, en été, a subi le cassement et qui est muni d'yeux stipulaires; au-dessous est un œil nommé *œil lambourde* : au-dessus se trouve l'*œil fruitier* proprement dit, au-dessus encore est l'*œil tire-sève*, qui a pour but d'emporter le trop de sève au profit de la fructification de l'œil placé au-dessous; enfin vient le *rameau gourmand*, robuste, à long entre-nœud, et la *bourse fruitière*, (fig. 24) grosse, charnue, terminant la lambourde, le dard, le bouton fruitier; elle est le support des fruits.

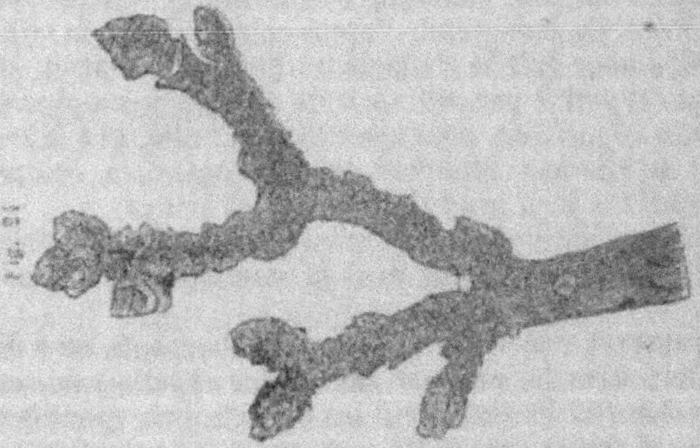

Dans les limites de cet ouvrage il devient impossible de traiter de la taille des arbres fruitiers avec de longs développements, aussi allons-nous résumer les principes qui doivent guider l'horticulteur, principes basés sur la science et confirmés par la pratique de nos meilleurs arboriculteurs.

La taille comprend deux séries distinctes d'opérations : la première série comprend les opérations d'hiver; elles se font pendant le sommeil ou le ralentissement de la végétation, c'est la *taille d'hiver* ; le seconde série comprend toutes celles qui s'exécutent quand la sève est en pleine activité, c'est la *taille d'été* ou la taille *en vert*.

224. Taille d'hiver. — L'arbre est-il en espalier, on le *dépalisse*, on retire les liens qui attachaient les rameaux à des treillages en bois ou aux fils de fer, on nettoie les treillages, on nettoie l'arbre de mousse, d'insectes, etc. On *rabat les prolongements* de la tige et les branches latérales à l'aide de la serpette ; chaque année cette tige et ces branches latérales ont poussé plus ou moins, se sont *prolongées* : il faut les raccourcir ou les rabattre, suivant la vigueur de l'arbre.

Pour faire cette opération, on *taille sur l'œil*, c'est-à-dire, qu'on fait la *coupe*, à l'aide de la serpette, à 0^{m}003 ou 0^{m}004 au-dessus de l'œil sur les rameaux à bois dur et à 0^{m}010 sur les espèces à bois tendre. La surface de la coupe doit se présenter en *sifflet*, c'est-à-dire, oblique et opposée à l'œil, de cette sorte l'eau des pluies ne séjourne pas : quand on dépasse 0^{m}003 il se forme un *onglet* qui empêche la nouvelle plaie de se couvrir d'écorce ; à moins de 0^{m}003 l'œil se trouverait endommagé.

Pour faire cette coupe, on applique le tranchant de la serpette contre la branche et on tire à soi de bas en haut.

En faisant ce *rabattement* des prolongements l'habile praticien en profite pour régulariser la forme de l'arbre ; suivant qu'il désire que le prolongement futur s'incline en dehors et s'écarte du centre il taille sur un *œil en dehors*, c'est-à-dire que l'œil au-dessus duquel il fait la coupe est situé sur la surface externe de la branche ; il taille l'*œil en dedans*, au contraire, si l'on désire que le prolongement des rameaux s'élève verticalement et s'incline vers la tige centrale.

Après cette opération on fait la *section des rameaux* à 2, 3, 4, 5 yeux suivant la forme des rameaux et la nature de l'arbre ; la *taille de branches à fruits* en rabattant sur les yeux de remplacement la branche qui a donné le fruit sur les arbres à noyau, en supprimant les excroissances et boutons inutiles sur les lambourdes ou autres productions fruitières sur les arbres à pépins ; la *suppression des boutons à fruits* lorsqu'ils sont trop abondants ; le *cassement* des brindilles, non terminées par un bouton à fruit ; on fait cette opération en enlevant le dernier tiers de la branche, *au-dessous* d'un œil, sans instrument, à l'aide de la main.

Une opération, souvent utile dans la taille, c'est le *rapprochement*. En effet, la sève tend toujours à affluer vers l'extrémité de la tige ou des rameaux pour faire développer le bouton terminal, l'intérieur de l'arbre se dégarnit, car les yeux inférieurs, moins nourris, s'affaiblissent et périssent. Par le rapprochement, on taille sur le bois des années précédentes et on refoule la sève sur les yeux du bas.

Le *ravalement* supprime entièrement toutes les branches latérales d'un arbre vieux ou mal conformé : aussitôt de nouveaux bourgeons surgissent des *yeux adventices* de la tige, près des nœuds, et donnent de nouvelles branches qu'on peut conduire à son gré.

Le *recépage* coupe l'arbre au collet dans le même but que l'opération précédente.

D'autres opérations auxiliaires viennent s'ajouter à la taille :

Tantôt c'est l'*entaille* qui enlève, en forme de coin, une portion d'écorce et d'aubier, au-dessus d'un œil pour arrêter la sève et la refouler dans l'œil, au-dessous pour l'empêcher d'y affluer; tantôt ce sont des *incisions* pratiquées sur l'écorce, *longitudinales* sur l'écorce durcie et qui ne permet pas aux vaisseaux fibreux des branches de s'allonger et de s'épanouir au dehors, *transversales*, au-dessus d'un œil pour le faire développer, *annulaires*, pour mettre à fruit la partie supérieure.

L'*éborgnage* ou l'enlèvement des yeux surabondants, l'*arcure* ou l'inclinaison en demi-cercle des branches vigoureuses forcent encore les arbres à se mettre à fruit. Cette dernière opération est fondée sur cette loi physiologique que la sève monte en droite ligne et pousse à l'élongation de la tige ou des branches. De là, il résulte cette règle importante : courber la partie forte, redresser la partie faible.

225. Taille d'été. — La *taille d'été* ou la *taille en vert* commence dès que les bourgeons ont poussé de 5 à 6 feuilles. Elle comprend :

1° Le *palissage* qui consiste, sur les arbres en espalier, à fixer le long des treillages, avec du jonc ou des petits liens, les bourgeons au fur et à mesure de la pousse. Cette opération a pour but de donner aux branches charpentières une direction plus régulière qui favorise la circulation de la sève ; on incline davantage les branches fruitières supérieures pour qu'elles n'absorbent pas toute la sève. On palisse plutôt les branches vigoureuses que les faibles. Dans le palissage la règle à suivre est de rapprocher de l'horizontale les branches dont on veut retarder l'accroissement, et de la verticale celles dont on veut activer le développement. Il faut éviter d'emprisonner les feuilles dans les ligatures.

2° L'*ébourgeonnement* qui consiste à supprimer les bourgeons inutiles.

3° Le *pincement des bourgeons et des faux bourgeons*, qui consiste à pratiquer, avec les ongles du pouce et de l'index, la suppression des feuilles au-dessus de la quatrième ou de la cinquième feuille. L'enlèvement de ces feuilles terminales ralentit l'ascension de la sève et oblige les parties inférieures à se mettre à fruit.

4° La *torsion des bourgeons* qui consiste à tordre à $0^m,10$ environ de la base, les bourgeons trop vigoureux et qu'on a oublié de pincer lors des pincements.

5° Le *cassement* qui consiste à retarder la circulation de la sève en cassant la brindille jusqu'à la moitié de son diamètre, en ayant soin de rapprocher les deux parties de la cassure.

6° L'*effeuillage* qui enlève, à la fin de l'été, des feuilles pour laisser pénétrer le soleil et colorer les fruits.

Telles sont les opérations principales de la taille des arbres. Le propriétaire qui veut les appliquer avec intelligence doit d'abord commencer par étudier son arbre pour savoir quelles branches trop vigoureuses doivent être taillées, quelles branches-mères il faut réserver ; il faut se rendre compte des qualités et des défauts de l'arbre, couper les branches mortes, supprimer tous les chicots, les ergots, en ayant la précaution d'unir et de raser toutes les plaies faites par les instruments, creuser jusqu'au vif les parties chancreuses, puis examiner s'il faut pousser l'arbre à fruits ou à bois.

C'est d'après la connaissance parfaite des diverses parties de l'arbre et du mode de végéter de chaque espèce qu'il faut pratiquer les opérations qui constituent l'art de la taille.

La première connaissance à acquérir est donc celle des parties qui constituent l'arbre fruitier.

226. Constitution de l'arbre. — Tout sort de l'*œil* : par son développement il donne naissance à une production à bois : le *rameau*, et à trois productions fruitières : la *lambourde*, le *dard*, la *brindille*.

Ces quatre productions sont les mêmes pour tous les arbres fruitiers : elles ont les mêmes caractères, les mêmes défauts, les mêmes avantages, elles portent le même nom chez tous les arbres : seulement une espèce peut être privée d'une production qui se rencontre avec abondance sur une autre espèce et même sur un autre arbre de la même espèce.

La taille des arbres dépend donc, comme le démontre M. Forney, essentiellement de l'œil. L'œil, en effet, est ce point écailleux qui se trouve au point d'attache de la feuille. Il produit une nouvelle pousse qui en se développant donne naissance au bois ou à des fibres ligneuses qui s'allongent par l'extrémité ou, descendant sous l'écorce du vieux bois, vont former de nouvelles racines après avoir fait naître une nouvelle couche d'aubier et font grossir la tige et les branches. Le développement des racines est en relation directe avec le développement des pousses à bois.

Les yeux sont placés régulièrement sur la pousse et le plus souvent ils forment un tour de spirale de cinq yeux, c'est-à-dire, que le sixième forme un nouveau tour et se trouve dans la même ligne que le premier. L'œil, sur la vigne, se trouve alternativement placé à droite et à gauche.

Il découle de ce fait la conséquence suivante : c'est que si l'on veut obtenir sur la tige une nouvelle branche placée dans la même direction que celle du dessous, il faudra la faire sortir du cinquième œil au-dessus.

L'œil est accompagné de deux *sous-yeux* sur les espèces à pépins : peu apparents ils ne se développent que quand il y a excès de sève, quand l'œil principal a péri ou quand la pousse qu'il a donnée a été retranchée. Il semble que la nature ait placé là les sous-yeux de manière à remplacer l'œil au besoin.

L'œil du pêcher, de l'amandier. de l'abricotier a deux sous-yeux, mais ils sont souvent détruits ou remplacés par des boutons à fleurs. L'œil du cerisier n'en a pas : il faut donc éviter de le détruire car la place resterait dénudée.

Les yeux de la base des rameaux sont plats, ils ne se développent pas ou du moins difficilement : ils ne donnent d'ailleurs que de mauvaises pousses, il faut éviter de tailler sur ces yeux qu'on appelle *latents*. Sur la pousse le rameau à bois se trouve en premier, la brindille vient après, le dard ensuite, puis la lambourde et enfin les yeux latents. Le *bourgeon* est toute pousse encore verte et à demi-développée.

Le *rameau* est la production à bois; sur les fruits à noyau il peut former une production fruitière.

Si l'on examine sa position il prend le nom de *flèche* quand il termine la tige, de *gourmand* s'il naît du vieux bois, de *drageon* s'il sort de terre sur les racines, de *rameau anticipé*, s'il provient de la pousse de l'année.

La *brindille* est une sorte de rameau de 0,15 à 0,30, faible, inclinée et dénudée en partie, avec des boutons à fleurs à l'extrémité : elle est garnie de fleurs isolées avec un seul œil à bois à l'extrémité. Elle fructifie facilement, en la conservant entière on met à fruit les arbres les plus vigoureux, mais elle a le défaut d'être dénudée dans une grande partie de son étendue.

Le *dard*, qui ressemble à une épine, se trouve sur les arbres épineux à l'état sauvage. La culture fait disparaître la pointe de l'épine, la remplace par un bouton et en fait une production fruitière.

Le dard se distingue en ce que c'est une production raide, forte, courte, et à bois lisse (*la lambourde n'a pas le bois lisse*) de 0,05 à 0,10 cent.

C'est une excellente production fruitière, ni trop courte, ni trop longue et qui est durable.

La *lambourde* se reconnaît à ses rides : elle est courte, charnue et sans bois : elle se casse comme une pointe d'asperge, c'est une bonne production fruitière mais qui s'épuise assez rapidement. Il ne faut pas laisser trop de lambourdes sur un arbre, il ne pousserait plus de bois.

Chez les arbres à pépins la lambourde dure plus longtemps : elle fleurit à l'extrémité, puis se divise avec l'âge : la lambourde des arbres à noyau et du groseillier forme un bouquet de fleurs; un œil à bois la termine : elle ne donne guère qu'une fructification et se dessèche ensuite.

Les productions fruitières supportent le *bouton à fleurs* : sur les fruits à pépins, le bouton est terminal, et se forme en trois végétations : la première donne une feuille, la deuxième une rosette de feuilles, la troisième la fleur. Sur les fruits à noyau le bouton est axillaire, accolé au rameau et à l'œil à bois ; il se forme dans l'année et fleurit l'année suivante.

Ce sont là les seules productions qui se rencontrent sur l'arbre fruitier, qu'il soit à noyau ou à pépin, et c'est M. Forney qui le premier dans l'enseignement public a eu le mérite d'en donner la nomenclature exacte. Or, sans une bonne nomenclature des parties de l'arbre, il n'y a point de bon enseignement arboricole.

Ces connaissances essentielles bien comprises, celui qui veut tailler des arbres doit toujours se rappeler que beaucoup de sève donne du bois, peu de sève donne du fruit, que la sève se porte de préférence vers les extrémités de la tige et des branches que vers les parties inférieures, que les branches poussent avec d'autant plus de force qu'elles ont plus de feuilles, qu'elles reçoivent plus d'air et de lumière.

Ce sont là les grands principes qui doivent présider à la taille des arbres. Ainsi veut-on renforcer la branche trop faible ? on redressera la branche entière dans la direction verticale, ou l'extrémité seule de la branche, on emploiera le palissage, en conservant les feuilles qu'on exposera à l'air et à lumière, on fera des incisions longitudinales de l'écorce de chaque côté de l'empâtement, on taillera au-dessus d'un œil bien constitué, on supprimera tout ou partie des fruits, on fera une entaille au-dessus de la branche, etc.

Veut-on, au contraire, affaiblir les branches trop fortes, on aura recours à l'inclinaison, aux sinuosités, au pincement, à la privation de lumière, à la taille au-dessus d'un œil peu développé, à la taille courte, à la taille en vert, etc.

227. Formes. — Les *formes* que l'on donne aux arbres fruitiers peuvent se diviser, suivant la classification de M. Boncenne, en trois grandes séries : 1º les formes en *espalier* ; 2º les formes en *plein air* ; 3º les formes de *haut vent*.

Formes en espalier : La *forme en* V ou *taille à la Montreuil* (fig. 25) s'obtient en rabattant, la première année, la pousse de la greffe sur les deux yeux les plus bas et les mieux placés. Ces

yeux donnent naissance, l'année suivante, à deux *branches-mères* que l'on taille très-court sur un œil situé par
devant. Cet œil est destiné à prolonger la branche-mère, les
yeux situés au-dessous et en dehors constitueront deux

branches inférieures ou *sous-mères*. La troisième année on
choisit parmi les rameaux situés à l'intérieur du V deux
rameaux que l'on taille au-dessus du quatrième ou cinquième
œil : ils deviendront les branches *sous-mères* ou membres
montants. De cette manière chacune des ailes de l'arbre sera
formée par trois branches en éventail; on continuera de
même les années suivantes.

La *forme en éventail* (fig. 26) est analogue à la précédente, mais laisse quatre ou cinq branches mères, les inférieures s'abaissent graduellement jusqu'à devenir horizontales vers la quatrième année.

La *forme en U* (fig. 27) ou *palmette à double tige* s'obtient

en coupant la jeune greffe sur deux bons yeux opposés : on conserve les deux rameaux qui produisent les yeux, on les taille à 2 ou 3 yeux de manière à pouvoir les prolonger verticalement : d'un des yeux inférieurs placés en dehors on fait sortir une branche latérale à laquelle on donne la position horizontale. On taille l'année suivante de la même manière les deux tiges verticales et on conserve encore deux branches latérales, et ainsi de suite.

La *forme carrée* conserve deux branches mères, puis une série de branches inférieures et de branches supérieures de manière à couvrir symétriquement le mur où se trouve l'arbre.

La *palmette* (fig. 28) consiste principalement en ce que toutes les branches latérales sont dirigées à droite et à gauche horizontalement. On ne supprime pas la tige centrale, on la rabat pour la prolonger verticalement chaque année en prenant à gauche et à droite de la tige des bourgeons également espacés qui fournissent les branches latérales, qui se dirigent horizontalement.

Si on relève les branches latérales horizontales pour faire la forme d'un candélabre on a la *palmette Luiset*.

La forme *oblique* (fig. 29) est fort usitée de nos jours pour

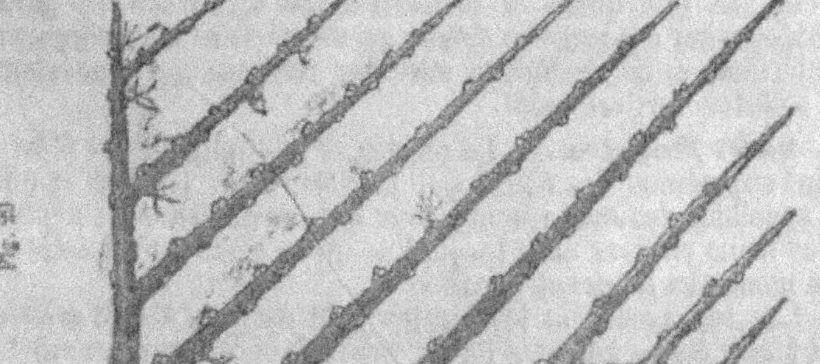

garnir rapidement les murs : on plante à 0,60 les unes des autres des jeunes greffes de deux ans en leur donnant une direction oblique : on opère de manière à n'avoir sur ces tiges à droite et à gauche que des productions fruitières.

Formes en plein air. Ces formes conservent en général la tige principale.

La *quenouille* est un arbre fruitier qu'on laisse se garnir de branches dans toute la longueur de la tige et dont on arrête la croissance en hauteur à 2 mètres ou 2 mètres 50. On taille les branches latérales très-courtes et d'égale longueur.

La *pyramide* est une quenouille dont les branches les plus basses sont les plus longues et les branches supérieures vont en diminuant.

Le *gobelet* ou *buisson* supprime la tige centrale : cette forme est très-productive et s'applique surtout aux pommiers et aux poiriers nains.

On réserve, dès la première taille, 3 ou 4 bourgeons régulièrement espacés autour du jeune tronc. Les branches qui en naissent se bifurquent à 0,50 de leur naissance et produisent un nombre double de branches nouvelles et celles-ci, à leur tour, se bifurquent, etc.

Formes de haut vent. Les arbres en plein vent poussent avec une seule tige que l'on rabat à la hauteur que l'on désire ; il sort quatre ou cinq branches qui, raccourcies sur de bons yeux, se bifurquent et forment la tête de l'arbre. On taille toujours sur des *yeux en dehors* en retranchant les bourgeons intérieurs et on modère la sève des rameaux qui tendraient à s'élever verticalement.

228. Poirier. — Le poirier se multiplie par les élèves dus aux pépins des fruits qui tombent dans les bois et qui s'appellent des *sauvageons* ; ceux qui proviennent des pépins des fruits cultivés dans les jardins qu'on sème en pépinières se nomment *francs* ou *égrains*.

Les sauvageons et les égrains sont destinés à être greffés et à être élevés à hautes tiges ; on greffe encore sur ces sujets les variétés de poires destinées au jardin fruitier, quand on doit les cultiver à basse tige dans un terrain sec et brûlant, ou quand les variétés sont peu vigoureuses. Sauf ce cas, les arbres à basse tige se greffent sur le cognassier.

Le poirier cultivé dans le jardin fruitier peut-être soumis à un grand nombre de formes différentes, mais quelle que soit la forme, pour obtenir des rameaux à fruit donnant une récolte rationnelle il faut qu'ils soient régulièrement distribués sur toute la longueur des branches de charpente et que ces rameaux à fruit soient le plus court possible.

Supposons un poirier planté l'hiver précédent et suivons, pour l'obtention et la direction des formes, les conseils donnés par M. Delaville aîné, le savant professeur de la société d'horticulture et de botanique de Beauvais. Si l'on veut obtenir une *palmette simple Verrier*, on tronque le poirier au-dessus des trois yeux combinés, placés à 0,30 du sol, le terminal en avant et les deux latéraux le plus opposés possible. On obtient ainsi le prolongement de la tige et les deux premières branches sous-mères, si l'on désire, au contraire, une *palmette double*, on fait la coupe au-dessus des yeux latéraux. Supposons ces deux formes ayant subi cette première taille et donnant leur premier étage de branches latérales, on taille, l'année suivante l'axe de la palmette simple à un œil au-dessus du pincement de l'été précédent à 0,22 ou 0,25, et les deux branches latérales inférieures sont conservées longues au moins du double de la longueur de l'axe. Dans le cas où elles présenteraient naturellement cette longueur, on ne les taillerait pas, on leur ferait seulement une incision longitudinale. On fait de même pour la palmette double. On continue d'année en année la même opération, en laissant toujours les branches latérales doubles en longueur de celle de l'axe, et l'on obtient aussi chaque année un nouvel étage.

Les poiriers, sous *formes obliques*, se traitent différemment. Nous supposons toujours que la plantation a été faite l'année précédente. On fait choix d'un rameau de prolongement bien constitué, on ne le taille pas, il reçoit une simple incision longitudinale. S'il est faible on coupe ce rameau au-dessus des yeux stipulaires, et, au-dessous de leur naissance, on fait une incision longitudinale sur la charpente, ou bien on taille la charpente au-dessus d'un œil bien constitué. Les formes obliques plantées antérieurement n'ont leurs rameaux de prolongement taillés que lorsque le sommet paraît mal constitué et que les yeux latéraux inférieurs ne se développent pas suffisamment. On dirige les branches charpentières de telle sorte que la sève favorise le plus possible l'œil terminal naturel ou combiné, tout en s'arrêtant faiblement sur chaque œil latéral; par là les yeux latéraux se développeront en dards, en petits rameaux fruitiers ou boutons fruitiers.

On obtient ce résultat sur les palmettes par le palissage de chaque branche latérale dans une position horizontale en prenant la précaution de la relever en hémicycle afin que chaque œil terminal se trouve à la hauteur des yeux placés au sommet de l'axe vertical. Si le poirier est planté en *pyramide* dans le jardin fruitier, après un an de plantation on éborgne les yeux latéraux inférieurs jusqu'à 0,30 de hauteur, et on coupe l'axe au-dessus du septième œil placé du côté de l'onglet du sujet, on supprime les branches latérales au-dessus des yeux stipulaires, on a ainsi l'année suivante six rameaux latéraux et l'axe de prolongement, on éborgne alors les yeux latéraux inférieurs du rameau terminal et cela à partir du rameau latéral alterne supérieur.

La coupe se fait au-dessus du septième œil placé en sens contraire de l'année précédente, et l'on taille les six rameaux latéraux, de telle sorte qu'ils aient une longueur égale aux deux tiers de la flèche, seulement la coupe se fait au-dessus d'un œil placé dessous afin que les branches s'éloignent de l'axe et soient distancées de 0^m30 à 0^m40.

En général, la taille du poirier est des plus simples et consiste le plus souvent dans le pincement des feuilles et le cassement en vert. Si ce cassement n'a pas été fait l'été, il faut en février suivant casser la brindille à deux yeux : le rameau fruitier proprement dit a dû être cassé l'été précédent au-dessus des trois yeux, puis en février ou mars suivant, on casse le rameau anticipé complétement au-dessus du premier œil de la base ; les rameaux gourmands sont coupés sur les rides ; on appelle de ce nom les bourrelets qui se trouvent à la naissance de chaque branche. Le pincement des feuilles sur les bourgeons prenant naissance sur la charpente se fait à trois yeux au-dessus des folioles de la base.

229. Pommier. — Pour greffer le pommier on prend pour *sujets* : le *pommier franc* obtenu d'un semis de pépin, le *pommier doucin* et le *pommier paradis*, variétés naines obtenues originairement au moyen d'un semis et que l'on a conservées intactes en les multipliant par le marcottage. Le pommier est soumis aux mêmes principes de taille que le poirier pour l'obtention des rameaux fruitiers. Le plus souvent on le cultive en *cordons* : alors les branches terminales ne sont jamais coupées, à moins que le sommet des rameaux de prolongement ne soit pas assez bien constitué; alors, on taille sur le premier œil placé en avant; l'incision longitudinale est très-utile. Chaque pommier doit être palissé horizontalement sur le fil de fer, dès la base, mais le sommet doit être relevé en hémicycle sur une baguette conductrice fixée sur un tuteur.

Si le pommier est planté sur doucin dans le verger, et qu'on veuille lui donner la forme de gobelet naturel demi-tige, il faut, un an après la plantation, couper l'arbre à 0^m30 au-dessus de la greffe et laisser développer seulement les trois ou cinq yeux terminaux; l'année suivante, ces trois ou cinq rameaux sont coupés de nouveau à hauteur de 0^m30 à 0^m35 sur deux yeux placés de côté; on a ainsi un double étage de rameaux, on continue de même chaque année jusqu'à ce qu'on ait obtenu de 18 à 30 branches qu'on ne taille plus ensuite.

La mise à fruit du pommier se fait de même que pour le poirier, seulement les yeux étant plus rapprochés, les rameaux sont plus courts.

230. Abricotier. — On emploie souvent, près des hauts bâtiments, l'abricotier sous forme d'U simple; pour obtenir cette forme, à la plantation on coupe l'arbre à hauteur 0^m30 de greffe et au-dessus d'un œil placé en avant, car à la base de cet œil il se trouve deux yeux stipulaires qui formeront les branches verticales de l'U en éborgnant l'œil principal : dans le *palmette simple Verrier* on conserve cet œil pour prolonger l'axe. Quant au traitement des branches charpentières, il se fait comme pour le poirier.

En été, on traite les jeunes rameaux à fruits, nés l'année précédente, en refoulant la sève sur deux coursons de remplacement à la base. Si toutefois la partie inférieure est dégarnie de boutons à fruits. Dans le cas où toute la branche serait munie de boutons fruitiers, la taille se fait sur le troisième œil à bois, on conserve les dards éborgnés l'été précédent et toutes les brindilles.

231. Prunier. — Le prunier se traite comme l'abricotier, mais la formation des branches opposées se fait en été par le pincement; comme sur les rameaux à fruit de prunier, chaque œil peut se transformer en bouton à fruit ou à bois, toute la taille consiste à refouler la sève sur de petits dards placés à la base des rameaux fruitiers, on taille les rameaux adultes de l'année précédente sur le troisième œil de la base. Il ne faut pas oublier que tout cassement et toute taille faite au-dessus d'un œil ont pour but de l'obliger à se développer à bois ; aussi faut-il laisser intacts les dards éborgnés l'année précédente et toutes les brindilles, et l'on remplace les rameaux par les dards qu'ont produits le pincement des feuilles et le cassement en vert.

232. Pêcher. — Le pêcher se forme à l'aide de deux méthodes : le palissage à la Montreuil et le pincement mixte. Supposons un pêcher planté l'année précédente et qu'il s'agisse de le conduire en *palmette simple Verrier* ; cette forme a trois rameaux de prolongement : l'axe et les deux bras latéraux, on taille ces derniers à l'état ligneux, c'est-à-dire que l'on fait la coupe au-dessus de l'écorce adulte (ce qu'on remarque au pointillé gris) et au-dessous du prolongement terminal qui est encore herbacé. Les charpentes latérales doivent toujours conserver le double au moins de la longueur de l'axe et être toutes palissées horizontalement dès leur naissance, puis redressées en hémicycle, afin que la pointe de chacune d'elles règne au même niveau que l'œil terminal de l'axe.

La *lyre* et la *palmette double* s'obtiennent de même, seulement les deux branches latérales inférieures donnent naissance à deux axes ; ces deux axes ne seront coupés chaque année qu'après les avoir inclinés de la verticale sur l'horizontale des charpentes supérieures, afin d'obtenir des palmettes doubles sans branches-mères ; ce sera l'œil placé au coude qui prolongera l'axe. Pour les *formes obliques*, le prolongement de la charpente sera taillé au-dessous de la partie herbacée, et il faudra conserver au pêcher une inclinaison de 45 degrés, seulement la partie supérieure sera, dans sa moitié, redressée sur la verticale afin de former un hémicycle.

Avant la taille, on dépalisse l'arbre en ne conservant que quelques attaches (loques et clous) aux branches charpentières. On supprime l'ancien rameau fruitier au-dessus des deux de l'année précédente; le terminal est taillé jusqu'à 0^m10 ou 0^m12 au-dessus de quelques boutons fruitiers et les yeux qui ne sont pas accompagnés de boutons à fleurs sont éborgnés. Le rameau de la base est taillé au-dessus de deux yeux les plus rapprochés de la branche-mère et une incision longitudinale est pratiquée au-dessous de l'œil inférieur. Si le rameau fruitier ne porte pas de boutons, on le supprime au-dessus du rameau inférieur. Ce mode de taille s'appelle la *taille en crochet*, elle a pour but de demander au rameau le plus éloigné de produire des fruits et à celui de la base de donner naissance à deux nouveaux rameaux pour l'année suivante.

233. Cerisier. — Les formes horizontales et les palmettes doubles ne conviennent pas au cerisier, il réclame les palmettes Verrier et Cossonet, le candélabre à branches obliques, la forme oblique simple pour les hauts murs, le cordon vertical simple, l'U simple et double, le candélabre à branches verticales.

Pour obtenir ces formes, on fait comme pour le pêcher; mais on taille peu ou même on ne taille pas les rameaux de prolongement. L'incision longitudinale doit être toujours pratiquée sur une branche grêle, surtout en conservant l'œil terminal.

Toute coupe sur un bouton le fait se développer à bois; de plus le cerisier possède une quantité d'yeux et des boutons verticillés réunis à la base des rameaux de l'année précédente; ils peuvent facilement remplacer le rameau; alors les forts rameaux latéraux d'une branche charpentière peuvent être taillés au-dessus de cette réunion d'yeux et de boutons.

La taille du rameau de prolongement a pour but d'affaiblir les bourgeons supérieurs au profit de ceux du bas qui sont toujours faibles.

Au verger, la culture du cerisier est des plus simples, on taille en les plantant de manière à obtenir en été trois ou cinq bourgeons latéraux de 0^m30 au-dessus de la greffe; au printemps suivant, chaque rameau est taillé à 0^m30 sur deux yeux, placés latéralement, afin d'obtenir le double des rameaux que ceux qu'on avait obtenus l'été précédent, et ainsi de suite; seulement il faut que chacune des branches soit distancée de sa voisine au moins de 0^m30 à 0^m40 et avoir soin de conserver toutes les petites ramifications fruitières.

234. Coignassier. — Le coignassier se cultive, soit pour son fruit, soit pour fournir des sujets à la greffe des poiriers. Il se multiplie de graines, de rejetons, de boutures et de boutons. Le fruit du coignassier ou *coing* sert à faire des confitures. Il réclame une terre légère, un peu fraîche et une exposition chaude. On le laisse franc de pied ; tous les soins de la taille consistent à le débarrasser chaque année des branches gourmandes et du bois mort.

235. Amandier. — L'amandier fleurissant en janvier ou février ne peut se cultiver que dans le midi pour ses fruits secs et dans l'ouest de la France pour ses fruits verts. On le multiplie de semis ou on le greffe sur lui-même. Ses fruits ne naissent que sur le bois de deux ans et ne nouent que sur les rameaux qui s'éloignent de la verticale. La taille consiste donc à retrancher tous les jets gourmands, les mauvais jets qui se nuiraient réciproquement.

236. Figuier. — Le figuier produit des fruits abondants et excellents dans le midi : dans le nord sa culture réclame quelques soins. On le place à bonne exposition, en plein vent et surtout en espalier. On le multiplie par les rejetons qu'il produit en abondance ; il faut le protéger l'hiver contre la température rigoureuse.

237. Groseillier — Le groseillier s'accommode de toutes les formes, de tout terrain et de toute exposition. On le taille en février, mars à 0,04 environ, puis en mai, on pince les feuilles à moitié de leur longueur, on supprime tous les bourgeons inutiles et les rejetons du pied, on retranche le vieux bois. Il comprend trois espèces principales : 1° le *groseillier rouge* ; 2° le groseillier noir ou *cassis* ; 3° le groseillier épineux ou à *maquereau*.

238. Framboisier. — Le framboisier se multiplie de rejetons qui poussent du pied au printemps pendant que le bois de l'année précédente se dessèche. En février on coupe les rameaux, qui ont déjà porté du fruit l'année précédente et on taille à un mètre les pousses d'un an pour les faire ramifier.

239. Néflier. — Le néflier se multiplie par la greffe

en fente et en écusson sur le néflier sauvage, l'épine ou l'azerolier. On ne le taille jamais. Les fruits se mangent quand ils sont restés quelque temps sur la paille.

240. Châtaignier. — Le châtaignier se multiplie de semence ou de greffe. Il aime les terrains en pente à sol perméable, siliceux et granitique. Les plus grosses châtaignes se nomment *marrons*. Cet arbre ne donne de fruits que vers l'âge de 30 ans : il ne réclame aucun soin de taille.

241. Noyer. — Le noyer est l'arbre des sols calcaires : il se reproduit de semis. Il faut, quand on le transplante, lui conserver son pivot; il en est de même du châtaignier. Tout le monde connaît les usages du fruit et du bois; nous n'avons donc pas besoin de donner de renseignements à ce sujet.

242. Noisetier. — Le noisetier se multiplie de semence, de marcottes ou de drageons. Il s'accommode de tous les terrains; il se cultive en touffe et n'exige aucun soin

243. Vigne. — Lors de sa plantation et l'année suivante, la vigne a dû être taillée à deux yeux; l'été de la seconde année on prépare par le pincement, la disposition du T pour la forme en *cordon horizontal Charmeux*, et le courson opposé du cordon vertical.

La taille se fait au-dessus du pincement sur deux yeux stipulaires opposés, pour la forme du cordon horizontal. Pour le cordon vertical à cordons opposés, la coupe a lieu à un œil au-dessus du pincement d'été afin de prolonger le cordon. La taille du cordon vertical à coursons alternes est faite de manière à conserver principalement chaque année trois yeux, le premier du bas sert à produire des fruits, le second est à droite à hauteur environ de 0m30 du sol, le terminal prolongera le cordon. On fait de même des pieds voisins, et tous les coursons se trouvent placés à la même hauteur et du même côté.

Sur le cordon horizontal, la taille se fait chaque année sur les deux bras horizontaux, en conservant de chaque côté du pied un courson distancé de 0m11 à 0m13 de celui de l'année précédente, et surtout placé au-dessus du cordon, et la coupe se fait au-dessus de l'œil suivant placé en dessous, pour prolonger le cordon sur le cordon vertical à coursons opposés, la taille est faite chaque année à un œil au-dessus du pincement d'été, qui a été fait à 0ᵐ40 ou 0ᵐ50 au-dessus de celui de l'année précédente.

Sur le cordon vertical à coursons alternes, chaque année on établit un courson à hauteur de chaque fil, à 0ᵐ22 ou 0ᵐ35 de distance, un à droite, un à gauche alternativement.

En général la taille du sarment, né l'année précédente, se fait au-dessus de deux yeux de la base.

244. Pincements. — Le pincement des feuilles sert à répartir justement la sève. Tout bourgeon prenant naissance sur la charpente elle-même et qui, par sa constitution, ne formerait pas une rosette, doit être soumis à la coupe du bouquet terminal de ses feuilles alternativement, un sur deux et à huit jours d'intervalle, pour ne point apporter de trouble dans l'équilibre de la sève. Sur les arbres à pépins et à noyaux, excepté le pêcher, sur les rameaux adultes cassés les années précédentes à trois yeux, on forme les boutons fruitiers par la même opération, en coupant les feuilles d'un ou de plusieurs bourgeons latéraux (jamais le terminal) qui voudraient s'allonger au-delà d'une rosette ou d'un dard.

Outre cette coupe des feuilles, on fait les premiers pincements des pêchers palissés de 0ᵐ15 à 0ᵐ20, pour les bourgeons placés au-dessus de la charpente, puis on pince les gourmands à deux grandes feuilles au-dessus des folioles afin d'obtenir deux bourgeons anticipés. Pour l'abricotier, on coupe le bourgeon gourmand naissant sur la charpente au-dessus des deux yeux stipulaires placés à la base. Sur le prunier et le cerisier, cette coupe a lieu au-dessus des folioles où se constitueront les rosettes fruitières et sur les arbres à pépins, au-dessus des rides. On fait également cette opération sur les bourgeons latéraux des rameaux fruitiers et adultes, pincés à trois yeux les années précédentes, excepté le pêcher; quant au pincement proprement dit, sur les bourgeons prenant naissance sur les charpentes des arbres à pépins, il se fait à trois yeux au-dessus des folioles de la base, c'est-à-dire, à trois yeux formés dans l'aisselle des grandes feuilles.

245. Variétés principales d'arbres fruitiers cultivées en France. — La France, si admirablement dotée par le climat, peut cultiver tous les arbres fruitiers et les cultiver avec succès. Les pêchers de Montreuil-sous-Bois, les pommiers et les poiriers des départements environnant Paris, les pruniers de la Touraine, les mirabelles de Metz, les abricots de l'Auvergne, les coings d'Orléans, les cerisiers de la Normandie et de l'Oise, les merisiers des Vosges, les amandiers de la Provence, les orangers de Nice, les citronniers, les grenadiers, les caroubiers, les pistachiers, les jujubiers, les câpriers, les figuiers, les châtaigniers du Limousin et du Lyonnais, etc., prouvent quelle variété possède la production fruitière en France.

Les meilleures poires. Doyenné de juillet. — Beurré Giffart — Epargne — Beurré d'Amanlis — Williams — Beurré d'Angleterre — Louise bonne d'Avranche — Beurré gris — Beurré Capiaumont — Duchesse d'Angoulême — Colmar d'Aremberg — Triomphe de Jodoigne — Beurré magnifique — Van Mons Léon Leclerc — Délices d'Hardenpont — Beurré Clairgeau — Passe-Colmar — Beurré d'Aremberg — Beurré de Luçon — Doyenné d'hiver — Beurré de Rans — Bergamotte Espéren — Doyenné d'Alençon — Colmar Van Mons — Doyenné Goubaut — Soldat laboureur — Suzette de Bavay — Joséphine de Malines — Napoléon — Doyenné gris — Passe-Crassane, etc. — Pour compotes — Messire-Jean — Catillac — Martin sec — Bon chrétien — Belle angevine — Rateau gris — Léon Leclerc de Laval — St-Germain.

Pommes. Calville rouge d'été — Monstruonus pippin — Calville St-Sauveur — Belle Joséphine — Reinette d'Angleterre — Reinette dorée — Reine des Reinettes — Reinette grise du Canada — Reinette blanche du Canada — Royale d'Angleterre — Calville blanc — Gros api — Reinette franche à côtes — Rambourg d'été — Calville rouge d'hiver.

Coings. Coing du Portugal.

Pêches Grosse mignonne hâtive — Belle Bausse — Reine des Vergers — Magdeleine de Courson — Violette de Courson — Admirable jaune — Belle de Vitry — Bourdine de Narbonne — Admirable blanche — Pêche abricotée — Brugnon de Standish.

Abricots. Abricot commun — Abricot hâtif — Abricot royal — Abricot d'été — Baugé tardif.

Prunes. De Monsieur — Damas de Provence — Reine-Claude ordinaire — Mirabelle — Reine-Claude violette — Reine-Claude de Bavay — Drap d'or d'Espéren.

Cerises. Royale hâtive — Belle de Choisy — Bigarreau à gros fruits — Cerise Impératrice Eugénie — Cerise St-Cyr — Cerise Belle de Soissons — De Montmorency.

Groseilles. Belle de Fontenay — Fertile d'Angers — Queen Victoria — La Versaillaise — Blanche transparente — Verte transparente.

Framboises. Belle de Fontenay — Blanche à gros fruits — Des deux saisons — Merveille des quatre saisons — Superbe.

Résumé du Chapitre XXII

1. Les arbres *fruitiers* sont ceux qu'on cultive pour tirer parti de leurs fruits. La *taille* a pour but : 1° d'augmenter la production des fruits et de les rendre meilleurs; 2° de borner le plus possible l'espace que les arbres fruitiers occupent dans les potagers en leur donnant une forme et des proportions convenables. Il vaut mieux, cependant, bien les conduire que de les tailler.

2. Le grand principe à suivre, c'est que si l'on veut que des rameaux à fruits donnent une récolte rationnelle, il faut qu'ils soient régulièrement distribués sur toute la longueur des branches de charpente et que ces rameaux à fruits soient le plus court possible.

3. La taille du *poirier* consiste surtout dans le pincement des feuilles et le cassement en vert; il en est de même pour le *pommier*. Mais, dans cette espèce, les yeux étant plus rapprochés, les rameaux doivent être plus courts. Le *prunier* se traite comme l'*abricotier*, mais la formation des branches opposées se fait en été par le pincement. Le *pêcher* se forme par le palissage à la Montreuil et le pincement mixte. La taille en *crochet* est souvent adoptée pour le pêcher. Dans le *cerisier*, la taille des rameaux de prolongement a pour but d'affaiblir les bourgeons supérieurs au profit de ceux du bas qui sont toujours faibles. La taille du sarment de *vigne* de l'année précédente, se fait au-dessus des deux yeux de la base. On emploie souvent le pincement qui sert à répartir partout la sève.

CHAPITRE XXIII

ARBRES A PRODUITS INDUSTRIELS

Sommaire. — Vignes et vins — Pommiers et cidre — Mûrier —
Olivier.

> La vigne au midi, le pommier au nord,
> sont deux présents inappréciables de la
> Providence.
>
> FRANKLIN.

246. Vigne. — La *vigne* est assurément l'une des plus
grandes richesses agricoles de la France, avec les céréales et les
pâturages. C'est un végétal acclimaté, car elle est originaire
d'Orient et elle fut apportée en Gaule par les grecs d'Asie-
Mineure, qui fondèrent Marseille (600 avant J.-C.). Elle s'y
est admirablement développée et le produit de cette plante
ou *raisin* donne lieu à l'une de nos industries agricoles les
plus étendues : 2,000,000 d'hectares environ sont consacrés à
sa culture, mais elle pourrait occuper 8 millions environ, et
c'est une des mieux comprises de l'exploitation de notre sol.
Nulle contrée ne fait de meilleurs vins que la France, nulle
ne fabrique plus d'alcools; aussi le commerce du vin est-il
considérable et entre-t-il pour une forte somme dans le chiffre
de nos exploitations.

La France est, sans contredit, le pays le mieux partagé
pour la culture de la vigne, c'est elle qui compte le plus
grand nombre de variétés fournissant environ 50 millions
d'hectolitres de vin, valant 700 à 800 millions de francs : on
en exporte pour 235 millions de francs.

Les pays, qui peuvent cultiver la vigne, doivent être situés
entre le 35e et le 50e degré de latitude; plus au nord elle
donne un feuillage trop abondant; plus au midi la vigne
végète toujours et ne peut être taillée, les fruits n'ont ni la
beauté, ni la saveur des fruits venant des vignes taillées.
L'exposition du levant et celle du midi sont les meilleures.

Un terrain calcaire, un sol pierreux, crayeux ou primitivement volcanique sont favorables à la croissance de la vigne. En général, elle recherche des terres peu fertiles, des sols en pente où d'autres cultures viendraient difficilement. Dans les terrains fertiles les produits sont abondants mais de qualité inférieure, aussi servent-ils à être *brûlés*, c'est-à-dire, à être distillés pour l'alcool.

247. Cépages — Les *cépages* ou le choix des ceps n'est pas indifférent : il ne peut être le même pour les vins ordinaires que pour les vins fins et pour les vins liquoreux. Il faut éviter aussi le mélange des ceps qui mûrissent à des époques différentes.

Voici quels sont les cépages les plus ordinaires :

Les raisins primeurs sont choisis parmi le *Morillon hâtif* ou *raisin de St-Jean;* les vins ordinaires et les vins fins se récoltent parmi le *Morillon* ou *pineau de Bourgogne,* le *franc-pineau,* le *carbonet,* le *malbet,* le *verdot,* le *meunier,* le *muscadet,* le *meslier blanc,* le *gamet.*

Pour le coloris des vins on prend le *teinturier ou gros noir.*

Pour les vins alcooliques on plante le *pique-poule,* le *clairet,* les *blanquettes,* les *muscats.* Pour les raisins de table on désire le *chasselas,* le *muscat,* le *malaga,* le *Corinthe,* etc.

248. Reproduction de la vigne. — La vigne doit être plantée sur un terrain profondément défoncé; plus les pieds sont placés près l'un de l'autre moins ils donnent de produits; la distance entre chaque pied doit être d'environ un mètre et l'on fait la plantation en janvier ou février. On multiplie la vigne très-rarement de semis; le plus souvent on plante en *bouture* (simple sarment de l'année), en *crossette* (sarment de l'année précédente), en *chevelu* (bouture à crossette enracinée).

Le genre de *marcotte* le plus usité est le *provignage.* On obtient les provins en prenant un fort sarment d'un pied voisin et en le couchant dans un trou de 0,25 à 0,40 de profondeur et en le recouvrant de terre, on relève l'extrémité hors du sol et elle doit avoir au plus deux yeux. L'année suivante, *on sèvre,* c'est-à-dire qu'on détache les provins. Si l'on désire avoir du fruit dès la seconde année on opère la greffe. Elle se pratique sur le bas des sarments ; on scie un pied de six pouces en terre, on le fend avec une serpe, l'on y adapte un sarment taillé en coin : on ligature avec de la laine et de la cire à greffer.

249. Taille. — L'opération la plus importante et la plus difficile que réclame la vigne, c'est la taille. Or, on sait que la vigne ne donne de fruits que sur le jeune bois qui naît chaque année de l'œil ou bourgeon et qui est en même temps œil à fruit et œil à bois et qu'on nomme *bourre*. Il faut donc ne laisser de sarments que ce que la sève pourra nourrir, chacun de ces sarments, après avoir porté un certain nombre de grappes, est taillé sur deux ou trois yeux, quelquefois sur un œil suivant la force de la plante. Le soin de celui qui taille doit être de ne laisser que de jeunes sarments de l'année, les seuls qui donnent du fruit, et un certain nombre de *coursons* ou *œuvres*, c'est-à-dire de branches que l'on conserve et qui donneront tous les ans les jeunes sarments.

La vigne, après la taille, est abandonnée à elle-même, dans le midi de la France ou soutenue par des *échalas*, dans les pays du centre et au nord du bassin de la Loire ou conduite sur des *hautains* ; alors elle reçoit pour point d'appui des arbres plantés à cet effet.

Outre la taille, la vigne réclame encore d'autres soins ; d'abord, il faut ébourgeonner, au pied de la souche, les jeunes pousses qui épuiseraient la sève ; puis après la floraison il faut enlever les sarments inutiles pour que la sève ne nourrisse que les fruits. Pour les raisins de table on pratique l'effeuillage quinze jours avant la maturité du fruit afin qu'il reçoive le soleil et prenne du coloris.

Les engrais ne sont pas généralement favorables aux vignobles ; le mieux, si la terre s'épuise, serait de rapporter de nouvelles terres, ou si l'on est obligé de donner des engrais, il faut les choisir parmi les engrais végétaux. Les engrais animaux accroissent la production des fruits aux dépens de la qualité ; les crus les plus renommés ne reçoivent aucune fumure.

On donne généralement à la vigne trois ou quatre façons : en automne, après la vendange, on laboure à la bêche ou à la houe à deux dents ; quand la vigne a passé fleur et que le raisin commence à nouer, on donne un binage. Dès que le raisin commence à devenir transparent, à *tourner* comme l'on dit, on fait un léger labour qu'on recommence quelque temps avant la vendange ou récolte du raisin.

250. Vendange. — La *vendange* ne doit se faire que lorsque le raisin est le plus mûr possible, ce qu'on reconnaît, pour le raisin noir, quand la grappe est devenue brune et pendante et quand les grains ont perdu leur dureté ; pour le raisin blanc quand le bois s'est *aoûté*, c'est-à-dire qu'il a pris une couleur jaune-brunâtre, que les grains sont transparents, et que sur leur peau on remarque quelques petites tâches brunes.

On choisit, pour la vendange, un beau temps où le sol et le raisin sont secs, où la température est douce, on coupe la queue des grappes au ras du sarment à l'aide de forts ciseaux, on recommence l'opération quelques jours après sur les grappes que l'on a laissé mûrir.

Le raisin, porté dans la cuve, subit les opérations du *foulage*, c'est-à-dire de l'écrasement pour en extraire le jus ; on *égrappe* souvent avant le foulage, la fermentation dure plus ou moins longtemps : le *décuvage* laisse écouler sans pression le vin encore doux, c'est la *mère-goutte* : il termine en tonneau sa fermentation.

La *fermentation* soit en *cuves ouvertes*, soit en *cuves fermées*, le *soutirage*, le *décuvage*, etc. méritent des soins tout particuliers qui ne peuvent trouver place dans ce traité.

251. Vins. — On distingue deux espèces de vins : les uns sont rouges, les autres sont blancs ; la fabrication du vin blanc ne diffère de celle du vin rouge qu'en ce que le soutirage et le pressurage y précèdent la fermentation qui se fait dans les tonneaux, cette différence de procédés donne aux vins blancs, la blancheur, la limpidité et la douceur.

La France consomme environ 35 millions d'hectolitres et 15 millions d'hectolitres sont brûlés pour en obtenir des eaux-de-vie ; l'exportation en enlève 8 à 10 millions d'hectolitres.

Les vins renferment parmi les nombreux éléments qui les constituent une essence qui forme le bouquet du vignoble ou du *crû*.

Les qualités des vins varient suivant les cépages, selon les crûs et selon les soins qu'on leur a donnés.

Les meilleurs crûs sont ceux du Bordelais : Château-Laffitte, Château-Margaux, Sauterne, Médoc, St-Emilion, etc.; de Bourgogne : Clos-Vougeot, Chambertin, Volnay, Nuits, Beaune, Pomart, Châblis, etc.; de Champagne : Aï, Epernay, Sillery, etc.

Nous avons aussi d'autres variétés de vins renommés et qui proviennent de divers pays : l'Ermitage et St-Péray, Frontignan, Tavel, Cahors, Rivesaltes, St-Georges, etc.

Les crûs de Bordeaux sont consommés dans le monde entier, parce qu'ils se bonifient par les voyages sur mer, ceux du Languedoc sont souvent exportés et fournissent beaucoup d'alcools pour l'Europe; ceux de Champagne sont recherchés par tout l'univers, car nul autre territoire ne peut les fournir semblables.

En 1849, une maladie terrible, qui est un véritable fléau, est venue s'abattre sur nos vignobles, c'est le champignon appelé *Oidium Tuckeri* qui flétrit nos raisins et détruit cette richesse. Le seul remède reconnu efficace est d'employer le soufre en poudre à l'aide d'un soufflet pulvérisateur. Dès le mois de mai, alors que les bourgeons sont apparents, il faut, de grand matin, à la rosée, par un beau temps, projeter le soufre pulvérisé dessus et dessous les feuilles et surtout dans les anfractuosités du mur, puis recommencer l'opération au moment où les fruits commencent à nouer et une dernière fois un mois après.

252. Pommier. — Le *pommier* remplace la vigne partout où celle-ci ne pousse pas et la boisson que donnent ses fruits, le *cidre*, tient une place importante parmi les produits de notre agriculture et donne lieu à un commerce de près de 70 millions, commerce destiné, d'ailleurs à augmenter d'année en année, facilité qu'il est par l'ouverture des chemins de fer et autres voies de communication.

Les départements du Nord-Ouest se dédommagent par la culture des pommiers de l'absence des vignes qui exigent un sol plus échauffé par les rayons du soleil. Treize départements surtout s'occupent sur une grande échelle de la culture des pommiers, ce sont : le Calvados, la Manche, l'Orne, l'Eure, la Seine-Inférieure, l'Oise, les Côtes-du-Nord, l'Ille-et-Vilaine, le Morbihan, la Somme, la Sarthe, l'Aisne et Seine-et-Oise.

Le pommier demande une terre forte et des alluvions argileuses qui lui fournissent l'humidité nécessaire à la végétation; cependant il réussit encore dans les terres calcaires et de médiocre qualité. L'exposition doit être le sud et le sud-est. Les pommes qui fournissent un cidre délicat, savoureux et qui se conserve parfaitement, croissent généralement sur les côteaux amendés par des engrais végétaux et assis sur une couche sablo-argileuse pourvue de fragments de silex, dit pierre à fusil.

On fait généralement peu usage comme *sujets* des plants et des graines de pommiers sauvages (sauvageons) qui croissent spontanément dans nos bois et qu'on appelle *bocquetiers*; on préfère le semis des pépins de marc de cidre, dont on obtient des francs sous le nom *d'égrains* : greffés à haute tige, à l'âge de 5 ou 6 ans, ces égrains forment de grands et beaux arbres de plein vent.

La plus grande partie des pommiers est placée en lisière sur le bord des terres labourables; aux environs des grandes villes ou plante les pommiers en massifs dans les vergers. Le fumier, sans être absolument indispensable, est très-favorable toutefois au pommier, à la condition que l'on ne se serve pas d'engrais animaux. Il est important de tailler cet arbre, car la pousse indéfinie des rameaux par les extrémités nuit à la production des lambourdes qui doivent porter les fruits. Les retranchements de ces extrémités de rameaux fait naître des rameaux latéraux inclinés qui portent des lambourdes. L'arbre se trouve bien de la même opération faite sur les gourmands ou branches mortes et reçoit davantage le soleil; l'air circule mieux, les fruits deviennent plus gros et plus savoureux.

253. Cidre. — Le *cidre* est une boisson saine, tonique, agréable, éminemment rafraîchissante et puissamment digestive, comme l'indique le mémoire de M. Hauchecorne, couronné par la société d'horticulture et de botanique de Beauvais, mémoire intéressant et qui résume de la manière la plus nette tout ce qui a pu être écrit sur cette matière. Mais le cidre ne possède toutes ces qualités, qu'à la condition d'avoir été bien préparé. Nous allons, d'après cet auteur, examiner quelles sont les conditions à satisfaire pour obtenir une bonne préparation.

Les variétés de *pommes à piler* ou à *brasser* sont très-nombreuses et divisées en *trois* grandes *classes* qui tirent leurs caractères distinctifs de l'époque de maturité des fruits et comprennent chacune des *espèces acides, douces, amères*.

La première classe se compose des *pommes de première saison*, dites précoces ou tendres, parmi lesquelles on place les variétés suivantes : le *Blanc-Mollet*, le *Girard*, l'*Amer-Doux*, la *Rouge-Bruyère*, le *Doux-à-l'Aigniel* ou *Belle-Fille*, ou *Vaguan*, etc.

La deuxième classe se compose des *pommes de deuxième saison*, dites moyennes ou intermédiaires, désignées dans les campagnes sous les noms de *Gros-Fresquin*, de *Doux-Evéque*, de *Rouget*, etc.

La troisième comprend les *pommes de troisième saison*, dites tardives ou dures, telles que la *Peau-de-Vache*, la *Bedane*, le *Marin-Onfroy* ou *Ameret*, la *Germaine*, la *Glane-d'Oignon*, etc.

Le jus, obtenu des pommes tardives, est supérieur en qualité aux précédents et forme le *gros - cidre*; la deuxième classe donne un cidre excellent pour la mise en bouteille, la première classe un cidre assez agréable au goût, mais qui n'est pas de bonne conservation.

On fait rarement d'excellent cidre avec une seule espèce de pommes : il est nécessaire *d'assortir les fruits*, c'est-à-dire, de choisir les variétés dont l'époque de maturité est la même, de les mélanger, quant à la saveur, dans des proportions qui permettent de corriger les défauts des unes par la qualité des autres. Il est de la plus haute importance encore d'*employer des fruits arrivés à maturité complète* et il faut sous ce rapport se guider sur le résultat de l'analyse chimique qui trouve que les fruits verts renferment environ 6 0/0 de sucre, les fruits mûrs 12, les fruits blets 8, quand les fruits pourris n'en offrent que des traces.

Dès que les fruits sont mûrs, choisis et mélangés dans des proportions convenables, on les *écrase* à l'aide *d'un moulin à noix* ou à cylindres crénelés qui concasse les pommes sans mettre leur chair en bouillie. Une fois les pommes broyées il faut laisser *macérer* ou *cuver* la pulpe au contact de l'air 12 à 15 heures. Ce cuvage est essentiel et donne au jus les qualités qu'il doit avoir.

L'*extraction* du jus a lieu par deux méthodes : la plus

suivie consiste à porter le marc sur le parquet d'un pressoir et à l'y disposer en une motte formée de plusieurs couches que séparent entre elles des tissus de crins ou de lits minces de paille propre, on laisse égoutter cette motte et on la soumet à une *pression graduée* au fur et à mesure qu'elle se raffermit.

Le jus qui s'en écoule (s'il est mis à fermenter seul) devient le gros cidre; puis le marc étant humecté à deux reprises avec de *bonne eau* et exprimé chaque fois fournit le petit cidre. On obtient la *boisson des ménages* en faisant fermenter ensemble le jus réuni des trois expressions.

La méthode de déplacement est supérieure. On prend un ou deux tonneaux placés sur leur fond et percés à la partie inférieure de leurs parois latérales, d'une ouverture qu'une bonde en bois permet d'ouvrir ou de fermer, en même temps qu'une poignée de paille ou une petite claie en osier empêche les matières solides de s'y engager. On dépose le marc dans les tonneaux, on le tasse convenablement et, après un cuvage de 12 heures, on enlève le bouchon pour livrer passage au liquide. Le marc étant égoutté, on ferme l'ouverture, puis on verse de l'eau sur la pulpe, de façon à l'imbiber, et quand elle a macéré pendant 12 heures, on tire le jus de nouveau, on répète trois fois l'opération en observant les mêmes délais, seulement il est d'usage de se servir du produit de la troisième macération pour effectuer la quatrième.

Aussitôt la *boisson éclaircie*, il faut *bondonner les tonneaux* et les clore hermétiquement.

Le mémoire de M. Hauchecorne, qui a éclairé d'un jour nouveau la question du cidre, doit être consulté par tous ceux qui préparent, vendent ou boivent le cidre.

254. Poiré. — Le *poirier* sert à faire le *poiré*, boisson mauvaise pour la santé. Il demande une terre fraîche, un sol profond. Il serait à désirer que les cultivateurs abandonnassent la culture de cet arbre.

255. Mûrier. — Le *mûrier*, source de tant de richesses dans le midi de la France, est originaire de la Chine. Vers la fin du XIIIe siècle, dit-on, Avignon fut la première ville qui fabriqua des soieries, et elle dut ce privilége à la résidence des papes. Lyon, Tours, suivirent cet exemple, mais on prétend que les fabriques de ces villes tiraient leurs soies d'Italie. Ce ne fut en réalité qu'en 1495, à la fin des guerres d'Italie, que le mûrier blanc fut importé en France. La culture de cet arbre, malgré les encouragements qu'elle reçut de Charles VII et de Louis XII, de François Ier et de Henri II, trouva de nombreux obstacles et de nombreux adversaires. Olivier de Serres fut, sous Henri IV, l'un des agriculteurs qui contribuèrent le plus à propager le mûrier. En 1600, vingt mille pieds de mûriers furent reçus à Paris pour être plantés dans les jardins publics. Colbert, voulant activer la propagation de cet arbre, en rendit la plantation obligatoire, puis il offrit des primes de 24 sols pour chaque mûrier existant trois ans après sa plantation.

256. Le genre mûrier comprend plusieurs espèces, dont les plus remarquables sont le *mûrier noir* et le *mûrier blanc*.

Le mûrier noir se cultive plutôt pour son fruit, car son feuillage est moins abondant : dans ce cas on l'élève en plein vent.

Le mûrier blanc préfère les terres sèches, légères, vagues, incultes : il réussit en général dans les sols favorables aux vignes. Il se multiplie de graines, de boutures, de marcottes ou branches couchées. Le semis n'est en usage que pour la production de ce qu'on appelle la *pourrette*. C'est du jeune plant de mûrier sauvageon qu'on laisse croître en buissons sans le greffer ni le tailler et dont on forme même des haies. La feuille de pourrette, petite et tendre, est la première nourriture à offrir aux vers à soie après leur éclosion : il n'y a rien de particulier pour la culture du mûrier; elle réclame les mêmes soins que les autres arbres.

Outre la taille de formation qui a pour but de diriger le développement de l'arbre, et qui enlève de sa tête ce qui nuit à la forme qu'on veut donner, et qui est d'habitude celle d'un entonnoir, il faut appliquer au mûrier une taille de production. Elle consiste à remplacer successivement le vieux bois par de jeunes branches qui fournissent des feuilles abondantes et saines.

Le feuillage du mûrier est la nourriture naturelle du ver à soie; or, cet insecte fournit à l'homme l'une des plus belles industries qu'il ait créées, industrie qui est la gloire de la ville de Lyon et qui porte au loin le nom de la France.

257. Olivier. — *L'olivier* est, comme le mûrier, cantonné dans nos départements les plus méridionaux, et donne lieu, par la production de son fruit, à un commerce important de trente millions par an. Nulle autre huile n'est supérieure à l'huile d'olive.

La culture a créé plusieurs variétés d'oliviers recommandables, ce sont : *l'olivier amélingue ou plant d'Aix, le cournaud ou plant de salon, la verdale ou le verdeau, la canne de Marseille,* et *l'olivier sage des Pyrénées.*

L'olivier se multiplie par semences, par rejetons, par marcottes, par boutures et par la greffe. La lenteur, que l'olivier venu de semis met à devenir productif, fait qu'on préfère arracher des sauvageons dans les bois ou plutôt prendre des rejetons du pied des vieux arbres et en faire des boutures. L'olivier vient dans les pays chauds, dans tous les terrains, à toutes les expositions ; mais, au nord, il lui faut choisir une station chaude et abritée. Cet arbre, toujours vert et ayant une sève permanente, est sensible à la gelée.

On plante les sauvageons, en pépinière, dans une terre bien labourée et profondément défoncée, à deux pieds d'intervalle, et lorsqu'ils sont repris on les greffe. On pratique encore, pour la multiplication, la greffe en écusson rez de terre, tout près du collet de la racine ; si par hasard la tige venait à périr, on verrait repousser de nouveaux rejetons.

La méthode des boutures, pour former une olivette, est très-usitée pour donner toutes les variétés sans attendre la greffe.

L'olivier se plante en lignes à 0^{m}08 ou 10 en tous sens dans des fosses bien défoncées, et si le terrain doit encore porter d'autres récoltes, les oliviers sont plantés en cordons espacés les uns des autres, de manière qu'il y ait entre eux un espace libre consacré à ces cultures. C'est ce qu'on appelle des *ouillières.* On laboure ensuite à 0^{m}40 de profondeur et les soins de culture consistent en l'ameublissement du sol et en des binages répétés : les engrais végétaux réussissent bien.

L'olivier, pour donner de beaux et bons produits, a besoin de la taille. Elle est basée sur les faits suivants que M. de Gasparin a mis en relief :

1° Les fleurs ne se trouvent que sur le bois de deux ans ; 2° les fleurs ne nouent qu'après une longue exposition au

soleil ; 3° les rameaux verticaux ne portent pas de fruits ;
4° une trop grande abondance de fruits rend la récolte bisannuelle. Il suit de là qu'il faut : 1° supprimer les gourmands,
c'est-à-dire les rameaux verticaux ; 2° couper les branches
mortes, les rameaux qui s'emportent ; 3° couper les rameaux
de l'année qui sont intérieurs, et, sur les rameaux d'un an,
que l'on conserve, réserver le bouquet terminal. Tailler l'olivier, s'appelle, dans le Midi, *sécurer*. Le but de la taille est
de tenir l'olivier bien garni de branches de deux ans, en ne
laissant pas vieillir inutilement les rameaux épuisés.

Résumé du Chapitre XXIII

1. On peut juger de l'importance de la culture de la *vigne* d'après le
chiffre de plus de *50 millions d'hectolitres* de vin produits en France.

Le choix des *cépages* n'est pas indifférent ; ils ne sont pas les mêmes
suivant qu'il s'agit de primeurs, de vins ordinaires, de vins fins, de vins
colorés, de vins alcooliques, de raisins de table.

2. La vigne se multiplie plutôt par des boutures et des marcottes, mais
surtout par le *provignage*. La taille de la vigne est essentielle pour la bonne
récolte, il faut surtout se rappeler qu'elle ne donne des fruits que sur le
jeune bois qui naît chaque année de l'œil ou bourgeon qu'on appelle *bourre*.

3. Outre la taille, la vigne réclame encore d'autres soins : l'ébourgeonnement, l'enlèvement des feuilles, les engrais animaux, plusieurs
façons.

4. La vendange se fait quand le bois est *aoûté* : puis le raisin subit
l'*égrappement* et le *foulage*, le *décuvage*.

5. La maladie de la vigne ne peut jusqu'à présent être guérie que par
le soufrage à plusieurs reprises.

Les qualités des vins varient selon les cépages, les crûs et les soins.
Indication des meilleurs crûs.

6. Le *pommier* est cultivé par 13 départements et donne lieu à un
commerce de 70 millions de francs. Il aime les alluvions argileuses et
l'exposition du sud-est sur les terrains amendés par des engrais végétaux. Il fournit une boisson saine, tonique, agréable, rafraîchissante,
à la condition d'être bien préparée.

7. Le cidre se fait avec un mélange de diverses espèces de pommes :

il faut prendre des fruits arrivés à maturité complète : on les écrase à l'aide d'un moulin à noix, puis on laisse macérer la pulpe pendant 15 heures. Le jus s'extrait par deux méthodes : l'une que tout le monde connaît et qui date de toute antiquité, l'autre qu'on appelle la *méthode de déplacement* qui est préférable à la première à tous égards.

8. Le *mûrier* comprend deux espèces : le mûrier noir et le mûrier blanc. Le mûrier blanc se reproduit de semis, de boutures et de marcottes. La *pourrette* est la feuille du mûrier sauvageon qu'on laisse croître en buisson sans le greffer. On applique au mûrier la taille de formation pour lui donner la forme d'entonnoir et la taille de production qui consiste à remplacer le vieux bois par de jeunes branches. Le feuillage du mûrier sert de nourriture aux vers à soie.

9. L'*olivier* donne lieu à un commerce d'huile de plus de 30 millions par an. Il se multiplie de semence, de rejetons, de marcottes, de boutures, de greffe. L'olivier se cultive en cordons espacés laissant un espace libre qu'on réserve à d'autres cultures : c'est ce qu'on nomme des *ouillières*. Pour donner de beaux et bons produits il a besoin de la taille qui consiste à supprimer les gourmands, le bois mort ; à couper les rameaux de l'année antérieure.

CHAPITRE XXIV

PLANTATION, CONDUITE, EXPLOITATION
des arbres destinés à fournir des bois d'œuvre et de chauffage.

Sommaire. — Bois d'œuvre, bois de chauffage, bois de construction, leur conduite et leur exploitation.

> On ne plante pas assez en France de bois
> d'œuvre et de chauffage.
>
> COLBERT.

258. Chaque arbre a un usage particulier qui tient aux propriétés spéciales de son bois, et sa culture demande à être dirigée de manière à ce que cette propriété spéciale se développe davantage à notre profit. C'est ainsi, par exemple, que les *bois blancs* se pourrissent facilement et sont plus vivement attaqués par les insectes, en même temps que leur croissance est très-rapide ; ils sont donc impropres aux constructions ; le pin et le sapin, dont la fibre présente de la résistance, et qui poussent parfaitement droit, sont utilisés pour les mâts de nos vaisseaux ; les bois, qui sont susceptibles de recevoir un poli brillant, et dont les veines plus ou moins colorées, forment des dessins variés, ou dont la fibre est dure et résistante, sont utilisés dans les arts et dans les métiers sous le nom de *bois d'œuvre*, tel est le cas du noyer, du chêne, de l'érable, etc... D'autres sont employés à la fabrication du charbon, ou au *chauffage*. On peut donc, suivant ces usages, établir trois classes : *bois de construction, bois d'œuvre et bois de chauffage.*

On peut cultiver les arbres forestiers en *futaie*, forêt que l'on exploite après l'âge de quarante ans, ou en *taillis* (bois dont l'exploitation se fait au-dessous de cet âge) : généralement la forêt provient de semis, le taillis de souches et de racines.

On appelle *jeune taillis* celui de dix ans et au-dessous ;

moyen taillis, celui de 20 à 25 ; *haut taillis* ou *gaulis* celui
de 30 à 40 ; *jeune futaie*, celle qui commence à s'élever ;
demi-futaie, celle de 40 à 60 ; *haute futaie*, celle de cent
ans ; *vieille futaie*, celle de 150 à 200 et plus. On nomme
baliveaux de l'âge, les baliveaux réservés lors de l'exploitation
du taillis ; *modernes*, ceux de la dernière coupe ; *anciens* ou
vieilles écorces, ceux des coupes précédentes. Tous les arbres
forestiers, autres que les arbres verts, sont appelés *arbres à
feuilles*. La *feuille* est la crue d'un bois pendant un an. La
clairière est un lieu dégarni de bois.

L'*aménagement* d'un bois, c'est la détermination de l'âge
auquel on doit le couper. C'est un problème difficile et pour
la solution duquel il faut envisager diverses considérations,
telles que la durée de la croissance des bois, la nature du sol
et du climat, la situation du propriétaire, les industries
locales, la salubrité, le régime des cours d'eau.

Bois de construction.

259. — Le *chêne* est le bois de construction par excellence, pour la force et la dureté de son bois. Sa racine
pivotante demande trois pieds au moins de bonne terre pour
prospérer. Pendant les premières années de sa plantation, le
chêne n'aime pas à être planté seul : il croît moins vite et il
faut lui associer d'autres essences, hêtre, charme et les bois
blancs.

La plantation se fait sur place par semis des *glands*, ou par
semis en pépinières que l'on repique ensuite.

On doit abattre les chênes lorsque leur accroissement ne
fait plus que de faibles progrès, ou qu'ils sont atteints de
maladie. Le chêne s'exploite en futaie ou en taillis.

Dans le midi et le sud-ouest on trouve le *chêne-liége* ou
surier. Tous les 8 ou 10 ans on détache l'écorce qui forme
le *liége* à bouchons.

L'écorce du chêne sert à *tanner* les peaux.

260. Le *hêtre* est un des plus beaux arbres de nos forêts ;
il se plaît presque dans tous les terrains pourvu qu'ils aient
près de 60 centimètres de fonds. Il réussit particulière-

ment dans une argile fraîche mêlée de terre végétale, et aime les plaines et le penchant des montagnes exposées au nord.

Le fruit du hêtre (*faîne*) fournit une huile qu'on utilise dans l'industrie et pour l'éclairage. Le hêtre ne se reproduit que de graines.

261. Le *châtaignier* est un des arbres les plus précieux de nos forêts par la propriété qu'il a de croître dans les sables. Il se multiplie par ses fruits : on en met deux dans chaque trou et l'on recouvre de 0,06 centimètres de terre. Le bois dure longtemps sans s'altérer.

262. Le *pin* demande à croître en forêt et en futaie pour que sa tige file droit ; il aime les sols sablonneux et granitiques. Les semis se font sur place et en pépinières. Dans ce dernier cas, il faut repiquer au moins deux fois les jeunes plantes avant de les mettre en place.

Le *pin sylvestre* ou *pin d'Ecosse* croît aux expositions les plus froides ; sa tige fournit les mâts des plus grands vaisseaux. Le *pin maritime*, dont le tronc n'est jamais droit, est impropre à la mâture, mais il fournit beaucoup de bois de charpente ; on le trouve dans le nord de la France ou sur les dunes de la Manche.

263. Le *sapin* demande une terre argilo-siliceuse et fraîche, les terres calcaires et les sables lui conviennent moins. Le semis simple ne réussit qu'à l'ombre des futaies, sur les terres nues ; il faut lui associer le pin maritime, le genêt, etc., à mesure que les branches inférieures deviennent gênantes, on en abat successivement un ou deux étages chaque année ; c'est une règle générale pour la conduite des arbres résineux ; sur des terrains médiocres, on exploite le sapin à 60 ans, dans les bonnes terres de 80 à 90, sur les montagnes de 120 à 140 ans, les coupes d'exploitation se font en commençant du côté du nord, pour que les jeunes plants soient protégés contre le soleil et les vents.

264. On emploie pour les poutres légères, le *peuplier*, le *cèdre* et le *mélèze*, qui sont trop rares, l'*aulne* pour les pilotis et les conduites d'eau.

Bois d'œuvre.

265. Le *chêne* sert aussi à faire des meubles que le sculpteur transforme en véritables objets d'art.

266. Le *noyer* se multiplie par la transplantation des plantes en pépinières où les noix ont été semées à 0m50 les unes des autres et à la profondeur de 0m05 ; les jeunes sujets ont dû être greffés à 2 mètres de hauteur. Il faut le couper quand il commence à se couronner, que les rameaux de la tête se dessèchent, car alors son tronc et ses branches se creusent. Le *cœur du noyer* noir prend à l'air une teinte violette, il est très-fort, tenace, non sujet à se déjeter ou à se fendre et susceptible de recevoir un beau poli ; il est, en outre, à l'abri des vers.

Le *noyer d'Amérique* sert exclusivement à la fabrication des crosses de fusil.

267. L'*érable* commun est un bois dur, d'un grain homogène, liant, blanc ou jaune, susceptible d'un beau poli, il est recherché par les tourneurs, les ébénistes, les luthiers, pour faire des ouvrages de tabletterie : on en fait d'excellents fouets pour les cochers. On le sème en pépinières, et à la cinquième année, on met le jeune plant à demeure. Cet arbre redoute l'humidité.

L'*érable sycomore* aime un terrain formé de terre végétale, de sable et de gravier ; il se multiplie comme le précédent : son bois est employé par les charrons, les ébénistes, les tourneurs, les sculpteurs, les facteurs d'instruments de musique. On en fait des montures de fusils. Élevé en taillis, il s'exploite tous les 25 ou 30 ans ; en futaie, de 100 à 120 ans.

L'*érable plane* s'exploite en taillis à 25 ans ; en futaie à 70 ans.

L'*érable blanc* a un bois fin, doux, léger, et est propre aux ouvrages d'ébénisterie et aux incrustations.

L'*érable rouge* a le grain serré et fin ; il prend par le poli une surface brillante et soyeuse ; on en fait des jougs et et divers instruments agricoles. Les fibres des vieux bois présentent quelquefois une disposition ondulée dont l'ébénisterie tire un grand parti et qui produit, sous le poli, des effets et des jeux singuliers de lumière et d'ombre.

268. L'*orme* se plaît partout, pourvu que le sol ne soit ni marécageux ni trop compacte. On fait le semis en pépinières ; à la troisième année, on coupe au printemps tous les plants à rez terre, afin d'obtenir un jet vigoureux. Vers la huitième ou neuvième année de pépinières, on transplante l'orme, en l'étêtant à trois mètres de hauteur. Il convient de l'abattre à l'âge de cent ans. Le bois d'orme est le premier de nos bois de charronnage. Il n'est point trop lourd malgré sa dureté, et est excellent pour les instruments agricoles ; il se fend difficilement, on en fait des jantes et des moyeux de roue, des vis de pressoirs, des roues d'engrenage, des affûts de canons, des quilles de vaisseaux, des corps de pompe, des tuyaux de conduite.

269. Le *sorbier* des *oiseaux* a le grain fin, serré, susceptible d'un beau poli et facile à travailler.

Le sorbier domestique ou *cormier* a les mêmes avantages, mais son bois devient plus gros. Il croît lentement, venu de pépin et élevé en pépinières, il n'est placé à demeure qu'à la dixième année ; le bois est utilisé pour tout ce qui demande beaucoup de frottement, dents de roue et fuseaux dans les moulins, montures de rabots et varlopes, vis de pressoirs, alluchons, montures d'outils, flûtes, fifres, etc. Ces arbres aiment les terres calcaires et l'exposition au midi ; pendant le temps qu'ils sont en pépinières, ils ne doivent être ni taillés ni raccourcis.

270. Le *buis* croît lentement, mais son bois est utilisé pour la gravure et pour les petits ouvrages, grains de chapelets, sifflets, boutons, fourchettes, cuillères, peignes, tabatières, etc. Le buis est très-compacte et présente une grande résistance ; pour la gravure, il doit être coupé perpendiculairement aux fibres.

271. Le *saule-osier* sert à faire des chaises communes ; le *peuplier* des caisses de toutes sortes, des sabots, etc.

Bois de chauffage.

272. Un proverbe dit « qu'on se chauffe de tout bois »; c'est vrai; mais on a plus ou moins de flamme, plus ou moins de chaleur, selon les essences employées. Le chêne blanc est excellent pour le chauffage, parce que le bois est compacte, et contient beaucoup de matières combustibles, il en est de même du hêtre, mais ce dernier brûle plus vite; le châtaignier est peu estimé pour le chauffage; il ne donne point de flamme, noircit et jette des éclats, le peuplier donne peu de chaleur; il en est de même de l'aulne, mais il fait bien de la flamme, aussi les boulangers, les pâtissiers, les fabricants de chaux, de plâtre et de tuiles s'en servent pour chauffer leurs fours; l'orme est un bois de chauffage dont les cendres sont riches en potasse, le charme est aussi très-estimé. La combustion rapide du bouleau le fait rechercher pour le chauffage des fours.

Le *bois de chauffage* se divise en trois espèces : les *fagots*, produits des taillis et des branchages des arbres de futaie et d'alignement; les *bûches*, *rondins* ou *bois de corde*, produits des futaies, des hauts taillis, parfois des moyens, les *bourrées*, qui proviennent du même bois.

Le *charbon* est le bois appelé *charbonnette* réduit à l'aide du feu, c'est dans la forêt même que le bois coupé est réduit en charbon. Les produits des taillis hauts et moyens et les grosses branches des futaies servent à cet usage. On calcule d'habitude que le bois donne 25 0/0 de charbon; ainsi un stère de bois de chêne sec pesant 600 kilog. donne 150 kilog. de charbon.

La *plantation* des arbres forestiers réclame l'ébourgeonnement, c'est-à-dire qu'avec la main il faut détruire les jeunes bourgeons, depuis le pied jusqu'à 0ᵐ 50 au-dessous de l'extrémité supérieure, puis choisir et laisser intacte la branche qui sera l'élongation de la tige, écourter et supprimer les autres pendant 5 ou 6 ans, puis émonder tous les 4 ou 5 ans jusqu'à ce que l'arbre ait quarante ans.

La plantation des arbres verts se fait dru, plus tard on *éclaircit*, c'est-à-dire qu'on arrache un grand nombre de jeunes arbres.

L'entretien des bois consiste dans le *recepage* des jeunes plants, opération qui consiste à couper ras de terre le plant pour lui faire pousser un jet vigoureux propre à former une belle tige ; certaines essences ne veulent pas être recépées ; ce sont les essences résineuses, puis arrivent l'*élagage*, opération qui consiste à retrancher tout ou partie des branches jusqu'à une certaine hauteur, l'*émondage* qui coupe toutes les branches latérales jusqu'à l'extrémité qui doit rester intacte, le *nettoyage* qui enlève les branches mortes ; puis, on détruit les ronces, les épines, on fait disparaître les espèces de mauvaise venue.

L'exploitation et la *conduite* des arbres doivent être dirigées suivant les usages auxquels on les destine.

La charpente, par exemple, exige que les bois qu'elle consomme aient atteint toute leur maturité pour que l'âge ait solidifié toutes les fibres. L'ébénisterie préfère les troncs noueux qui donnent des veines plus saillantes ; la vannerie, la boissellerie réclament des bois jeunes, flexibles, souples et dont la fibre peut supporter la torsion. Le grand régulateur de la coupe d'un arbre est l'époque où il ne gagne rien en croissance, ce que l'on reconnaît à la faiblesse des pousses ; plus tard arriveraient la disparition de la flèche, le couronnement de l'arbre, la mort de plusieurs branches. Souvent on n'attend pas cette époque, il faut satisfaire aux conditions réclamées pour certaines industries ; c'est ainsi que le bois doit être coupé jeune, alors qu'il a encore toute sa souplesse et sa flexibilité s'il doit être vendu aux vanniers et servir à faire des cercles de tonneaux ; c'est le contraire, disions-nous plus haut, pour la charpente qui demande des fibres solides et résistantes. C'est ainsi que pour la fabrication des cercles on exploite les châtaigniers de 7 à 10 ans. L'intérêt des propriétaires, l'action des industries locales, influent beaucoup sur l'exploitation des arbres, et il devient presque impossible de donner à ce sujet une règle générale.

Résumé du Chapitre XXIV

1. Les bois employés dans les arts et dans les métiers s'appellent *bois d'œuvre*, ceux qui sont employés à la fabrication du charbon ou du chauffage, *bois de chauffage*.

2. Le bois de *construction*, par excellence, est le chêne qui s'exploite en futaie ou en taillis; puis viennent le hêtre, le châtaignier, le pin qui croît en futaie, le sapin, le peuplier, le cèdre, le mélèze, l'orme.

Le *bois d'œuvre* provient du chêne pour la sculpture, du noyer pour l'ébénisterie, de l'érable pour les tourneurs, du sycomore pour les mouleurs, de l'orme pour le charronnage, du cormier pour la menuiserie artistique et la charpente, du buis pour la gravure, du saule pour la vannerie, du peuplier pour la saboterie, etc.

Le *bois de chauffage* emprunte le chêne, le hêtre, le châtaignier, le peuplier, l'aulne, l'orme, le poirier.

3. L'entretien d'un arbre demande des soins en rapport avec les usages auxquels on les destine. On coupe les arbres quand ils ne gagnent plus rien en croissance ou suivant les besoins de l'industrie.

CHAPITRE XXV

ÉCONOMIE DU BÉTAIL

Principes généraux

773. Le mot *bétail* est un nom collectif donné aux animaux domestiques. Ces animaux sont soumis à des services divers suivant leur aptitude : ils peuvent être considérés chacun comme une petite usine isolée et vivante, chargée, dit M. Richard du Cantal, de procurer à l'homme les denrées dont il a besoin.

Ainsi, le cheval est exclusivement destiné à servir comme locomotive pendant sa vie, soit qu'il traîne une voiture, soit qu'il porte un fardeau; le bœuf est élevé pour la viande; sa femelle, la vache, nous procure de la viande, par elle-même et par ses veaux, du beurre et du fromage par son lait; le mouton nous donne et sa chair et sa laine; le porc confectionne la graisse, qui sert à faire cuire nos légumes, à préparer nos aliments, il nous fournit en même temps de la viande pour notre consommation; le lapin, les oiseaux de basse-cour nous offrent des ressources immenses par leur viande, leurs œufs et leurs plumes, les abeilles, les vers-à-soie travaillent à nous donner leurs beaux et bons produits, etc.

S'ils nous rendent d'aussi importants services pendant leur vie, ils ne sont pas moins utiles après leur mort. Que de métiers sont alimentés par le cuir, les poils, le crin, la corne, la graisse, les os, la chair, la colle, etc. des animaux! C'est grâce à eux que nous jouissons d'un certain bien-être : ce sont ces précieux auxiliaires qui font notre richesse et notre prospérité.

Il suit de ces considérations que puisque les animaux ont une destination spéciale et fournissent des produits spéciaux, cette destination est plus ou moins bien remplie suivant le mauvais ou le bon état de l'animal ; les produits qu'il fabrique sont de bonne ou de mauvaise qualité suivant son degré de perfection.

Aussi est-il du plus grand intérêt du cultivateur de modifier dans le sens qu'il désire et d'améliorer les animaux qu'il utilise pour ses besoins. C'est là le véritable but de l'*économie du bétail*.

Nous ne pouvons oublier que le bien-être de l'homme, sa vie même, sont intimement liés à la présence sur terre des animaux domestiques, ces machines motrices, ces serviteurs intelligents, ces instruments de fabrication : aussi le nombre des bêtes domestiques augmente-t-il avec les progrès de la civilisation.

La France, sous ce rapport, est inférieure à des pays bien moins partagés qu'elle sous le rapport du climat et du sol. Le chiffre des animaux domestiques ne dépasse guère 56 millions. Dans ce nombre, l'espèce chevaline est comprise pour 5 millions ; l'espèce bovine, pour 10 millions, l'espèce ovine pour 36 millions ; l'espèce porcine pour 5 millions.

Les qualités qu'il importe le plus de rechercher et de développer dans le bétail sont : la *taille*, les *formes*, la *vigueur*, et la *fécondité*, et souvent l'aptitude à l'engraissement, qualités dont nous reparlerons en traitant de chaque espèce d'animal domestique.

Quant à la manière générale de gouverner le bétail, elle consiste spécialement dans les soins apportés par le cultivateur à la propreté des habitations destinées aux animaux, écuries, étables, bergeries, loges à porcs, poulaillers, ruchers, etc.

La salubrité de ces habitations est essentielle à la bonne santé de l'animal et elle est soumise à une série de conditions hygiéniques auxquelles le propriétaire doit se conformer.

La nourriture du bétail doit attirer aussi l'attention particulière du cultivateur, elle doit être en rapport avec la destination spéciale de l'animal, avec son âge, avec la saison. Ainsi, les meilleurs pâturages appartiennent aux animaux à engraissement, aux animaux reproducteurs, aux élèves ; les pâtures médiocres suffisent aux bêtes de travail. Il faut de toute nécessité que le cultivateur veille à la bonne préparation des substances alimentaires, à la ration, au choix et à l'administration des fourrages. Si on tenait plus compte de toutes ces précautions hygiéniques on éviterait un grand nombre de ces maladies dangereuses qui viennent souvent altérer, souvent même détruire la richesse du cultivateur.

Il est encore de ces soins hygiéniques que l'on néglige trop à la campagne et qui conservent la santé de l'animal, ce sont les pansages, les tondages, les bains, la bonne conformation des harnais, etc.

L'amélioration des races est, enfin, une condition essentielle de l'économie du bétail puisque cette amélioration rend l'animal qui en est l'objet plus apte à tout ce qu'on exige de lui. Cette amélioration des races se fait par un appareillement intelligent, par un croisement, soit par un bon choix de l'animal reproducteur, soit par l'importation de meilleures races d'animaux, etc.

Le bétail se divise en deux sections : le *gros bétail*, comprenant les chevaux, les ânes, les mulets, les bœufs ; le *menu bétail*, qui renferme les moutons, les chèvres, les porcs ; on peut y ajouter les oiseaux de basse-cour et de colombier. On distingue dans le gros bétail les : *bêtes de trait*, ne fournissant que du travail et de l'engrais, et les *bêtes de rente*, donnant exclusivement de la viande, du lait, de la laine et de l'engrais.

Résumé du Chapitre XXV

1. Le *bétail* est le nom collectif des animaux domestiques : ils sont soumis à des services divers suivant leur aptitude ; ils nous rendent encore de grands services après leur mort. Il est dans l'intérêt du cultivateur de bien entretenir ses animaux pour qu'ils nous donnent de meilleurs produits : c'est là le but de l'*économie du bétail*.

2. Les qualités qu'il faut surtout rechercher et développer dans le bétail sont la *taille*, les *formes*, la *vigueur* et la *fécondité*, quelquefois l'aptitude à l'*engraissement*. Il faut leur donner des soins, mais surtout pour la propreté de leurs habitations, la nourriture, les fourrages, les tondages, etc., soins qui tendent à améliorer les races.

CHAPITRE XXVI

ESPÈCES BOVINE, CHEVALINE, OVINE, PORCINE

Sommaire. — Espèce bovine — Chevaline — Ovine — Porcine — Choix
d'une race, soins à l'étable, à l'écurie, à la bergerie, à la loge —
Ration alimentaire.

De vache laide, veau plus laid.
De brebis ou mouton à courte laine,
Espérer grande toison est perdre sa peine.
Propre ou non
Tout engraisse le cochon.

PROVERBES.

Espèce Bovine

Les concours régionaux d'agriculture prouvent, à n'en pas
douter, que nous avons en France, plusieurs races bovines
très-précieuses; si nous savions bien les soigner, les perfec-
tionner individuellement ou par des croisements intelligents,
nous aurions des bêtes aptes à tous les services que nous
leur demandons. Des signes ou caractères extérieurs permettent de voir, après un examen préalable de la conformation générale de l'animal, vers quelle spécialité l'individu
peut être dirigé.

Nous ne pouvons mieux nous guider dans ce choix qu'en
résumant les conseils que nous trouvons dans les Études
zootechniques de M. Ernest Dubos, le savant professeur de
l'Institut agricole de Beauvais.

274. *Bœuf de travail.* — Tête grande, solide; encolure
épaisse et fortement musclée; parties antérieures du corps
développées, mais non chargées; parties postérieures moins
larges et moins épaisses; ligne dorsale inclinée d'arrière en
avant; membres longs et osseux, amples sous le genou et le
jarret, nettement accusés dans les articulations; queue grosse,
poitrail large.

Chez le bœuf de travail le corps est anguleux, les angles
sont des signes apparents de force, les masses musculaires
situées sous la peau sont nettement accusées. Les meilleures

races de *travail* sont : les races de *Salers*, d'*Aubrac*, *limousine, choletaise, bretonne*, etc.

Bœuf de boucherie. — Tête fine, courte, aux cornes peu
développées; encolure mince et peu musclée; membres
courts et taille peu élevée; tronc ample dans tous les sens;
peau mince, souple; poil fin, luisant : *fanon* (repli de la peau
sous la poitrine) peu développé; physionomie calme, douce
et regard paisible.

Chez le bœuf de la boucherie on évite les parties du corps
qui ne sont point de la viande, les os; on désire que les parties musculaires, inférieures en qualité, soient peu développées. Les meilleures races de boucherie sont : la *charolaise*, l'*agenaise, mancelle, choletaise, limousine*.

275. *Vache laitière.* — Peau souple, mince et très-déta-
chée des côtés; poils fins, rares, luisants; naseaux bien
ouverts; yeux grands recouverts par des paupières amincies,
très-souples, très-mobiles et ornées de longs cils; cornes
minces, luisantes, encolure amincie, peu ou pas de fanon :
poitrine vaste; épaules obliques, corps allongé, extrémités
minces, fines; tendons bien dessinés; queue amincie, peau
du pis mince, très-souple, recouverte d'un duvet rare et fin;
le pis doit être volumineux avant la traite, très-réduit après;
les quatre trayons doivent être bien espacés et bien marqués.

Différents auteurs ont encore indiqué d'autres caractères, mais qui ne peuvent trouver place ici où nous ne mentionnons que les grands caractères généraux de l'aptitude laitière. Les meilleures races laitières sont : la *flamande*, la *normande*, la *cotentine*, la *bretonne*, la *bressane*, la race de *Lourdes*.

276. *Soins à l'étable.* — Les animaux bovins doivent être placés sur un sol, légèrement incliné, non perméable, mais disposé pour recevoir une couche assez épaisse de litières abondantes. La largeur moyenne de la place nécessaire au bœuf à l'étable est de 1, 50; la longueur, en ménageant les mangeoires et un passage, doit être de 4 mètres. La hauteur du plancher au-dessus du sol doit être aussi de 4 mètres. Selon M. Gasparin la capacité correspondant à chaque vache est de 24 mètres cubes. L'aération facile des étables est importante et doit être réglée suivant la température, les vaches laitières réclament une température plutôt chaude que fraîche et elles demandent à être tenues avec une grande propreté. Il faut aussi ne pas laisser le fumier séjourner trop longtemps sous les animaux. Les bouveries, destinées à loger des bêtes à l'engrais, seront plutôt chaudes et humides que froides et sèches; car l'humidité chaude favorise le développement de la graisse.

Dans les étables d'animaux de travail ou dans celles d'élevage, la température sera moins élevée, plus sèche, afin de favoriser une bonne constitution. Cette hygiène des habitations prévient beaucoup de maladies auxquelles sont sujets les animaux bovins.

277. *Ration alimentaire.* — On admet généralement, pour les aliments du bétail, deux sortes de rations; l'une dite *ration d'entretien*, l'autre, *ration de production*.

La première fournit à l'animal les éléments nutritifs nécessaires pour entretenir le corps dans l'état où il se trouve, c'est-à-dire, pour rendre à l'animal l'équivalent des pertes qu'il a faites; la *ration de production* est une ration supplémentaire qui permet à l'animal de transformer ce supplément en graisse, en laine, en lait, etc.

La ration d'entretien est la seule que l'homme doive distribuer aux animaux qu'il destine à son plaisir; la ration de production aux espèces entretenues dans un but d'utilité.

Chez les animaux de l'espèce bovine soumis au travail, on estime que la nourriture, composée de bon foin, de paille naturelle, égale le cinquantième du poids vif : ainsi 12 kilog. de bon foin sont nécessaires pour la ration d'un bœuf de travail pesant 600 kilog. En général, la moyenne applicable pour les animaux qui ne sont pas à l'engrais est de 750 gr. de foin ou l'équivalent pour chaque quintal de chair vive.

Chez les bêtes à l'engrais la fixation des rations n'a d'autres limites que l'appétit plus ou moins stimulé.

Suivant M. Redesel, le fourrage de production pour les vaches à lait produit pour chaque kilogramme de fourrage 1 kilogramme de lait ou 28 grammes d'accroissement du veau dans le ventre de la mère. L'application de ces principes n'est pas à la portée de tout le monde. Mieux vaut en pratique s'en rapporter à l'observation et régler la ration des animaux suivant leur état de santé, les services et les produits qu'on attend d'eux.

On estime le nombre des bêtes bovines à 10 millions et leur produit annuel à 2 milliards de francs.

La race *flamande* est entièrement rouge foncé ou brun : la race de Salers est rouge acajou; la *race normande* est bringée (mélange de poil rouge et noir), les races limousine, agenaise, garonnaise, comtoise sont *froment* plus ou moins blanc, (jaune rougeâtre plus ou moins clair); la race *charolaise* est blanche; les races d'Aubrac et bazadaise ont la robe grise; la race de Camargue est noire.

Espèce Chevaline

278. Cheval. — L'espèce chevaline se partage en France en espèces de gros trait (chevaux boulonnais, percherons et bretons), de trait léger et de selle (chevaux normands, ardennais, alsaciens, lorrains, auvergnats, des pyrénées) et en chevaux de messagerie. Le bon état de nos voies de communication tend à multiplier le cheval de trait, surtout de trait léger.

Les caractères qui guident les cultivateurs dans le choix des animaux de l'espèce chevaline ne doivent pas être négligés et nous ne saurions trop insister.

279. *Cheval de selle.* — Le *cheval de selle* ou de *voyage* doit réunir la force et l'agilité; taille moyenne de 1,50; formes sveltes accusant les muscles; articulations larges indiquant des membres solides; bien que l'avant-bras et la jambe soient épais et larges, les régions inférieures des membres sont sèches; les cordes tendineuses s'y trouvent bien détachées; la tête doit être courte, mais large à sa partie supérieure; l'encolure souple, suffisamment musclée; crinière fine et longue; des côtes bien arrondies; reins larges mais courts, flancs peu spacieux, épaule longue et oblique, garrot élevé et épais. C'est vers cette conformation que doivent tendre les efforts faits dans le but d'améliorer les chevaux de selle.

280. *Cheval d'attelage de luxe.* — Taille plus élevée; masses musculaires plus développées; même conformation, en général, mais plus d'épaisseur et de volume.

281. *Cheval de trait léger.* — Le cheval de trait léger doit traîner, à des allures rapides, des fardeaux assez lourds, comme le cheval de poste ou de diligence. Pour être apte à ce service le cheval doit avoir une taille de 1,55 à 1,60; l'ensemble du corps doit être cylindrique et ramassé; une tête

un peu longue et expressive; une encolure forte; garrot
épais; ligne du dos droite; reins larges, croupe charnue,
double et un peu inclinée; cuisses bien fournies, épaules
longues et obliques, membres bien musclés; poitrail large;
côtes rondes. Les races percheronne (fig. 32) et bretonne nous
offrent les meilleurs types du cheval réunissant ces caractères.

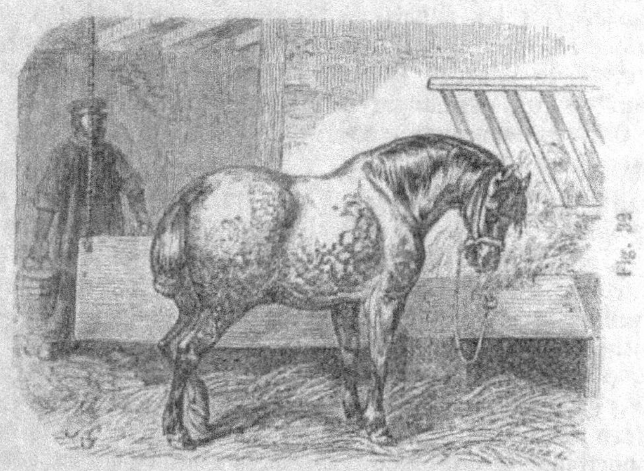

282. *Cheval de gros trait.* — Taille de 1,58 à 1,68 : tête
forte, épaisse; encolure chargée de muscles et ornée d'une
crinière double; dos un peu incliné en contre-bas, un peu
en selle, reins larges et courts. L'ensemble du corps doit
être court, trapu, très-épais, poitrail très-ouvert, épaules
charnues, garrot épais; croupe double et charnue, cuisses
aux muscles puissants, poitrine très-large et haute, c'est-à-
dire, côtes longues et rondes. Le cheval boulonnais représente ce type, type de la force.

283. *Soins à l'écurie.* — Le sol d'une écurie doit être :
1° assez solide pour ne pas s'enfoncer sous le piétinement
des chevaux, sans être cependant résistant à ce point qu'il
froisse les pieds des animaux; 2° assez compacte pour qu'il
ne s'imprègne pas facilement des déjections liquides; 3° pré-
sentant des aspérités qui donneront aux chevaux la facilité
de marcher franchement sans qu'ils aient à craindre de
glisser. Le plafond de l'écurie doit être élevé de 4 mètres au-

dessus du sol et ne pas être à claire-voie. Une litière abondante et propre procure du bien-être aux chevaux fatigués et soustrait leur corps aux effets de l'humidité du sol. Chaque cheval doit avoir en moyenne une largeur de place de 1,75 et a besoin de 60 mètres cubes d'air en 24 heures. On doit calculer l'inclinaison à donner au ratelier de telle sorte que la poussière ou les débris de fourrage ne tombent pas sur la tête des chevaux, il doit être vertical et distant de la muraille de 0,36 ; le pansage souvent répété est comme une règle d'hygiène qu'il est dangereux de ne pas suivre si l'on ne veut pas voir ses animaux malades.

284. *Ration alimentaire.* — Il existe une relation entre la taille ou le poids du cheval et la quantité d'aliments qu'il consomme. Le poids du cheval moyen, suivant M. Boussingault, est de 486 kil; il faut 3 kil 08 de foin de prairies pour l'entretien par jour de 100 kilogs du poids vivant des chevaux travaillant 8 à 10 heures par jour. On a reconnu que la ration quotidienne d'un cheval de 450 à 500 kilogs évaluée en foin bonne qualité est habituellement comprise entre 2 0/0 et 3 0/0 du poids vif, tandis que chez les poneys cette ration s'élève jusqu'à 4 0/0. On peut conclure de là que la ration proportionnelle des *animaux adultes* a besoin d'être, comparativement au poids vif, plus forte pour les petites races que pour les grandes. Pour l'animal en voie de croissance, la proportion de la ration, eu égard au poids vif, est beaucoup plus élevée.

Il n'y a que quatre millions de chevaux en France.

285. Ane. — L'âne *est le cheval du pauvre*, il rend à la petite culture et à la culture maraîchère les mêmes services que le cheval et le bœuf; plus rustique que le cheval, il est aussi plus facile à nourrir, il a plus de coustance, de patience que le cheval, il est moins souvent malade ; mais, malgré les nombreux services qu'il rend à l'homme, on le néglige, on ne lui donne même pas les soins que réclame l'hygiène. Aussi, faute de ces soins, la race asine s'abâtardit tous les jours, l'âne prend des formes peu agréables à l'œil et se dégrade insensiblement. L'excès des travaux et la mauvaise nourriture le fait mourir jeune. La femelle nous donne un lait recherché. Après sa mort,

l'âne rend encore de grands services : sa peau, dure et
élastique, sert à faire des cribles, des tambours, des souliers ;
c'est elle qui donne une splendide reliure, la *peau de chagrin*.
L'âne n'est pas seulement utile en nous fournissant ses produits et ses services, il est encore une source de richesses
par son alliance avec l'espèce chevaline.

C'est le produit de cette alliance qu'on appelle le *mulet*.
C'est surtout dans les pays des montagnes escarpées, où les
sentiers pierreux sont difficiles, que l'âne est utile; dans les
montées comme dans les descentes rocailleuses, il a le pied
sûr et ne bronche jamais. Il sera toujours l'animal du pauvre
et des montagnes. On compte 450,000 ânes en France.

286. Mulet. — Le *mulet* ou *bardeau*, produit de l'ac-
couplement de l'âne avec la jument ou du cheval avec l'ânesse,
est plus sobre que le cheval, et, dans les pays montagneux,
il rend de grands services, il est fort, d'une santé robuste, sa
vue est excellente et n'est pas sujette, comme le cheval, aux
fluxions qui sont toujours une cause de perte; il est plus
résistant à la chaleur et à la fatigue, et sa propagation ne
devrait pas être autant négligée qu'elle l'est en France. Le
nombre des mulets s'élève à 450,000.

Espèce Ovine

287. Mouton. — L'espèce ovine est une des conquêtes
les plus utiles que l'homme ait faites sur le règne animal, en
faveur de l'agriculture et de l'industrie. Elle donne au cultivateur le double bénéfice de la chair et de la laine. Malgré nos
beaux types de races créées dans notre espèce ovine, il nous
reste encore bien des progrès à faire pour sa multiplication.
Nous sommes, sous ce rapport, dans une situation d'infériorité
marquée vis-à-vis de l'Angleterre : outre sa laine et sa chair,
l'espèce ovine fournit sa peau, son suif et son lait.

Il est difficile de créer un type unique pour le mouton, type
qui aurait l'aptitude égale de la laine et de la viande. L'alimentation copieuse, en vue du développement des tissus mus-

culaires, a malheureusement pour effet de grossir le brin de laine. Cependant voici, dans ce cas, quel serait le meilleur type répondant le mieux à la production de la laine et à la production de la viande.

Le mouton doit offrir un corps ample avec des extrémités fines, tête fine, naseaux humides sans mucosités épaisses; œil grand, vif et clair; cornes peu développées ou absentes; nuque et col courts et minces; garrot épais sans aucune saillie; épaules bien musclées, écartées l'une de l'autre; poitrine large et profonde; côtes arrondies; dos et reins larges et charnus; ventre bien arrondi; hanches écartées; corne des pieds noire et solide. Un bon bélier doit avoir les membres bien proportionnés, les reins larges, le corps cylindrique sans gros ventre, la laine égale et uniforme.

288. *Soins aux bergeries.* — Les sols humides sont nuisibles aux moutons, le sol de l'étable doit être un terrain sec. De plus, la bergerie doit être spacieuse et aménagée, de telle sorte que chaque tête ait 1 mètre carré pour la brebis ou le mouton, et 0^{m}75 pour un agneau, et, comme toutes les bêtes mangent en même temps, il importe qu'elles aient de la place et que chaque animal ait 0^{m}50 de crèche. Il faut régler l'aération et la température des bergeries, de telle sorte qu'elles reçoivent toujours un air sec, vif et pur. Le cultivateur doit se guider pour l'aération sur la destination de ses animaux. La laine devient douce, fine, moëlleuse, dans un air chaud et un peu humide, ferme dans un air sec et froid, cassante dans un air impur, chargé d'émanations, et de déjections liquides. Les portes doivent être assez larges pour laisser un libre accès aux animaux.

Dans les bergeries closes, il est nécessaire d'enlever le fumier quand il est humide, sans quoi il pourrit la corne des pieds et détermine la maladie de l'ongle appelée *piétin*, en même temps qu'il altère la laine dont il brûle l'extrémité des mèches; si l'air de la bergerie devient impur, on voit apparaître d'autres maladies, telles que la *pourriture*, la *gale* et la *chute* ou la *détérioration* de la laine.

289. *Ration alimentaire.* — On engraisse les moutons de trois manières : l'une est de les faire pâturer dans de bons herbages, où ils trouvent l'*engrais d'herbes*, l'autre de leur donner une bonne nourriture au râtelier et dans les auges, l'*engrais de pouture*, la troisième, de les mettre dans les herbages en automne et ensuite de les faire pouturer. Les meilleurs herbages sont : la luzerne, le trèfle et le sainfoin, le froment, le raygrass et les regains.

On ne peut guère rationner les bêtes ovines ; on les laisse manger à leur appétit, et souvent même, pour aiguiser cet appétit, on met quelques poignées de sel dans les rations servies aux crèches.

290. *Soins particuliers*. — Quand l'époque de la tonte est arrivée, on le reconnaît en écartant les mèches de l'ancienne laine, et on aperçoit les pointes de la nouvelle. Avant de tondre, on peut, si la température le permet, *laver la laine sur le dos* du mouton. La toison enlevée, sans lavage, au mouton, s'appelle *laine en suint*. Il y a en France de 35 à 40 millions de bêtes ovines qui donnent 100 millions de kilos de laines en suint ou 40 millions de kilos de laines lavées.

291. Chèvre. — La *chèvre est la vache du pauvre*. C'est surtout pour son lait qu'on élève la chèvre : les pauvres familles s'en nourrissent et font des fromages.

Dans le Mont-d'Or, cette fabrication des fromages est devenue une industrie considérable. Le nombre des chèvres, en France, s'élève à un million environ. La peau est estimée pour la chamoiserie, la cordonnerie, la maroquinerie, la parcheminerie. On fabrique avec le poil des vêtements, on fait encore des outres avec la peau et leur suif est estimé pour la fabrication des chandelles.

Une chèvre, pour être bien faite, doit avoir une taille moyenne, la tête petite, les yeux grands, expressifs, l'encolure fine, la peau mince et souple, le poil doux et luisant, la côte arrondie, le flanc court. On compte en France 1,200,000 chèvres.

Espèce Porcine

292. L'espèce porcine est exclusivement élevée pour la graisse ou la viande, aussi doit-on toujours choisir la race qui paie le mieux sa consommation et dont l'engraissement est le plus facile et le plus précoce. L'influence des lieux et l'œuvre de l'homme ont créé une infinité de races diverses, spécialisées dans chaque localité.

Le porc s'accommode de tout, pourvu qu'il mange : aussi cette facilité de le nourrir le fait-elle adopter dans toutes les campagnes comme la base de toute la consommation animale. Il n'est pas, en effet, de produit qui offre autant de ressources que le porc après sa mort, mais comme toutes les races n'ont pas la même aptitude d'engraissement, c'est au cultivateur de faire choix du type qui convient le mieux à ses ressources.

Il faut dans l'espèce porcine rechercher la prédisposition à l'engraissement : les parties du corps qui fournissent les meilleurs morceaux doivent offrir un grand développement. Il faut rejeter les individus à groin allongé et développé ceux dont les os seraient trop puissants. Choisissons ceux qui ont le train postérieur égal en largeur au train antérieur, le dos large, les reins courts et amples, la croupe bien développée.

293. *Soins aux loges.* — La porcherie ou toit à porc, ou loge, doit être pavée et présenter une pente suffisante de chaque côté pour l'écoulement des immondices liquides dans une rigole qui les conduit dans une citerne. Il faut que la porcherie soit construite avec des matériaux très-durs, car le porc a dans le groin une force prodigieuse. Une litière abondante doit être réservée à cet animal qui, quoi que l'on dise, aime la propreté. L'espace réservé à chaque bête doit être de 3m 20 carrés par tête. On peut, dans une même loge, placer trois ou quatre porcs, mais il vaut mieux les diviser, les animaux sont plus tranquilles. Il est bon aussi de pouvoir les faire baigner de temps à autre.

294. *Ration alimentaire.* — Les porcs, avons-nous dit, mangent de tout : on peut associer avantageusement à une nourriture végétale une nourriture animale, mais il ne faut leur en donner que de petites quantités et pendant tout le temps de l'engraissement, il faut la plus grande régularité dans la distribution de la nourriture, et plus aussi on variera la nourriture plus rapide sera l'engraissement.

Il y a de 5 à 6 millions de porcs en France.

M. de Montigny a introduit en France, il y a peu d'années,

le *yak* ou *bœuf à queue de cheval* qui est appelé à rendre de grands services ; il y en a déjà quelques millions de têtes ; on essaie aussi la propagation des *lamas*, des *vigognes :* mais ces animaux sont encore peu répandus.

Le mâle, destiné à la reproduction, porte le nom de *verrat*, la femelle, celui de *truie :* le mâle et la femelle qui ont subi la castration porte le nom général de *cochon* et sont destinés à alimenter la consommation. Le *cochon de lait* tête encore sa mère, le *goret* est sevré.

Résumé du Chapitre XXVI

1. Le *bœuf de travail* doit avoir le corps anguleux et les masses musculaires situées sous la peau nettement accusées.

2. Le *bœuf de boucherie* doit avoir les parties musculaires supérieures, qui sont les meilleures en qualité, parfaitement développées.

3. La *vache laitière* joue un rôle important en agriculture, aussi faut-il faire attention aux signes qui indiquent une bonne vache laitière, tels qu'un pis volumineux avant la traite, très-réduit après, les quatre trayons bien espacés, bien marqués.

4. Les *soins à l'étable* ne doivent pas être négligés ; l'aération du bâtiment, la propreté, une température plutôt chaude que fraîche, etc.

Il y a deux sortes de rations de nourriture : la *ration d'entretien* et la *ration de production :* la première est seule donnée aux animaux qui ne travaillent pas, la seconde aux animaux entretenus dans un but d'utilité : chez les bêtes à l'engrais la fixation des rations n'a d'autre limite que l'appétit de l'animal.

5. Le *cheval de selle* ou de voyage doit réunir la force et l'agilité et c'est vers cette conformation que doivent tendre les efforts faits dans le but de l'améliorer.

Le *cheval de luxe* doit avoir la taille plus élevée, les muscles plus développés, avec plus d'épaisseur et de volume.

Le *cheval de trait léger* doit traîner, à des allures rapides, des fardeaux assez lourds : il faut que l'ensemble du corps soit cylindrique et ramassé, les reins larges, les membres bien musclés, etc.

Le *cheval de gros trait* doit être le type de la force : tête épaisse, reins larges et courts, corps trapu, poitrail ouvert, etc.

6. Pour les *soins à l'étable*, il faut que le sol de l'écurie soit assez solide pour ne pas s'enfoncer sous le piétinement, sans cependant froisser les pieds des animaux, assez compacte pour ne pas s'imprégner des liquides, surtout pas glissant. Le râtelier ne doit pas laisser tomber la poussière et le fourrage sur la tête des animaux.

La *ration alimentaire* proportionnelle des animaux adultes a besoin d'être, comparativement au poids vif, plus forte pour les petites races que pour les grandes. Pour l'animal en voie de croissance, la proportion de la ration, eu égard au poids vif, est beaucoup plus élevée.

L'*âne* et le *mulet* sont plus sobres, plus rustiques, moins sujets aux maladies, mais réclament des soins de propreté qu'on leur néglige trop souvent.

7. Il serait utile de spécialiser l'espèce *ovine* : car si l'on donne au mouton une alimentation copieuse en vue du développement des tissus musculaires on fait malheureusement grossir le brin de laine. Mais, en France, on utilise à la fois le mouton et pour la chair et pour la laine : dans ce cas, voici le meilleur type : corps ample, extrémités fines, naseaux humides, cornes peu développées, reins larges et charnus, etc.

Les *soins à la bergerie* doivent avoir pour but de tenir le sol sec et de donner un emplacement suffisant à chaque bête, de ne pas laisser trop s'accumuler le fumier sous les pieds des animaux, d'établir une température sèche, vive et pure : le cultivateur doit se régler sur la destination de ses bêtes, car la laine devient douce, fine, moelleuse dans un air chaud et un peu humide, ferme dans un air sec et froid, cassante dans un air impur.

8. La *ration alimentaire* se partage en *engrais d'herbe*, en engrais de *pouture*, en ration demi-mélangée ; de plus, il ne faut pas négliger les soins hygiéniques de la tonte.

9. L'*espèce porcine* est exclusivement élevée pour la graisse et la viande : aussi faut-il choisir la race qui est la plus apte à l'engraissement : ces parties du corps qui fournissent les meilleurs morceaux doivent offrir un grand développement : il faut rejeter les individus à groin allongé et développé, ceux dont les os seraient trop puissants.

La *porcherie* doit être pavée et inclinée, construite de matériaux très-durs : la litière doit-être abondante, car le porc aime la propreté et les bains.

10. La *ration alimentaire* doit être distribuée en petite quantité à la fois et avec la plus grande régularité : plus elle sera variée, plus l'animal profitera.

CHAPITRE XXVII

OISEAUX DE BASSE-COUR

Chapon de huit mois
Manger des rois.

PROVERBE.

295. Les oiseaux de basse-cour correspondent à notre bétail domestique ; ils sont comme une succursale ménagée pour assurer notre alimentation, lui donner plus de variété et parer à l'imprévu. La volaille se tient dans la basse-cour, comme pour vivre des graines qu'elle trouve dans les fumiers et les balayures. Une basse-cour bien tenue est un indice d'ordre et de vigilance, en même temps qu'elle devient pour la ménagère une source féconde de produits.

296. Poule. — Le premier habitant de la basse-cour, c'est la poule, c'est celui qui est le plus multiplié, celui qui donne le plus de produit avec le moins de dépense. La poule non-seulement donne des poussins et sa viande, mais presque chaque jour elle fournit une rente à celui qui la nourrit, elle lui donne des œufs. Pour comprendre la part que la poule prend dans l'alimentation générale, il suffit de rappeler que la production annuelle des œufs en France est de 9 milliards, 500 millions, ce qui représente une valeur de 500 millions de francs. Les œufs donnent lieu à un commerce de plus de 100 millions de francs d'exportation. Quand on veut se livrer à l'élève des volailles, il faut être fixé sur le choix à faire, et pour cela il faut se rendre compte du but en vue duquel on fait l'élève. Certaines races exigent plus de soins, mais leurs produits sont plus avantageux au genre d'industrie locale ; d'autres sont plus rustiques et coûtent moins cher à entretenir, mais en revanche elles rapportent moins; la race de poule la plus répandue est la poule commune qui est un composé de toutes les races, race rustique, bonne pondeuse, bonne couveuse, mais aimant à gaspiller, à faire des dégâts.

Une des meilleures races est la race de *Crèvecœur*, ou race normande ou picarde, bonne pondeuse et apte à l'engraissement, mais mauvaise couveuse, et cassant souvent ses œufs. Elle a les jambes courtes et fortes, les membres gros et charnus, le dos large, le plumage noir ou panaché de noir, et sur la tête une huppe de plumes tachetées de blanc, sous le bec une huppe semblable, mais plus petite. La race *Houdan* excellente pondeuse, précoce pondeuse surtout, a le plumage caillouté, noir, blanc et jaune-paille, le corps un peu arrondi; la tête forte, la crête triple.

La race de *Bresse*, au plumage noir et à deux huppes, aux os petits, s'engraisse facilement et fournit la volaille fine, les poulardes de la Bresse. La poule tranquille fait peu de ravages.

Fig. 33

La race du *Mans* ou de *La Flèche* (fig. 33) a beaucoup d'analogie avec la race de Crèvecœur, mais elle n'a pas de huppe : son plumage est noir, parfois moucheté de blanc, elle est assez rustique, prend la graisse facilement et fournit les chapons renommés du Mans. Telles sont les meilleures races indigènes.

Parmi les races exotiques, on peut recommander la race cochinchinoise rustique, grosse et tranquille, bonne pondeuse, bonne couveuse, s'engraissant mal et donnant de

Fig. 34

petits œufs. La race *brahma-poutra* ou *russe* (fig. 34 et 35), très-grosse, ayant les mêmes qualités et les mêmes défauts,

Fig. 35

la race *dorking* (fig. 36), moins grosse, mais ayant la chair plus succulente.

Mais rappelons-nous qu'il en est de la volaille comme des animaux; leur adoption doit toujours être soumise, avant tout, au creuset des expériences comparatives.

297. *Soins au poulailler*. — Le poulailler doit être exposé au levant, car une chaleur trop vive gêne les poules et protége la pullulation des mites; l'excès du froid les engourdit, l'air humide leur cause des douleurs, l'exposition du couchant ne leur donne pas assez de soleil. Les poules ont besoin d'air, de lumière et d'espace, aussi pour 100 poules, il faut une pièce ayant 5 mètres 50 de longueur sur 3 mètres de largeur.

Le sol du poulailler ne doit pas être humide et doit être recouvert d'une couche de litière souvent rafraîchie et souvent renouvelée. Les murailles doivent être blanchies à la chaux pour empêcher la présence des mites. L'intérieur d'un poulailler doit avoir un *juchoir* ou *perchoir*, c'est-à-dire, une échelle de largeur proportionnée au nombre des volatiles et dont les échelons sont assez écartés pour que les poules s'y placent à l'aise et ne déposent pas leurs ordures sur celles qui sont au-dessous; les échelons doivent être carrés pour que la poule conserve sans difficulté son équilibre.

On réserve des compartiments pour les poules couveuses ; on les garnit de *paniers à pondre*.

Ces paniers doivent être souvent nettoyés et lavés pour prévenir la vermine; ces compartiments doivent être éloignés de toute cause de bruits qui pourraient effrayer les volailles, on n'y laisse entrer que peu de lumière, et les paniers à

pondre doivent permettre à la poule d'être à l'aise sans
cependant qu'elle puisse prendre ses ébats et casser ses œufs.
Il est utile que les volailles trouvent à leur portée un peu de
sable fin ou de gravier pour se rouler et se débarrasser des
insectes incommodes.

A côté du poulailler doit se trouver une petite cour, où
les volailles vont prendre leurs ébats. Cette cour doit être
bien close, gazonnée et plantée de quelques arbrisseaux pour
que la volaille puisse y trouver l'ombrage qu'elle recherche
pendant les chaleurs; cette cour doit être pourvue d'eau,
car les poules ne peuvent s'en passer pour leur digestion.

Ration alimentaire. — Toute espèce de grain convient
aux poules, mais les grains qui les nourrissent le mieux,
sont le blé noir, le maïs, l'orge, le froment; le chènevis les
dispose à la ponte mais les rend malades. En général, elles
aiment tous les grains et même toutes les graines sauvages.
On les nourrit d'habitude avec les criblures et les déchets du
battage; c'est le moyen le plus économique. L'avoine les fait
pondre et les engraisse rapidement. Une petite ration de ce
grain convient en remplacement de la pâtée d'œufs pour les
petits poulets d'un mois à six semaines; seulement on doit
en être avare parce que l'avoine est échauffante et rend la chair
coriace.

Les poules ne peuvent se nourrir exclusivement de grain;
il leur faut des herbages, des insectes ou de la viande, des
matières animales enfin. Lorsque les poules sont libres il est
beaucoup plus convenable de leur distribuer leur nourriture
à des heures fixes et toujours à la même place.

298. Dindon. — Le dindon offre de grandes ressources
à l'alimentation par sa chair succulente, mais il n'a pas la
fécondité de la poule : ce qui le recommande surtout, c'est
qu'après six semaines ou deux mois de soins, lorsqu'il a
poussé le rouge il devient rustique et peut aller paître en
bandes, car il n'aime pas vivre isolément.

Il y a trois races de dindons : le noir, le blanc et le gris,
aussi recommandables l'une que l'autre. Comme l'humidité
et le froid font périr un grand nombre de dindonneaux après
leur naissance, le cultivateur doit les élever dans un local
sec et aussi chaud que possible, comme le voisinage d'un

four. On est d'usage de donner aux jeunes dindonneaux un peu de vin pour les fortifier.

Le rouge commence à pousser deux mois après leur naissance ; ceux qui résistent à cette crise deviennent très-robustes ; ils mangent de tout et on les laisse jucher en plein air. L'importation en France des dindons des forêts de l'Amérique septentrionale est due aux jésuites. Les premiers parurent au mariage de Charles IX, sous les noms de coq et poule d'Inde, d'où l'on a fait *dinde* et *dindon*.

299. Oie. — L'oie a la marche disgracieuse, le dandinement gauche et prétentieux ; mais cet animal est précieux pour sa graisse fine, sa chair succulente, son foie, qui, développé artificiellement par un excès de nourriture, sert à faire les pâtés de Strasbourg et les terrines de Nérac. De plus les plumes qu'on leur arrache périodiquement sont un surcroît de revenus ; leur duvet sert à faire des édredons ; les plumes moyennes sont utilisées pour les lits, les traversins, les plumes des ailes servent pour les écrivains. Ces trois genres de produits recommandent donc l'élève des oies.

On distingue deux variétés d'oies domestiques : l'une au plumage blanc, marqué de gris, avec plumes de la tête redressées en huppe, à la masse graisseuse abdominale, (*panouille*), traînant presque par terre ; l'autre plus grise, plus petite, moins productive. La femelle doit avoir l'entre-deux des jambes large pour couver le plus possible d'œufs et la *panouille* plus développée. Le mâle s'appelle *jars*. Les oies qui vivent en liberté et mangent à leur discrétion s'engraissent lentement. La méthode d'engraissement la plus efficace consiste à les priver de mouvement et à les gorger de nourriture : on leur fait faire deux repas par jour et on les gorge jusqu'à la plénitude du jabot avec une pâtée composée de graines farineuses. Il faut les tenir pendant tout ce temps dans l'obscurité.

300. Canard. — Le canard est l'oiseau de basse-cour qui produit le plus ; il coûte peu à nourrir, s'il trouve de l'eau pour barboter à son aise. Le canard est très-vorace et mange de tout ; le petit caneton, nourri pendant huit à dix jours, avec des jaunes d'œufs durs, croît ensuite avec une rapidité étonnante ; toute nourriture lui convient pourvu que l'eau ne lui manque pas. La chair des canards qui vivent librement est plus estimée. Outre les profits que retire le cultivateur des œufs et de la chair du canard, la plume est un produit fort important. On engraisse le canard par la même méthode que l'oie.

301. Lapins. — Le lapin donne une viande très-saine, nutritive et d'un prix très-modique; il multiplie facilement et donne souvent des produits avantageux. C'est un animal précieux à la campagne et de grande ressource. Il y a trois races principales : le lapin gris, le lapin argenté, le lapin angora; la seconde est moins rustique. Du mélange de ces races il en résulte des variétés qui participent des propriétés des autres. Il faut, dans le choix du mâle, le prendre tranquille et doux; qu'il ait le regard effronté et les mouvements vifs et gais.

Soins du clapier. — Si l'on veut voir prospérer les lapins il faut leur donner une habitation (*clapier*) convenable; il leur faut aussi une petite cour pavée, entourée de murs, qui les mettent à l'abri des attaques des renards etc., et dont les fondations aient 1 mètre 50 de profondeur, car le lapin aime à fouiller et à se creuser un terrier; elle doit être garnie de litière souvent renouvelée; le sol doit être recouvert d'une couche de marne qui absorbe l'humidité et l'odeur; le clapier doit être situé à l'exposition du midi ou du levant, l'air doit y circuler facilement; le plancher doit être en pente pour faciliter l'écoulement des urines; chaque cabane doit être munie d'un ratelier pour que le lapin ne foule pas sa nourriture qu'il dédaigne dans ce cas.

302. *Ration alimentaire.* — La nourriture influe sur le développement du lapin et sur le goût de sa chair. On doit lui donner trois fois par jour à manger à des heures réglées et avoir toujours de l'eau claire. Il est très-important de varier la nourriture des lapins; on peut exciter leur appétit avec un peu de son.

On se trouve bien, au lieu du clapier, de préparer aux lapins une *garenne*, c'est-à-dire, de leur préparer artificiellement une station analogue à celle qu'ils se font librement dans les bois. Cette garenne se fait avec des pierres, jetées çà et là dans un herbage, de telle sorte que le lapin se réfugie librement dans les anfractuosités et se creuse à sa guise son terrier; seulement la condition essentielle d'une bonne garenne, est d'être bien close pour empêcher les lapins de sortir. Cette garenne convient et plaît aux lapins; ainsi nourris, ils n'ont pas la chair molasse et insipide, mais il faut veiller à ce que les mâles ne se multiplient pas trop et empêcher les animaux destructeurs de pénétrer dans les refuges des lapins.

303. Pigeons. — Le pigeon donne un produit utile dans les campagnes éloignées de tout centre d'approvisionnement et dans le voisinage des grandes villes; on les élève pour les porter au marché et augmenter les revenus de la basse-cour. On les divise en *pigeons fuyards*, *bisets* ou de *colombier*, *domestiques* ou de *volière*. Le gîte où ils nichent s'appelle le *colombier*.

304. *Soins au colombier.* — Le colombier est souvent isolé dans la ferme, au milieu de la basse-cour, où un bâtiment spécial en forme de tour carrée ou arrondie, leur est réservé, car les pigeons, naturellement timides, aiment le calme et la liberté. On fait les colombiers ronds d'habitude, car à l'aide d'une échelle tournante on peut facilement approcher des nids. Quel que soit le lieu destiné au colombier, il doit être exposé à l'est et au sud, être préservé des rats, etc., être bien tenu et présenter tout ce qui peut plaire aux pigeons et les exciter à multiplier. Il faut nettoyer le colombier assez souvent pour ne pas y laisser entasser la colombine qui vicie l'air et favorise la multiplication de la vermine.

305. *Ration alimentaire.* — La nourriture ordinaire du *biset* qui peuple d'habitude le colombier est la vesce, l'orge, le sarrazin, les lentilles, les pois, la féverolle, le maïs, les criblures; mais il faut varier le plus possible, car on a remarqué qu'une seule nourriture est préjudiciable à la santé des pigeons et nuit à la vigueur de cet oiseau.

Résumé du Chapitre XXVII

1. Quand on veut se livrer à l'élève des *volailles* il faut être fixé sur le choix à faire et se rendre compte du but en vue duquel on fait l'élève. La meilleure race de *poules* est la race de *Crêvecœur* ou race normande; bonne pondeuse, apte à l'engraissement, mais mauvaise couveuse, la race de Houdan est excellente et précoce pondeuse, la race de Bresse s'engraisse facilement, et fournit la volaille fine; la race du Mans est assez rustique et fournit de bons chapons. Les races exotiques sont moins productives.

2. Le *poulailler* doit être exposé au levant; la chaleur gêne les poules, le froid les engourdit, l'humidité les rend malades, l'exposition du couchant ne donnerait pas assez de soleil. Les poules ont besoin d'air, de lumière et d'espace : un *juchoir* proportionné au nombre des poules, des *paniers à pondre* complètent le poulailler.

La *ration alimentaire* des poules doit être donnée en grains : seulement il leur faut des herbages et quelques matières animales : la nourriture doit être distribuée à heure fixe et à la même place.

3. Le *dindon*, délicat dans son enfance, devient plus tard très-rustique : il n'aime pas à vivre isolément. Pour l'élever jeune, il faut un local sec, aussi chaud que possible.

4. L'*oie* se recommande pour sa graisse fine, sa chair succulente, son foie qui sert à faire les pâtés de Strasbourg, ses plumes qui sont utilisées.

5. La méthode d'engraissement la plus efficace consiste à priver les oies de mouvement, à les gorger de nourriture et à les tenir dans l'obscurité.

6. Le *canard* est très-productif, coûte peu à nourrir, est peu difficile pour la nourriture, à la condition d'avoir de l'eau pour barboter. On engraisse les canards par la même méthode que les oies.

7. Le *lapin* multiplie facilement et donne des produits très-avantageux : il faut avoir soin, pour choisir le mâle, qu'il soit tranquille, doux; qu'il ait le regard effronté et les mouvements vifs et gais.

8. Le *clapier* doit être situé au midi; l'air doit circuler facilement, le plancher doit être en pente. Il doit être tenu avec plus de propreté qu'on ne le fait d'habitude.

Il est important de donner la nourriture aux lapins à des heures réglées : il faut leur donner de l'eau claire et de temps à autre un peu de son.

Au lieu de clapier le lapin se trouve mieux dans une *garenne*.

9. Le *pigeon* aime le calme et la tranquillité : aussi faut-il que le colombier soit isolé, exposé à l'est et au sud, être préservé des rats, être bien tenu et assez souvent nettoyé.

La *ration alimentaire* ne doit pas être uniforme.

CHAPITRE XXVIII

APICULTURE, SÉRICICULTURE, PISCICULTURE
OSTRÉICULTURE

> Pendant l'été, nos campagnes sont couvertes de fleurs pleines de miel et de cire ; nous perdons ces revenus délicieux faute d'avoir assez d'abeilles, qui seules savent faire cette récolte. Les abeilles enfin sont une branche d'économie rurale d'autant plus précieuse qu'elle est à la portée des pauvres habitants des campagnes ; elle ne demande ni engrais, ni labour, ni semence.
>
> RÉAUMUR

Sommaire. — Abeilles — Ruches — Essaim — Soins donnés à l'essaim — Miel — Cire — Vers-à-soie — Nourriture — Education — Cabanage — Métamorphose — Pisciculture — Ostréiculture

Apiculture

306. Les insectes rendent, en général, moins de services à l'homme que les autres classes d'animaux ; cependant *l'abeille* donne un aliment assez agréable et sain et qui a tenu lieu de sucre depuis le commencement du monde. L'abeille est soumise à la domesticité et l'éducation de cet admirable insecte est peu dispendieuse, très-lucrative. La nature nous donne à profusion les matières premières qui servent aux abeilles à produire leur miel ; elles n'ont qu'à les ramasser, à les transformer, à les élaborer dans leurs ateliers.

On ne saurait trop encourager l'éducation des abeilles qui ne réclament que quelques soins intelligents et fort peu de dépens et qui demandent seulement une partie du miel qu'elles fabriquent.

Sans décrire ici les particularités vraiment merveilleuses de l'organisation, de l'instinct et des mœurs des abeilles, il nous suffit de rappeler qu'une famille de *mouches à miel* ou *abeilles* est habitée par trois espèces d'abeilles bien distinctes qui ont chacune leurs fonctions, leur travail, leur mission à remplir. Dans la nature, cette colonie d'insectes s'établit dans le tronc d'un arbre ou dans le creux d'un rocher ;

l'homme, qui tient à avoir sous sa main le produit des abeilles, leur construit des habitations qu'on appelle *ruches*.

On trouve dans une ruche une *mère* ou femelle unique seule chargée de renouveler la population par la ponte de ses œufs, des milliers d'*ouvrières ou neutres* chargées des travaux de la ruche, de quelques centaines de mâles ou *faux bourdons* qui n'ont d'autres fonctions que de féconder l'abeille-mère et qui meurent naturellement ou sont tués après avoir rempli leur rôle de reproducteurs.

La ruche est divisée en plusieurs compartiments par des cloisons verticales ou *gâteaux*; chaque gâteau est composé d'une double rangée de *cellules* accollées par le fond et qui s'ouvrent sur l'une ou l'autre face de la cellule. Des ouvertures sont ménagées dans les cloisons et permettent de parcourir toutes les parties de la ruche; la forme de la cellule est prismatique hexagonale et terminée par une petite cellule, chaque paroi consiste en une petite lamelle de cire qui sort toute préparée des plis de l'abdomen des abeilles.

Les ruches les plus communes dans nos campagnes sont faites en paille ou en osier; elles ont la forme d'un cône dont la base ouverte repose sur un plateau (tablier) en pierre ou en bois. Le sommet se termine par un petit manche en bois qui sert à les transporter. Ces deux espèces de ruches sont les plus simples et les plus économiques; on en fait aussi en planches sous forme de caisse carrée, recouverte à sa partie supérieure par un couvercle fixe et incliné. Voici comment est la ruche recommandée par le docteur Debeauvoys. Elle simule une caisse carrée de 0^m 33 de diamètre, la planche qui forme la face antérieure a de 0^m 35 à 0^m 40 de hauteur; celle qui forme la face postérieure a de 0^m 45 à 0^m 50; par suite de cette disproportion le couvercle forme une espèce de toit, d'avant en arrière. Les planches latérales, mobiles et fixées à l'aide de crochets, s'adaptent bien au cadre qui les reçoit : six petites ouvertures, pratiquées inférieurement, livrent passage aux abeilles. L'intérieur de la ruche est pourvu de neuf cadres espacés régulièrement pour donner libre accès aux abeilles. Ces cadres, consolidés par deux traverses, sont mobiles : sur ces traverses reposent les gâteaux de cire ou de miel; il est facile, par suite de cette disposition, de les extraire les uns après les autres pour visiter la ruche ou faire la récolte.

Cette ruche ingénieuse permet à l'agriculteur de donner tous ses soins à ses abeilles.

Le rûcher doit être placé dans une situation tranquille, isolée, où les abeilles ne soient pas troublées par le voisinage de l'homme ; il doit y avoir, non loin du rûcher, un filet d'eau vive où elles vont se désaltérer. Une position ombrée est favorable à la production du miel. Il faut veiller à ce que la ruche soit à l'abri de l'attaque des animaux rongeurs.

L'abeille-mère, plus développée, plus grande que les autres mouches, se reconnaît à son corps plus allongé ; elle est chargée de pondre les œufs pour la multiplication de l'espèce et sa conservation : elle seule a ce privilége ; aussi elle ne quitte le logis, un jour ou deux après la naissance, que pour être fécondée, ce qui n'a jamais lieu dans la ruche. Suivie d'un cortége d'ouvrières elle se promène sur les cellules en déposant un œuf dans chacune d'elles. Pendant tout ce temps, les ouvrières la lèchent, la nettoient et lui offrent du miel. La ponte dure trois semaines et varie de 6 à 12 mille œufs. Le temps d'incubation de ces œufs varie de deux à quatre jours environ suivant la température ; la *larve* sort de l'œuf, comme elle n'a pas de pattes pour aller chercher sa nourriture, une ouvrière vient lui apporter à manger et lui sert de nourrice ; au bout de cinq jours l'ouvrière ferme le couvercle de la cellule et la larve file son cocon ; trois jours après, elle passe à l'état de *nymphe* ou *chrysalide* ; huit jours après elle est *abeille*, et, soulevant le couvercle de la cellule, elle sort ; ses nourrices la lèchent pour la nettoyer ; elle se sèche ensuite au soleil et s'en va *butiner* à son tour et enlever aux étamines des fleurs une poussière fine appelée *pollen* dont elle fait la cire (1) et par suite le miel.

Les jeunes abeilles sortent par centaines et les cellules abandonnées sont immédiatement remises en état.

Sur la fin de l'été les mâles deviennent inutiles et sont tués sans pitié.

Une particularité curieuse mérite d'être notée ici au sujet de la ponte. Les cellules des rayons de cire sont de trois ordres : une ruche contient sept ou huit grandes cellules différentes

____

(1) La science a découvert que la cire est extraite du miel ; il faut 5 kilos de miel pour en faire un de cire.

des autres et placées sur les bords des rayons; d'autres cellules d'une dimension moyenne, enfin des alvéoles plus petites. L'abeille-mère passe en revue toutes ces cellules ; elle place dans les grandes les œufs qui doivent produire des mères, dans les cellules moyennes les œufs des mâles, dans les cellules les plus petites les œufs qui doivent produire les ouvrières.

Un des soins les plus importants pour l'apiculteur, c'est le soin des essaims. On nomme *essaim* un groupe de plusieurs milliers d'abeilles qui quittent la colonie, et, suivant une abeille-mère, émigrent et s'établissent ailleurs. L'essaim nouveau se compose d'habitude de 30 à 40 mille abeilles et pèse 3 à 4 kilogs. Il faut surveiller le départ des essaims pour les recueillir : certains signes font connaître le départ futur de la nouvelle colonie. L'abeille-mère est agitée; elle parcourt la ruche avec bruit et cherche à détruire les abeilles-mères prisonnières dans leurs cellules et qu'elle regarde comme ses rivales; son agitation se communique à toute la ruche qui bourdonne d'une manière inusitée. La chaleur intérieure monte alors jusqu'à 32 degrés.

Au moment de recueillir l'essaim, il faut avoir eu soin de préparer une ruche pour le recevoir. L'essaim sort et se repose d'abord à peu de distance de la ruche-mère, sur une branche d'arbre où il se pelotonne, la reine au centre, les mouches accrochées les unes aux autres; on peut alors, en coupant la branche, prendre l'essaim tout entier ou bien on place la ruche sous l'essaim et on le fait tomber dans son intérieur par une secousse brusque. Mais si par accident la reine s'en échappe, vous aurez peut-être l'essaim, mais jamais ni miel, ni cire; si l'essaim s'éloigne de la ruche et s'en va en ligne droite, à une grande distance, il appartient par la loi au propriétaire du terrain sur lequel il s'abat, à moins que le premier propriétaire ne puisse prouver qu'il a suivi, sans le perdre de vue, l'essaim fugitif.

Lorsque le moment est arrivé où les cellules sont remplies de miel, on enlève le gâteau de la ruche. En laissant simplement égoutter le gâteau on obtient le *miel vierge*; en l'exprimant ensuite on a des miels d'une qualité inférieure. Les gâteaux fournissent la cire dont on fait les cierges, etc. Pour extraire le miel des ruches sans danger d'être piqué par les abeilles, ou les endort de différentes manières. La France récolte annuellement 16 millions de kilogs de cire et autant de miel.

Sériciculture

307. Partout où peut croître le *mûrier*, la sériciculture ou l'éducation des vers à soie devient une source de richesse. Le *ver à soie* sort d'un œuf semblable à une toute petite graine et dont il a rongé la coquille ; il est sous forme de petite chenille noire de deux millimètres de longueur

L'œuf ou la *graine* du ver à soie finirait par éclore, abandonnée à elle-même, mais il est essentiel de ne favoriser l'éclosion que quand les feuilles du mûrier commencent à pousser. Pour cela on les dispose dans des boîtes qui sont maintenues à une douce chaleur. Chez nous, les vers à soie sont élevés dans des établissements spéciaux appelés *magnaneries* du nom de *magnan*, qui signifie *grand mangeur*, qu'on donne au ver à soie dans le midi.

Une température convenable et la pureté de l'air sont deux conditions essentielles aux magnaneries, l'humidité leur est contraire. Il faut donc ménager, dans ces locaux, des courants d'air continus sans abaisser la température.

Le ver reste à l'état de chenille de 30 à 35 jours et grossit sans cesse jusqu'à ce qu'il atteigne de 0^m08 à 0^m10. Il faut, pour favoriser cette rapidité de développement, une abondante nourriture qu'on renouvelle jusqu'à 12 fois en 24 heures.

C'est à l'époque des *mues* que l'appétit est insatiable : on dit alors que les vers ont la *fringale*.

Les vers subissent généralement quatre mues pendant lesquelles ils se revêtent de quatre enveloppes distinctes : chacune de ces crises dure environ 24 heures pendant lesquelles le ver tombe en léthargie ou *sommeil*. La crise passée, il reprend son activité, change de peau et retourne avidement aux feuilles.

Au quatrième changement le ver a une peau couleur blanc-grisâtre ; c'est à ce moment que s'élabore en lui le suc destiné à fournir la soie. Pendant les deux premières mues il ne mange que de la *pourrette* (mûrier de semis non greffé) hachée ; ensuite il reçoit la feuille du mûrier greffé, d'abord hachée, puis entière.

308. *Cabanage*. — Lorsque le ver à soie est prêt à faire sa coque ou cocon, son corps devient luisant ou transparent, son appétit s'arrête, désormais il ne mangera plus. On lui prépare de petites branches de genêts ou de bruyère sur lesquelles il monte et choisit sa place. C'est ce que les magnaniers nomment *cabanes*. Le ver pose en quelques points des fils de soie grossière appelés *bourre*, puis se plaçant au centre il continue à disposer régulièrement le fil fin et gommeux qui lui sort de la bouche. Il en forme une coque ovale de 0m 025 mill. de longueur à l'aide d'un fil unique (rarement interrompu) quelquefois long de 1,300 mètres.

Les cocons sont formés sept jours après que le ver s'est changé en *chrysalide* (première métamorphose). On les ramasse en tas, en ayant soin de poser à part, sur un clayon placé dans un lieu bien aéré, ceux qu'on garde pour la production. La chrysalide reste immobile dans le cocon et ressemble à une fève grisâtre, vingt jours après environ, la peau de la chrysalide se brise ; le papillon en sort, mais comme il est prisonnier dans le cocon, il cherche à le percer : il ramollit la soie avec une espèce de salive, puis il se fait passage. Le papillon pond pour l'année suivante,

La première chose à faire est d'empêcher que le cocon ne soit percé ; pour cela, on étouffe la chrysalide, c'est-à-dire, qu'on la tue sans la percer, pour éviter que le fil ne soit coupé en un grand nombre de points. On l'étouffe dans l'eau bouillante ou la vapeur, à partir de ce moment le cocon appartient à l'industrie.

Peu de produits sont plus rapidement et plus économiquement obtenus que ceux du ver à soie. L'industrie de la soie ne suffit pas à la consommation de la France, et malheureusement les vers à soie sont soumis à une affection redoutable qu'on appelle la *muscardine* et qui ruine les magnaniers.

Il y a quelques années encore on ne connaissait pour fabriquer la soie que le ver du mûrier; la société zoologique d'acclimatation a importé d'autres vers à soie, un, entre autres qui se nourrit du ricin, de la laitue et du saule. Les essais de ce nouveau ver à soie ne sont pas assez vulgarisés pour que nous en parlions.

Pisciculture

309. Grâce à de récentes et ingénieuses découvertes on est arrivé à faire, pour ainsi dire, l'éducation des poissons, ce qui constitue la *pisciculture*. On peut maintenant semer des œufs et des laitances de poissons, de manière à multiplier certaines espèces dans des eaux où elles n'avaient jamais paru. Cette industrie remonte à environ 25 ans : elle est due à deux pêcheurs des Vosges, Remy et Gehin. Un vaste établissement à Huningue (Haut-Rhin), et une succursale à Beauvais fournissent le frai de poisson à une grande partie de nos départements dont les fleuves, les rivières et les étangs se repeuplent avec des carpes, tanches, brochets, perches, bars, aloses, anguilles, truites, saumons, silures.

Ostréiculture

310. L'*ostréiculture* est l'art de multiplier les huîtres. C'est une industrie qui étend son domaine dans les parages de la Bretagne, de l'Aunis, de la Saintonge, etc. : repeuple les parages qui manquaient de ce mollusque et leur permet de rivaliser avec les bancs célèbres de Cancale, de Grandville, de Marennes, etc.

Résumé du Chapitre XXVIII

1. L'*abeille* donne un aliment aussi agréable que sain. Organisation d'une *ruche*. D'habitude, la ruche est en paille ou en osier. Elle a la forme d'un cône dont la base ouverte repose sur un plateau en pierre ou en bois. Mais une des meilleures ruches est celle inventée par le docteur Debeauvoys.

2. Le rûcher doit être placé dans une situation isolée non loin d'un filet d'eau vive. Organisation de la ruche. Une *larve* donne naissance à la *nymphe*, celle-ci à l'*abeille-mère* que soignent ses nourrices : particularité remarquable de la part des abeilles.

3. Recueillir l'*essaim* est un des soins principaux de l'apiculteur ; on reconnaît ce moment à l'agitation de l'abeille-mère et de toute la ruche dont la chaleur intérieure est alors de 32°. On recueille l'essaim dans une ruche préparée.

4. Quand les cellules sont remplies de miel, on enlève le gâteau de la ruche ; on le laisse égoûtter pour avoir le *miel vierge* : par l'expression, on obtient des miels de qualité inférieure. Les gâteaux fournissent la cire.

5. Le *ver à soie* sort d'un œuf qu'on applie *graine*. On élève les vers à soie dans des établissements particuliers qu'on appelle *magnaneries*, établissements où il faut établir des courants d'air continus sans abaisser la température.

Il faut augmenter la nourriture à l'époque des *mues*, car les vers ont, dans ces moments la *fringale* : Ils ont quatre *mues* pendant lesquelles ils tombent en *léthargie*. Pendant les deux premières mues il faut les nourrir avec de la *pourrette*, puis avec la feuille de mûrier greffé, d'abord hachiée, puis entière.

6. Quand le ver est prêt à faire son *cocon*, il ne mange plus, on le fait *cabaner*, c'est-à-dire qu'on lui prépare des branches de genêt où le ver pose des fils de soie grossière *(bourre)*, puis il file son cocon. Le cocon terminé, il faut empêcher qu'il ne soit percé, c'est pour cela qu'on l'étouffe, c'est-à-dire qu'on tue la chrysalide.

7. Les magnaneries sont affectées depuis quelques années d'une maladie terrible qu'on appelle la *muscardine*.

CHAPITRE XXIX

CAPITAUX AGRICOLES

> Dans la carrière agricole la matière
> est partout, le champ est immense, et
> partout manquent les sujets et les
> capitaux.
>
> MATHIEU DE DOMBASLE
>
> L'homme qui n'est pas doué de l'es-
> prit d'observation, quelque haute ca-
> pacité et quelque instruction qu'il
> possède d'ailleurs, ne sera jamais un
> habile cultivateur.
>
> MATHIEU DE DOMBASLE
>
> Tant vaut l'homme, tant vaut la terre.
> PROVERBE

Sommaire. — Capitaux agricoles — Fermier — Métayer — Propriétaire
— Achat ou location d'un domaine

311. Les *capitaux agricoles* sont l'avoir représenté par
des valeurs de diverses natures dont dispose l'agriculteur
pour l'exploitation de son industrie. Ces capitaux, sont, suivant M. Bella, 1° la terre rendue productive; 2° les animaux
domestiques et les outils; 3° les approvisionnements; 4° la
monnaie. Ce sont là les éléments principaux des capitaux
agricoles; sans eux le cultivateur ne pourrait rien faire :
plus ces capitaux sont abondants plus ils rendent de services
productifs. En même temps que ces capitaux produisent, ils
perdent de leur valeur par la consommation et finissent par
laisser un *déficit* si on les consomme plus qu'ils ne produisent.

La classification la plus naturelle des capitaux, c'est-à-dire
des forces productives du cultivateur, est de les grouper en :
1° capital de l'intelligence et du savoir; 2° capital matériel;
3° capital du temps.

Le capital de l'intelligence et du savoir est le plus important et forme la base des autres; c'est celui qui donne le
succès; sans habileté, sans expérience, il est impossible de

diriger une exploitation rurale. Guidons-nous pour connaître la valeur du capital intellectuel sur le proverbe qui est d'une exactitude rigoureuse « tant vaut l'homme, tant vaut la terre. » Le capital matériel, c'est l'argent ou le capital roulant, c'est le capital foncier qui comprend la propriété, le capital d'exploitation; après l'intelligence, la terre est la première richesse; après la terre viennent les outils, les instruments sans lesquels l'exploitation ne pourrait pas marcher, puis le numéraire employé à la solde des ouvriers ou au commerce journalier du cultivateur.

Le capital du temps ne peut être négligé; il faut nécessairement compter avec lui si l'on ne veut pas s'exposer à des déceptions.

312. Le Fermier est le cultivateur qui occupe le fonds d'autrui pendant un temps déterminé moyennant une redevance annuelle fixe. Il n'est pas propriétaire du sol, il l'exploite avec ses capitaux et à ses dépens : dès qu'il a payé sa rente il est libre de ses produits.

Le fermier, qui veut prendre un établissement, doit d'abord consulter les capitaux dont il dispose et ne pas prendre un domaine qui réclamerait plus de fonds qu'il n'en possède, car les insuccès proviennent le plus souvent de l'insuffisance des capitaux; différentes considérations doivent fixer l'attention du fermier; ainsi, par exemple, l'éloignement des champs, la facilité des communications avec les marchés, le capital d'exploitation, le prix de fermage, les dépenses et les recettes approximatives, les circonstances relatives à l'entrée en jouissance de la ferme. C'est faute de bien peser toutes ces considérations, que dicte toutefois le simple bon sens, que de nombreux fermiers ont fait et font tous les jours de mauvaises affaires. Il ne faut pas oublier que la culture, comme toute espèce de commerce, dépend de divers éléments qu'on néglige le plus souvent.

313. Le Métayer ou colon partiaire est aidé par le propriétaire : il exploite le sol avec les avances de celui-ci et partage avec lui le produit brut. Le métayer n'a donc pas besoin d'un capital d'exploitation aussi fort, il devient plus hardi puisqu'il est soutenu; quelques agronomes prétendent que le métayage est un mauvais moyen d'exploitation du sol parce que le métayer n'est pas intéressé aux améliorations foncières ; cependant on a vu des fermiers se ruiner, on ne voit jamais de métayers faire de mauvaises affaires.

Le métayage n'est donc pas mauvais pour le métayer, mais il peut l'être pour le propriétaire du domaine, c'est à celui-ci de se bien renseigner sur la valeur, l'intelligence et l'amontement de son métayer. Lorsqu'il traite avec lui il est essentiel qu'il juge par son bétail, s'il est un homme capable, entendu, ou paresseux ; par son matériel de culture, s'il a des ressources suffisantes pour bien conduire sa ferme, car le métayage est un contrat signé entre deux individus et il est essentiel de voir ce qu'apporte chacun d'eux : le propriétaire fournit sa terre, la moitié du capital d'exploitation, l'intelligence directrice ; le colon apporte ses bras, le matériel et l'autre moitié du capital d'exploitation. Ce mode de culture est employé dans le midi et dans le centre de la France, là où le capital agricole ne se trouve pas entre les mains d'une classe d'hommes, assez riches, assez instruits, pour cultiver seuls. Sans doute le fermier a une plus grande liberté d'allure et a ses intérêts à sauvegarder, mais le propriétaire ne trouve pas toujours un prix de location suffisant, c'est ce qui le force le plus souvent à introduire le métayage chez lui. Le métayage bien compris serait le mode le meilleur d'exploitation car il serait une véritable association ; dès que ce caractère n'existe plus le métayage lèse les intérêts de l'une des deux parties contractantes.

314. Propriétaire. — Lorsqu'un propriétaire fait l'achat d'un domaine, il a trois moyens de l'exploiter pour en tirer un revenu : 1° le fermage à prix d'argent ; 2° le métayage ; 3° le faire-valoir direct. Ces trois systèmes ont leurs avantages et leurs inconvénients. D'habitude, on admet que le fermage rapporte 25 francs par hectare, le métayage 40, le faire-valoir direct 30 : avec le fermage le propriétaire reçoit ses revenus sans avoir de souci de sa terre ; il reçoit à jours fixes, mais souvent le fermier, qui veut quitter sa terre à fin de bail par exemple, n'a aucun intérêt présent à améliorer une terre qui ne lui appartient pas et qu'il va quitter ; souvent encore s'il veut rester, il évite d'en augmenter le rapport par une plus abondante production du sol de peur d'obtenir une augmentation à fin de bail. En général, le fermier recule devant des avances de capitaux pour augmenter la valeur d'un fonds dont il n'est que le détenteur temporaire. Le fermage n'est avantageux pour le propriétaire et le fermier qu'à la condition d'un long bail et de certaines clauses qui puissent intéresser le bailleur et le preneur d'une ferme dans les améliorations foncières.

Le métayage, devenant une association, exige la présence du propriétaire au milieu du domaine, mais avec le loisir de faire des absences quand il en a besoin. Aussi est-il essentiel pour conserver au métayage son caractère d'association, que chaque partie contractante apporte la moitié du capital d'exploitation. Si le contrat est bien observé le métayage a l'avantage des deux autres systèmes sans en avoir les inconvénients.

Le faire-valoir direct exige que le propriétaire ait de l'instruction et des capitaux et qu'il soit toujours présent dans son domaine, attaché à la glèbe, il est généralement mal secondé; les gens de la ferme ne prennent généralement pas ses intérêts, et sa culture lui rapporte moins. Mais comme le sol lui appartient et qu'il doit par là même bénéficier des améliorations qu'il introduit, il ne recule pas devant des travaux généraux, et le propriétaire augmente ainsi la plus-value de son fonds sans augmenter le produit de ses récoltes.

315. Achat et location d'un domaine — Il est difficile de pouvoir donner des conseils pour l'achat et la location d'un domaine rural. Tant de considérations doivent guider le cultivateur qu'à peine pouvons-nous indiquer les principales circonstances à rechercher. La première de toutes les conditions pour exploiter une propriété rurale, c'est la question du climat et de salubrité. Si le domaine n'est pas assis dans un climat salubre et que l'on soit menacé, par les miasmes qui s'échappent du sol, de maladies périodiques, on peut être sous la crainte perpétuelle de ne pouvoir travailler, de ne pouvoir exploiter : or, sans le travail, pas de produits. Il faut aussi s'informer si le sous-sol est imperméable, car alors il peut souvent occasionner des frais de drainage, d'assainissement, que les capitaux disponibles ne permettent pas de faire fructueusement; de plus s'assurer si la grêle est fréquente dans la localité, si la prime payée aux compagnies d'assurances est élevée; si les maladies sur les bestiaux sont communes et ne menacent pas le cultivateur de pertes considérables. Il est utile de faire analyser ses terres, de se rendre compte si le terrain est mauvais ou seulement appauvri, si le sol se prête aux cultures que l'on a en vue, si le domaine est voisin d'un grand centre de consommation, si les débouchés sont à la portée, les prix de vente assurés, si les engrais fertilisants des villes sont d'un accès facile, si les chemins sont commodes. Le choix d'un domaine dépend encore du but que l'on se propose. Veut-on faire un simple placement? il faut une ferme facile à louer, d'un revenu sûr, alors on doit éviter les pays à métayage et les terres qui s'épuisent vite. Veut-on habiter un domaine ou le faire administrer par un régisseur? il y a intérêt à acheter dans les pays où la valeur du sol augmente de plus en plus, etc. L'achat ou la location d'un domaine est, comme on le voit, une question très-composée et qui doit attirer d'une manière spéciale toute l'attention du propriétaire ou du fermier.

Résumé du Chapitre XXIX

1. Les *capitaux* agricoles sont : 1° la terre rendue productive; 2° les animaux domestiques et les outils; 3° les approvisionnements; 4° la monnaie. On peut encore les grouper en : 1° capital de l'intelligence; 2° capital matériel; 3° capital du temps.

2. Le *fermier* est le cultivateur qui occupe le fonds d'autrui pendant un temps déterminé moyennant une redevance annuelle fixe.

Pour que le fermier ait des chances de réussite il faut qu'il ait des capitaux; il doit, en outre examiner, la proximité des champs, la facilité des communications avec les marchés, le capital d'exploitation, le prix de fermage, etc...

3. Le *métayer* ou colon partiaire est aidé par le propriétaire; il exploite le sol avec les avances de celui-ci, et partage avec lui le produit brut. Ce mode de culture est surtout employé dans le midi et le centre de la France.

4° Le faire-valoir direct par le propriétaire exige sa présence dans son domaine; mais le plus souvent il fait au sol qui lui appartient des améliorations qui augmentent la plus value du fonds sans augmenter le produit de ses récoltes. C'est un mauvais mode de culture en général au point de vue pécuniaire.

5° Dans l'achat ou la location d'un domaine il faut tout d'abord examiner la question du climat et de la salubrité. En général cet achat ou cette location forme une question très-complexe et qui mérite toute l'attention du propriétaire ou du fermier.

CHAPITRE XXX

ASSOLEMENT

Sommaire. — Assolement — Nécessité des assolements — Rotation — Jachère — Organisation des travaux agricoles.

316. Assolement. — Le mot *assolement* dérive du latin *solum ;* d'où l'on a fait *sole*, terme qui s'applique à toute culture en exploitation. *Assoler* veut donc dire diviser le terrain en *soles* destinées successivement à des cultures différentes. *Dessoler* veut dire changer la succession des cultures.

La science a démontré et la pratique confirme que chaque végétal emprunte ou laisse au sol des éléments qui ne permettent pas, en règle générale, la permanence de sa culture dans de bonnes conditions, sur un même terrain. La nature refuse de donner annuellement les mêmes produits ou ne les donne qu'avec une parcimonie croissante. On n'a pour s'en convaincre qu'à ensemencer pendant quelques années la même terre en blé, par exemple, et l'on ne tardera pas à voir les produits diminuer ; les récoltes précédentes ont enlevé à la terre les éléments ou une partie des éléments favorables à la végétation du blé ; tandis que si l'on fait suivre cette culture de quelques autres cultures pour revenir plus tard au blé, on verra que cette céréale donne plus de produits que si elle avait succédé à elle-même.

Au commencement du monde la terre produisait pour l'homme autant qu'il le voulait; il n'avait qu'à choisir des terres neuves, mais il lui fallut ensuite labourer et ajouter des engrais, puis laisser la terre se reposer. C'est pour éviter le repos de la terre que l'on a conçu l'idée des assolements, c'est-à-dire de l'alternance des cultures.

Ainsi donc, chaque plante épuise le sol d'une manière spéciale et la fertilité d'un terrain peut se prolonger plus ou moins longtemps, suivant l'ordre dans lequel on fait succéder les différentes cultures. Cette succession de cultures ou cette *rotation*, suivant le nom qu'on lui donne habituellement, forme tout le jeu des assolements.

Au moment de l'ouverture de la rotation, nous admettons que la terre est bien conditionnée et riche en matières fertilisantes. L'épuisement de ces matières fertilisantes, déterminé par certaines cultures, doit être réparé par des plantes qui, empruntant en partie à l'air leur nourriture, laissent par leurs détritus une portion d'engrais. De là cette première règle; il faut faire précéder et suivre les cultures *épuisantes* par d'autres cultures *améliorantes* propres à reposer le sol et à lui rendre sa fécondité; de ce premier principe découle naturellement cette seconde règle; qu'à une plante d'une certaine espèce il faut faire succéder une plante d'une autre espèce. Aussi, pour faciliter le choix des assolements, classe-t-on maintenant les plantes en plantes *épuisantes* et en plantes *améliorantes, fertilisantes* ou *reposantes*.

317. Plantes améliorantes. — Toutes celles qui doivent être fauchées avant la fructification et dont les racines, les fanes, les feuilles sont enfouies par les labours, les récoltes enterrées en vert, les plantes qui vivent plus aux dépens de l'atmosphère par leurs feuilles et leurs tiges, qu'aux dépens de la terre par leurs racines comme lupins, trèfles, sainfoin, luzerne, graminées vivaces, sarrazins, ruta-bagas, navets, choux, betteraves, etc.

318. Plantes épuisantes. — Toutes les plantes dont on laisse mûrir les graines, qui puisent dans le sol plus que dans l'air.

Colza, lin, chanvre, tabac, navette, pavot, œillette, cameline, etc.

319. Comme le but de l'assolement est d'obtenir le plus de récolte avec le moins possible d'engrais, on commence ordinairement l'assolement par une plante sarclée qui ameublit et nettoie le sol. On lui fait succéder une céréale de printemps, sur laquelle on met une prairie artificielle puis on sème une céréale d'hiver, etc. Mais n'oublions pas qu'un assolement varie suivant les ressources du cultivateur, suivant le sol et selon d'autres circonstances. Le cultivateur doit apporter toute son attention au choix et à l'adoption d'un assolement, car c'est dans ce choix de succession des végétaux que l'on trouve les moyens d'économiser la main-d'œuvre, d'ameublir la terre, d'obtenir le plus de produits possible avec le moins de dépenses. Nul sujet ne mérite une plus sérieuse attention.

L'assolement peut être biennal, triennal, quadriennal etc., suivant la possibilité ou l'utilité d'étendre ou de restreindre les limites de la rotation. Alors l'assolement se trouve partagé en autant de soles qu'il y a d'années; la condition essentielle d'un bon assolement est un long bail.

320. La Jachère est ce repos plus ou moins prolongé dans lequel on laisse la terre après une ou plusieurs récoltes consécutives. On a pensé longtemps qu'après le travail, la terre, comme les animaux, avait besoin de repos : c'est sur cette erreur qu'est fondée la jachère. En effet la terre n'est pas un être animé, ayant des appareils ou des rouages qui peuvent s'user; elle est composée d'éléments qu'il faut lui redonner quand elle les a perdus. La meilleure preuve, d'ailleurs, c'est qu'elle ne se repose pas et que la terre en *jachère* produit toujours, car c'est la mission de la terre de produire, elle produit de l'herbe, de mauvaises herbes et ne se repose pas, or, ces mauvaises herbes viennent à maturité, répandent leurs graines et salissent les récoltes suivantes.

Si donc, on a recours aux jachères, ce ne doit pas être pour laisser du repos à la terre : mieux vaut lui donner par les engrais et l'alternance des récoltes les éléments qu'elle a perdus. La question des jachères est depuis longtemps agitée; pour nous ce n'est pas une question de repos, mais bien une question de capital et de connaissances, le manque de fonds empêche le cultivateur de faire certaines récoltes, et lui fait préférer la jachère. Mais, depuis quelques années, l'agriculture se transforme et tend à faire disparaître cette habitude vicieuse aussi vieille que le monde.

321. Systèmes de culture. — On connaît quatre systèmes de culture : 1° la *culture pastorale mixte*, qui allie la culture des céréales aux pâturages ; cette culture s'emploie partout où le climat permet la production de l'herbe, où les habitudes du pays amènent les clôtures de haies vives ou de palissades (l'Anjou, la Vendée, le Limousin, le Bourbonnais, etc.) ; 2° la *culture céréale*, qui comprend l'*assolement biennal*, composé de deux soles de même étendue ; et l'*assolement triennal*, qui comprend : 1re année, jachère, 2° année, blé ou seigle, 3° année, avoine ou orge ; 3° la *culture fourragère* ou *culture alterne*, qui n'admet pas de jachère. Les assolements sont multiples dans ce cas ; 4° la *culture industrielle*, culture très-épuisante et qui réclame beaucoup d'engrais ; elle comprend les céréales, le lin, le chanvre, le colza, l'œillette, etc.

322. Organisation des travaux agricoles. — Le cultivateur, qui veut diriger convenablement une exploitation rurale, doit donner l'exemple de l'activité. Tous les jours il doit être le premier et le dernier sur pied dans la ferme ; il faut que sa surveillance s'exerce sur tout, qu'il s'assure que ses ordres sont exécutés, qu'il prévoie autant que possible les variations de la température, qu'il sache saisir l'instant favorable qui, une fois échappé, ne revient plus. Il doit avoir la connaissance de toute la partie mécanique de sa profession, savoir manier les instruments de labourage et de culture, connaître la conduite des animaux, l'hygiène, le régime convenable au bétail, les plantes cultivées, les soins et les façons qu'elles réclament.

Le cultivateur, et c'est là sa plus grande préoccupation, doit savoir surtout organiser les travaux de sa ferme. Une exploitation rurale, en effet, n'a pas un travail réglé d'avance comme une manufacture. Il faut qu'il varie ses ordres et ses travaux suivant la succession des saisons, suivant les variations quotidiennes du temps. Il doit être préparé à tout et savoir occuper son monde et par la pluie et par le beau temps. Nous nous dispenserons ici d'indiquer quelle doit être l'organisation que le cultivateur doit donner à ses travaux : cette organisation, nous ne saurions trop le répéter, dépend de trop de circonstances pour être soumise à une règle fixe; le temps, ce souverain maître, vient tout déranger, le climat, la nature des terres, les besoins d'argent quelquefois, le manque de bras, etc. sont autant de causes qui font déroger à la règle; mais, toutefois, si l'on désire avoir un guide dans cette organisation des travaux, les calendriers agricoles sont bons à consulter, ils donnent avec plus ou moins de développement la nomenclature des travaux à effectuer par mois, des façons à donner à la terre.

Résumé du Chapitre XXX

1. *Assoler* veut dire diviser le terrain en *soles* destinées à des cultures différentes; *dessoler*, c'est changer les successions des cultures. La théorie des *assolements* est fondée sur ce principe que chaque végétal emprunte ou laisse au sol des éléments qui ne permettent pas la permanence de sa culture dans de bonnes conditions sur le même terrain. C'est pour cela qu'on établit d'habitude une *rotation* ou succession de culture.

2. Il faut faire prédéder les cultures *épuisantes* par des cultures *améliorantes*; de plus, à une plante d'une certaine espèce il faut faire succéder une plante d'une autre espèce. Pour faciliter le choix des assolements on divise les plantes en plantes *épuisantes* qui sont toutes celles dont on laisse mûrir les graines et qui puisent dans le sol plus que dans l'air : colza, lin, chanvre, tabac, pavot, œillette, navette, cameline, etc..., et en plantes améliorantes qui sont celles qu'on fauche avant la fructification ou dont les racines et les fanes sont enfouies par le labour, les récoltes enterrées en vert, les trèfle, sainfoin, luzerne, graminées vivaces, sarrazin, lupin, etc.,

3. L'assolement commence d'habitude par une plante sarclée à laquelle on fait succéder une céréale de printemps, puis une prairie artificielle, puis une céréale d'hiver.

4. La *jachère* est le repos plus ou moins prolongé dans lequel on laisse la terre après une ou plusieurs récoltes. De nos jours une bonne culture n'adopte plus la jachère : la terre n'étant pas animée n'a pas besoin de repos.

5. Une bonne organisation des travaux agricoles est un des plus grands éléments de succés du cultivateur. Une exploitation rurale n'a pas en effet, un travail réglé d'avance; l'organisation varie selon les saisons, suivant les variations quotidiennes du temps. Aussi cette organisation doit être une des grandes préoccupations du cultivateur.

CHAPITRE XXXI

INFLUENCE DE DIVERSES CIRCONSTANCES SUR LES SYSTÈMES AGRICOLES

Une bonne administration est une condition indispensable du succès d'une exploitation, comme de la prospérité d'une fabrique.
DE GASPARIN.

Sommaire. — Circonstances qui influent sur les systèmes agricoles —
Climat — Sol, etc — Début de l'entreprise — Comptabilité agricole

323. Nous ne saurions embrasser ici toutes les circonstances qui influent sur les systèmes agricoles, car les considérations dans lesquelles nous serions forcé d'entrer embras-
seraient l'agriculture entière.

Le *climat* excessif, chaud et froid, a pour principale ressource les troupeaux, et, quand ces troupeaux ne trouvent
plus à se nourrir par suite des rigueurs de la saison, les bois
seuls assurent leur subsistance, aussi les forêts deviennent
un des éléments essentiels de l'exploitation dans le sud en
été, en hiver dans le nord; la vie nomade est encore une
autre source de nourriture du bétail.

Dans les climats très-tempérés et humides de l'ouest où le
bétail peut trouver sa pâture dans les mêmes herbages de la
vallée, on ajoute la culture des terres en pente pour la nourriture de l'homme. Si le pays jouit d'un climat tempéré
moyen comme la majeure partie de la France, c'est la culture arable qui l'emporte, en y associant les herbages au
fond des vallées.

Le terrain, sec et perméable, est sujet à souffrir de la sécheresse : il importe alors d'avoir des pâturages plantés dont
les feuilles suppléent à la nourriture des bestiaux, ou des
prairies au fond des vallées.

Si les terres sont fortes et humides, on recherche les pâturages sur les lieux élevés où ils seront meilleurs pendant la
saison pluvieuse.

La pente du terrain influe encore sur le genre de culture,
car si les communications sont difficiles, si le relief du sol
est trop accidenté on doit donner la préférence aux herbages.

aux prairies, aux bois. On voit par ces quelques considérations que nous ne faisons qu'effleurer combien les circonstances locales peuvent modifier la culture. C'est au cultivateur de se rendre compte de la pratique du pays, de juger par l'expérience d'autrui ce qui lui est possible de faire. C'est faute de se préoccuper de toutes ces considérations que de nombreux cultivateurs n'ont trouvé dans leurs exploitations que la ruine. Ils n'avaient eu d'autre guide que l'imprévoyance et la nature n'a pas répondu à leur attente et les a rigoureusement châtiés.

324. Début de l'entreprise. — Dès que le cultivateur commence son exploitation, la première chose qu'il ait à faire, c'est de s'enquérir des habitudes du pays de manière à ne pas trop s'écarter des dispositions généralement adoptées et de ne tenter d'innovation que lorsqu'il est sûr de la marche régulière de son exploitation. Il doit essayer d'abord de diminuer les frais généraux en cherchant à approprier sa culture au sol et au climat, en la divisant en parties plus ou moins grandes suivant le système qu'il adopte. S'il a des constructions à établir il doit les placer au centre des terrains qu'il doit cultiver de manière à faciliter la surveillance, à raccourcir la distance et à diminuer les frais de transport, puis, un de ses premiers soins est d'assoler son exploitation, c'est-à-dire, de la partager en soles destinées à ses divers produits suivant le but qu'il se propose. Dans ses différentes préoccupations, le cultivateur doit se laisser guider en grande partie par les débouchés qu'il rencontre autour de lui. C'est d'après ces débouchés qu'il entreprend la *culture intensive*, culture qui, en agissant sur les terres de plus grande valeur, obtient le maximum des produits ; la pénurie des débouchés le pousse, au contraire, à la culture *extensive*, cette culture, qui, agissant sur les terres d'une valeur locative peu élevée, se contente d'un faible produit. Mais, au début de l'entreprise, le soin le plus important du cultivateur est de tenir une comptabilité régulière qui, lui indiquant la marche de ses affaires, lui montre les économies qu'il doit faire, les cultures qui lui rapportent, celles qui sont infructueuses, etc.

325. Comptabilité agricole. — La comptabilité

bien tenue est le plus utile auxiliaire du commerce et du cultivateur. Malheureusement bien peu de cultivateurs se préoccupent des bonnes ou mauvaises opérations qu'ils ont faites; ils sont ruinés et ils ignorent la cause de leur ruine; à l'aide d'une comptabilité régulière ils auraient été prévenus en temps opportun et n'auraient pas marché en aveugles dans une carrière où l'on rencontre tant d'éléments de prospérité ou de ruine.

La comptabilité agricole se tient à l'aide : 1° du journal et du grand livre, qui sont les livres essentiels de tout commerce; 2° de livres auxiliaires qui sont le mémorial, le livre de caisse, le livre des consommations du ménage ou des animaux, des travaux, de la paye des services, de la laiterie, des entrées et des sorties, des matières et denrées en magasin. Au grand livre on ouvre des comptes au capital, au sol (jardin, vigne, bois, étangs), aux animaux (vacherie, bergerie, porcherie, écurie, etc.), aux industries diverses (féculeries, distilleries, etc.), pour pertes et profits et qu'on appelle *comptes de spéculation*; puis, on ouvre des comptes qu'on appelle *de vérification* : à la caisse, aux effets, aux débiteurs et aux créanciers, aux gerbers, aux fourrages, aux racines, graines, farines, bois, denrées en magasin, aux fumiers, etc.

A l'aide du grand livre et du journal le cultivateur connaît en détail ou en résumé l'historique complet de ses opérations pendant l'année; les autres livres ne font que concourir à la rédaction des premiers.

Le cultivateur, qui tient bien ses registres, suit les diverses transformations du capital et voit ses résultats comme bénéfices ou comme pertes, et les causes qui ont amené ces résultats. C'est donc pour lui un avertissement et un enseignement.

Résumé du Chapitre XXXI

1. Diverses circonstances influent sur les systèmes agricoles : un climat excessif, par exemple, a pour principale ressource les troupeaux et les forêts, et conduit à la vie nomade.

Un climat tempéré, moyen, réclame la culture arable. Si ce terrain est sujet à souffrir de la sécheresse il faut y suppléer par des pâturages plantés ; si les terres sont fortes et humides on recherche les pâturages sur les lieux secs : la pente des terrains influe aussi beaucoup sur le genre de culture, etc.....

2. Au début de l'entreprise le cultivateur doit s'enquérir des habitudes du pays pour ne pas trop s'en écarter, essayer de diminuer les frais généraux, placer les constructions au centre des terrains ; puis il doit assoler son exploitation, et, suivant les débouchés, il fait la culture *intensive* ou la culture *extensive*. Un de ses soins est aussi de tenir une comptabilité régulière.

3. La comptabilité agricole se tient à l'aide du journal et du grand-livre, du mémorial, du livre de caisse, du livre des consommations du ménage, des travaux, etc... Au grand livre on ouvre les comptes de *spéculation*, les comptes de *vérification*. Le cultivateur qui tient bien ses registres peut suivre les diverses transformations de son capital.

CHAPITRE XXXII

DIVISION DE L'HORTICULTURE EN TROIS PARTIES

L'orgueil anglais, la patience hollandaise, l'activité belge, le goût français, la paresse espagnole ont leur reflet dans les jardins.

MAISON RUSTIQUE.

Sommaire.— Division de l'horticulture en trois parties — Jardin fruitier — Jardin potager — Jardin d'agrément

326. Utilité de l'Horticulture. — *L'horticulture* est cette exploitation du sol qui se fait sur un espace assez peu étendu pour que le travail y soit complétement exécuté de main d'homme, si ce n'est dans des cas exceptionnels. Cette exploitation du sol a pour but la production des légumes, des fruits de table et des fleurs. L'horticulture n'occupe qu'une assez faible partie de notre territoire et ne peut assurément être comparée, sous le rapport de son importance, à l'agriculture qui crée le pain, la viande et les vêtements, mais elle n'en conserve pas moins un haut degré d'utilité et doit être considérée comme prenant une très-large part dans la richesse publique. C'est l'horticulture qui donne à l'alimentation une variation toujours utile dans l'économie animale, qui couvre la table des riches et des pauvres de ces fruits savoureux, de ces légumes excellents et salubres que chaque saison nous apporte.

L'amélioration de l'horticulture et sa propagation dans les campagnes, où elle est malheureusement négligée, sont d'un immense avantage soit pour le petit propriétaire ou l'ouvrier, soit pour le riche fermier ou l'opulent capitaliste. Cette industrie offre des ressources immenses : aux pauvres les légumes essentiels, aux riches les fruits les plus rares, les légumes les plus exquis.

Dans les villages, on pourrait avoir des légumes et des fruits en abondance, mais on semble dédaigner la culture de ces produits alimentaires. Le cultivateur paraît ignorer qu'aucune partie de sa ferme ne lui rapportera relativement le même bénéfice net que son jardin; là il peut donner son attention et sa surveillance, car son jardin n'est pas aussi éloigné que ses terres.

Le soin des jardins ruraux ne pourrait que produire le plus grand bien pour la prospérité publique et nous n'entendons pas, par les soins, l'amélioration seulement apportée aux procédés de culture, mais encore un choix judicieux dans les espèces, basé sur l'expérience, selon le sol et le climat, selon le voisinage ou l'absence des débouchés. Le cultivateur doit faire une étude comparative des diverses espèces ou variétés dans les mêmes conditions, pour se rendre compte de la valeur particulière et relative de chaque végétal.

Le jardinage remonte, d'ailleurs, aux époques les plus reculées, comme nous l'indiquent les jardins suspendus de Sémiramis en honneur dans tout l'univers. Depuis une vingtaine d'années surtout une tranformation s'opère dans l'horticulture et le temps ne sera pas éloigné, nous l'espérons, où le jardin de la ferme deviendra le champ d'essai de l'agriculture et offrira la même tenue et les mêmes soins que le jardin plus élégant mais moins productif de la ville.

327. Division de l'horticulture — L'horticulture, envisagée dans son ensemble, peut se diviser en trois parties principales et bien distinctes quant au but qu'elles se proposent : chacune de ces branches devient une spécialité.

Il y a le *jardinage maraîcher ou potager* dont l'objet est la production des légumes, ainsi nommé des *marais* que, dans les siècles passés, les horticulteurs de Paris convertirent en jardins. Au XIIe siècle les terrains des environs de Paris se divisaient en *coultures* (culture), ou *courtilles* (petite culture) et les jardiniers appelés *courtilliers ou maraîchers* devaient approvisionner la ville de légumes. Cette horticulture maraîchère forme le *jardinage* proprement dit.

Après la production des légumes, l'horticulture a pour but la production des fruits, d'où le *jardinage fruitier* ou l'*arboriculture*, la culture des arbres fruitiers, ou arbres donnant des fruits à pépin et à noyau; enfin l'horticulture a en vue l'agrément plutôt que l'utilité et, dans ce cas, l'horticulture devient la *floriculture*, l'art de cultiver les fleurs, de soigner les serres, etc.

Chacune de ces trois grandes divisions peut se subdiviser en de nombreuses catégories, en viticulture, sylviculture en jardinage paysager, etc. suivant le but spécial qu'elle se propose. Généralement les trois divisions de *jardin fruitier*, de *jardin potager*, de *jardin d'agrément* comprennent toute l'horticulture habituelle.

Le goût français, ce goût qui quelquefois fait les artistes, se rencontre partout dans les jardins de la France, et surtout dans les jardins d'agrément; c'est lui qui régularise et sait coordonner les carrés et planches des légumes, qui donne aux arbres des potagers ces formes que chacun admire, aux allées et aux massifs ces perfections et ces effets de lumière que vous ne trouvez en aucun autre pays.

Résumé du Chapitre XXXII

1. *L'horticulture* est cette exploitation du sol qui se fait sur un espace assez peu étendu pour que le travail y soit entièrement exécuté par la main d'homme; si ce n'est dans des cas exceptionnels. L'horticulture, en outre des produits qu'elle livre à l'alimentation, est une préparation à l'agriculture.

L'horticulture, envisagée dans son ensemble, se divise en trois parties principales :

1° le *jardinage maraicher* ou *potager* qui forme le jardinage proprement dit;

2° Le *jardinage fruitier* ou *l'arboriculture*;

3° La *floriculture*, l'art de cultiver les fleurs.

Chacune de ces trois grandes divisions peut se subdiviser encore, en viticulture, sylviculture, jardinage paysager, etc.

CHAPITRE XXXIII

JARDIN FRUITIER

Toute bonne terre à blé donne
aussi de bons fruits.

PROVERBE

Sommaire. — Distribution du jardin fruitier — Groupement des espèces —
Verger

328. Nous n'avons pas à entrer dans les nombreux développements que nécessiterait le jardin du propriétaire ou de l'amateur qui peut introduire toutes les améliorations de l'horticulture moderne, nous ne nous occupons que du jardin de la ferme.

Il est rare que ce jardin soit partagé en jardin fruitier, jardin potager et jardin d'ornement. Généralement il comprend des carrés dans lesquels on cultive des légumes, des plates-bandes où les arbres s'élèvent, où les fleurs croissent, des murs contre lesquels s'adossent des espaliers. Il embrasse d'habitude les trois jardins dans son ensemble; c'est là, il faut l'avouer, une méthode vicieuse; les arbres nuisent, par leur ombre, aux légumes et aux fleurs; par leurs racines, ils épuisent la terre et restreignent les proportions que devraient atteindre ces légumes et ces fleurs; les soins que réclament les légumes ne sont pas les mêmes que ceux qu'exige la culture des arbres et ceux-ci n'étant pas groupés par espèces, le jardinier, pour les soigner, perd ses pas et son temps à parcourir tous les points d'un grand espace sur lequel ils sont éparpillés; avec le groupement des espèces, au temps des fruits, la récolte se fera sans embarras et à propos. Cependant, malgré ces inconvénients, le cultivateur s'habituera difficilement à consacrer à chacune de ses cultures un terrain spécial; il désire avoir tout sous la main et enclore de murs le jardin qui renferme ses richesses; il utilise ses murs, il les couvre d'arbres fruitiers.

Dans un jardin fruitier, ainsi associé au potager, nous

n'avons que peu de conseils à donner. La taille de chacune des espèces fruitières a été traitée dans un des chapitres précédents, soit qu'ils s'élèvent en pyramides ou quenouilles, soit qu'ils s'étalent en espaliers.

Recommandons seulement que les arbres à haute tige soient assez éloignés les uns des autres dans les plates-bandes pour ne pas se nuire entre eux, laisser l'air circuler entre leurs branches, le soleil mûrir leurs fruits, en même temps que leur ombre sera moins funeste aux cultures qui se trouvent à leur pied.

Souvent le cultivateur dispose de terrains libres avoisinant son habitation ou son jardin, il crée un *verger*, c'est-à-dire qu'il plante d'arbres fruitiers un clos qui sert en même temps d'herbage à ses bestiaux. Ce verger devient alors le véritable jardin fruitier de la ferme.

Le verger est pour le mieux quand il repose sur une bonne terre à blé contenant du calcaire ; si l'on a le choix du terrain, il ne faut pas négliger le sous-sol, car les arbres enfoncent profondément leurs racines en terre et il est important pour la qualité des produits, que le sous-sol soit bon et ne soit pas exposé à souffrir ni d'une trop grande humidité, ni d'une trop grande sécheresse.

On met au verger les arbres à fruit à noyaux et des arbres à pépins. On dispose généralement les arbres en quinconce à une dizaine de mètres l'un de l'autre. On plante, avec la précaution que nous avons indiquée, des arbres sortis de la pépinière et qu'on assujettit à l'aide de tuteurs et d'armatures pour les protéger contre les bestiaux. On laboure le pied des arbres à l'automne et on donne les soins de taille déjà indiqués.

Pour nous, nous n'aimons guère cette méthode qui consiste à distribuer les arbres fruitiers du verger en quinconce sur une prairie naturelle. Ils sont, dans de pareilles conditions, placés de la manière la plus désavantageuse pour eux et pour la prairie. Ainsi espacés, ces arbres s'élèvent moins qu'ils ne s'étendent, leurs branches finissent par se rapprocher, par ombrager la totalité du terrain sur lequel ils sont répandus isolément et également. L'herbe devient rare sous leur ombrage et moins savoureuse.

Mieux vaut grouper les arbres et que les groupes plus ou

moins forts soient espacés de manière à laisser entre eux de grandes clairières; l'ombre des groupes ne sera que passagère et l'herbe n'en subira la fraîcheur et l'humidité que par intervalles; elle recevra également les rayons du soleil de temps à autre sans en éprouver les ardeurs. Si l'herbe gagne à cette disposition elle est aussi avantageuse aux arbres qui sont préservés par ces groupes des froids tardifs du printemps, des brouillards malfaisants au moment de l'éclosion des fleurs, des vents violents de l'automne; ils s'élèvent et ne s'étendent pas, se fécondent mutuellement et prospèrent sans se nuire.

Cette méthode que nous recommandons forme malheureusement une innovation, une transformation, et nous avons lieu de craindre qu'elle ne soit pas de sitôt propagée, bien que Morel l'ait déjà recommandée au commencement de ce siècle.

Dans les plates-bandes du jardin potager, distinct du verger, on ne met généralement que des poiriers, des pommiers nains, des groseillers. Les poiriers s'élèvent en quenouilles ou pyramides, les pommiers se forment en petits buissons : les pruniers à la distance de 8 à 10 mètres, les seconds à 5 ou 6 mètres.

Presque toutes les espèces de poires, excepté le bon chrétien d'hiver, peuvent se cultiver en quenouilles ou en pyramides, mais les poires d'été et d'automne se trouvent très-bien de cette disposition.

Résumé du Chapitre XXXIII

1. Le *jardin fruitier* comprend généralement des carrés dans lesquels on cultive des légumes, des plates-bandes où les arbres s'élèvent, où les fleurs croissent, des murs contre lesquels s'adossent des espaliers. Cette disposition est défectueuse : il vaudrait mieux consacrer aux fruits un terrain spécial.

2. Il faut éloigner les arbres à haute tige de telle sorte que l'air puisse circuler; le *verger* doit reposer sur une bonne terre à blé contenant du calcaire : il ne faut pas négliger le sous-sol qui ne doit être ni trop humide ni trop sec, on met au verger les arbres à fruit à noyau et des arbres à pépins : on les dispose d'habitude en quinconce à une dizaine de mètres l'un de l'autre.

3. Il faut blâmer la disposition du verger en quinconce sur une prairie naturelle. Mieux vaut grouper les arbres et laisser entre les groupes de grandes clairières. L'herbe gagnera par cette disposition qui est des plus favorables pour les arbres fruitiers : ils sont ainsi préservés des froids tardifs, des brouillards malfaisants, des vents violents, ils s'élèvent sans s'étendre et se fécondent mutuellement.

CHAPITRE XXXIV

LE JARDIN POTAGER

Tel potager, telle ménagère.
PROVERBE

329. Le jardin potager est le vrai jardin de la ferme. C'est l'endroit où se cultivent les plantes dites *potagères*. L'objet principal du potager c'est de contribuer par ses produits en légumes et quelquefois en fruits à l'alimentation de la maison. Son étendue doit être proportionnée à l'exploitation et au personnel que l'on doit nourrir.

On n'est pas toujours libre de choisir le terrain et, le plus souvent, il faut le créer sur un sol non préparé, mal disposé; mais si l'on est maître du choix, il faut réserver au potager la meilleure terre et la meilleure exposition. Un soin qu'il ne faut pas omettre c'est de s'assurer de l'eau pour les arrosages dont ne peuvent se passer les légumes. Les eaux de pluies sont les meilleures, il est essentiel de les recueillir dans des citernes maçonnées; d'ailleurs, nous avons traité au chapitre des arrosages du choix de l'eau et nous n'avons plus à y revenir.

Un accessoire indispensable, c'est une bonne clôture qui défende le jardin contre les maraudeurs et les animaux domestiques.

Quand on aura fait choix du terrain et de l'exposition, il reste à labourer, à ameublir la terre, à lui donner des engrais et à la tenir bien nette de mauvaises herbes; puis il faut s'occuper de sa distribution et pour le coup d'œil et dans l'intérêt de la production. Comme il s'agit de l'utilité on sacrifie le luxe dans le potager, les allées sont étroites, le terrain est divisé en *plates-bandes* ou *planches uniformes* allant de l'est à l'ouest; les allées et les carrés doivent être proportionnés pour leur largeur à l'étendue totale du jardin. Supposons par exemple un terrain d'un demi hectare, on ferait huit divisions, dont quatre de chaque côté de l'allée principale vis-à-vis de l'entrée. D'autres allées subsisteront le long des murs et sépareront les carrés de manière à être perpendiculaires à l'allée principale qui peut avoir 2^m à 2^m 50, et les allées de séparation 1^m 25. Les plates-bandes autour des carrés peuvent avoir de 1^m 50 à 1^m 75 de large, c'est là que l'on place les arbres en buisson, en quenouille, en contre-espalier; elles sont entourées d'une ligne de bordure, buis, fraisier, thym, chicorée, oseille ou fleurs. Chaque carré est divisé en planches d'une largeur à peu près égale de 2^m 33 et entre chacune d'elles on fait un sentier de 0^m 33 centimètres afin de faciliter la culture des légumes. Si l'on peut établir un bassin on le fait circulaire au milieu du jardin.

Comme l'emploi des *couches* est un des moyens les plus puissants du jardinage pour obtenir, dans toutes les saisons, les productions qui ne viennent que dans l'une ou l'autre, on doit ménager un emplacement pour en établir.

Une exposition au midi, abritée des vents dominants, est une condition essentielle. Les couches ou lits alternatifs et plus ou moins épais de matières animales ou végétales acquérant par la fermentation une chaleur convenable, se divisent en *couches chaudes* en *couches tièdes* et en *couches sourdes* suivant leur degré de chaleur. Il est important de réserver à chacune de ces couches un emplacement convenable si on veut avoir des primeurs et obtenir pendant les froids des produits qu'on obtiendrait difficilement en pleine terre pendant la belle saison.

L'établissement d'une pépinière est encore un des soins importants du cultivateur.

A l'aide des pépinières on a l'avantage, lors de la transplantation, de placer les jeunes arbres dans des conditions analogues à celles où ils ont crû, et les racines ne sont pas détériorées.

De même qu'il est avantageux d'avoir une pépinière, il est très-important de consacrer un coin de son jardin aux porte-graines qui doivent donner les semences qu'on veut conserver.

Une amélioration encore très-utile est d'établir une serre ou tout au moins une bâche qui est une véritable serre économique pour pouvoir faire ses boutures et ses marcottes.

Nous ne pouvons indiquer les époques précises pour les

ensemencements des légumes il vaut mieux consulter l'époque de la végétation et la température de l'atmosphère que les dates du calendrier.

On cultive généralement comme *graines légumineuses*, les fèves, les haricots, les lentilles : comme *tubercules et racines*, les pommes de terre, les patates, les carottes, les navets, les topinambours, les salsifis, les scorzonères, les betteraves, les panais, les raves, les radis ; comme *légumes turbinés*, les oignons, les aulx, les échalottes, les ciboules, les poireaux : comme *légumes vivaces*, les asperges, les artichauts ; comme *cucurbitacées*, les melons, les concombres, les citrouilles, les aubergines ; comme *salades*, les mâches, les raiponces, les cressons, le pourpier, la laitue, la chicorée ; comme *herbages potagers*, l'oseille, l'arroche, la bette, le persil, le cerfeuil, l'ache, la bourrache, l'estragon ; comme *fournitures*, le fenouil, la pimprenelle, la sarriette, l'angélique, la tomate, le piment, la corne de cerf, la coriandre, le senevé ; comme plantes *aromatiques*, le basilic, l'absinthe, le thym, le romarin, la sauge, l'hysope, la lavande ; comme *petits fruits*, les groseillers, les cassis, les framboisiers, les fraisiers.

Le premier élément de succès est d'établir un assolement bien entendu ; d'habitude on commence par les légumes qui demandent une fumure bien copieuse, choux, artichauts, choux-fleurs ; on leur fait succéder les racines, carottes, oignons, navets, salsifis, qui n'aiment pas les fumures fraîches et on termine par les légumes à fruits secs qui réclament une terre épuisée d'engrais mais abondamment pourvue de potasse.

Il est intéressant pour les cultivateurs de réserver une place pour quelques plantes médicinales, qui rendent journellement des services signalés et dont on peut avoir besoin à chaque instant, comme la guimauve, la mauve, le lis, la violette, le bouillon-blanc, la bourrache, la réglisse, la camomille, la bardane, le cochléaria, la rhubarbe, etc.

Pour le coup d'œil, on réserve aussi presque toujours une place pour quelques fleurs qui viennent détruire la monotonie du potager et reposer les yeux par la variété des cultures.

Résumé du Chapitre XXXIV

1. Le *jardin potager* réclame la meilleure terre et la meilleure exposition : il est essentiel de s'assurer de l'eau pour les arrosages.

Les allées sont étroites et le terrain est divisé en planches *uniformes* allant de l'est à l'ouest.

2. Il faut réserver au midi, dans un endroit abrité des vents un terrain pour les *couches* qui sont essentielles pour le potager.

3. Il est utile d'établir une pépinière dans un endroit convenable du jardin, et de consacrer une place pour les porte-graines. Ce serait une amélioration désirable que d'établir une serre ou tout au moins une bâche.

4. Le premier soin du cultivateur dans le potager est d'établir un assolement bien entendu : il est intéressant pour lui de cultiver aussi certaines plantes médicinales utiles pour lui ou pour ses bestiaux.

CHAPITRE XXXV

JARDIN D'AGRÉMENT OU FLEURISTE OU PAYSAGER

> Le jardin d'agrément n'exclut
> pas l'utile, pourvu que le goût ait
> présidé à la formation du jardin.
> LOUDON

Sommaire. — Jardin d'agrément — Règles à suivre pour le tracé —
Parterre — Orangerie — Serres

330. Nous avons, dans les deux chapitres précédents,
sacrifié l'agréable à l'utile. C'est le contraire dans les jardins
fleuristes, tout est disposé pour le plaisir des yeux : on y
cultive les plantes pour leur beauté, l'éclat de leurs couleurs,
leurs parfums ou leur bizarrerie. Ici l'horticulture ne devient
plus seulement une science, elle est encore un art, il faut
sans doute savoir cultiver les plantes, mais encore les distribuer avec goût dans les plates-bandes, les grouper en cor-
beilles de manière à varier et à harmoniser les couleurs, il
faut que les fleurs, les gazons, les massifs, les groupes
d'arbres, etc., concordent au même but, le plaisir des yeux.

Si le jardin est de petite dimension, il ne permet qu'en
petit l'introduction des arbustes et des grands arbres, il n'en
est pas de même dans les parcs, dans les vastes jardins vraiment paysagers. Là, on peut y associer, eaux vives, rochers,
bois, etc., etc.

Les règles, qui doivent guider le propriétaire, prêt à créer
un jardin où domine la culture des fleurs, sont : 1° d'abord
de profiter de ce que la nature a fait d'elle-même, accidents
de terrains, ruisseaux, etc., etc.; 2° de ne pas rendre le jardin trop touffu près des habitations, sans les découvrir toutefois; 3° d'agrandir la perspective de telle sorte que le jardin
paraisse plus grand qu'il n'est. Les allées ne doivent pas
être tracées symétriquement, c'est l'étendue du sol et la disposition du terrain qui doivent guider pour leur tracé.

Des plantations doivent masquer les aspects disgracieux ou insignifiants du dehors et dissimuler les clôtures. On doit au contraire, ménager des éclaircies vers les objets éloignés qui offrent un intérêt quelconque. c'est important de se réserver des percées, de ne faire des plantations que sur les bords, de les disposer en masses, en groupes, avec des ouvertures et quelques arbres isolés sur le devant.

On choisit pour le *parterre* un endroit bien découvert et protégé contre le vent par un rideau d'arbres. Le parterre se compose de planches ou plates-bandes et d'allées. Les planches ne doivent pas être trop larges de manière à gêner les arrosages. On cherche à faire de la bordure un ornement et un moyen de retenir les terres. Une des préoccupations essentielles du jardinier est de remplir ses plates-bandes des plantes qui fleurissent à des époques différentes, de manière à ce qu'une plante fleurisse quand la voisine se flétrit; le but du parterre est d'égayer les yeux par la vue des fleurs qui se succèdent continuellement; aussi le jardinier doit-il s'arranger pour que des fleurs ornent le parterre aussi bien quand la nature est engourdie par le froid que lorsque le printemps fait éclore les premières fleurs et épanouir le plus grand nombre. L'automne doit avoir aussi sa floraison et le parterre doit toujours briller d'un nouvel éclat.

Quant aux choix des fleurs, à l'harmonie des couleurs à conserver, nous renvoyons le lecteur aux ouvrages de Vilmorin et d'Alphand et surtout nous les engageons à prendre modèle sur les squares et jardins publics dont les heureuses transformations sont devenues une école publique d'horticulture et de goût exquis.

Il n'est point possible d'avoir les jouissances d'un jardin paysager sans des serres destinées à abriter les plantes qui ne peuvent vivre toute l'année sous notre climat. Là elles trouvent une température artificielle qui nous permet de nous approprier toutes les plantes du globe. Parmi les serres, la plus nécessaire à coup sûr est l'*orangerie*, bâtiment seulement percé au midi de grandes fenêtres très-rapprochées qui laissent pénétrer la lumière et le soleil; puis arrive la *serre froide* qui reçoit la lumière de tous côtés, on ne lui donne de chaleur que ce qu'il faut pour éviter la gelée, après la serre froide il est essentiel de posséder une *serre tempérée* qui ait une chaleur constante de 15 à 20 degrés, abritant les plantes grasses ; et selon le degré de sa fortune, une serre chaude où règne une température de 30 degrés dans laquelle végètent les plantes tropicales.

Si l'on est assez favorisé pour avoir une très-vaste étendue de terrain, des bois, des prairies, des cours d'eau, des demeures rustiques, des troupeaux concourront à faire d'un jardin privé un véritable jardin paysager.

Résumé du Chapitre XXXV

1. Le *jardin fleuriste* demande à être distribué avec goût : le propriétaire doit d'abord profiter de ce que la nature a fait d'elle-même, puis ne pas rendre touffu le jardin près des habitations, et agrandir la perspective.

2. Les allées ne doivent pas être symétriques et des plantations doivent masquer les aspects disgracieux et dissimuler les clôtures.

3. Le *parterre* doit être placé dans un endroit découvert, bien que protégé contre les vents. Il doit toujours offrir des fleurs.

CHAPITRE XXXVI

> La mauvaise herbe croît vite si on ne l'étouffe
> de bonne heure.   PROVERBE

Sommaire. — Végétaux parasites des plantes de jardin — animaux
nuisibles — moyens de destruction

331. Les plantes des jardins, tout aussi bien que les plantes cultivées en plein champ, sont sujettes à divers genres d'altération ou de maladies qui ont pour cause l'invasion de végétaux parasites ou les attaques d'animaux nuisibles.

Nous allons indiquer les maladies qui attaquent communément deux plantes que chacun aime à cultiver, les rosiers et les œillets et qui proviennent de végétaux ou d'insectes nuisibles.

Le rosier est sujet à deux maladies, la *rouille* et le *blanc*; contre la rouille, il n'y a qu'un remède, c'est d'enlever de la plantation toutes les feuilles et tous les rameaux sur lesquels on découvrirait des taches jaunes ou rougeâtres ; il faudra les brûler et ne pas les enfouir en terre.

Le blanc qui attaque généralement la rose *géant des batailles* n'a guère de remède qui le guérisse, si ce n'est dès le début, le soufre en poudre; le meilleur parti à prendre, c'est, dès son apparition, de supprimer et de brûler les parties malades.

Quant aux pucerons on les écrase, on les enlève à la main, ou bien on les détruit avec une décoction de feuilles de tabac ou de tomate.

Œillet. L'œillet a pour ennemi une chenille qui ronge la nuit les boutons ; il faut les détruire à la main, la nuit en les cherchant avec une lanterne.

Le perce-oreille (*forficule*) nuit beaucoup aux œillets; on ne peut s'en débarrasser qu'en plaçant dans le treillage de l'espalier ou au pied des arbres, où ils se réfugient pour chercher la fraîcheur et l'humidité, des pots renversés qu'on soulève chaque jour; grâce à cette retraite qu'on leur offre, on peut en détruire une très-grande quantité.

Un autre insecte aussi dangereux, c'est un *thrips* noir, très-petit, dont les larves vivent dans le cœur des jeunes pousses; à l'aide du tabac à priser très-fin, on s'en débarrasse assez facilement.

Parmi les animaux nuisibles, nous n'avons aucun moyen particulier contre *le lapin*, *le loir*, *le rat*, *la souris*, *l'écureuil*, *le campagnol* et autres petits rongeurs qui occasionnent de nombreux dégâts. Tout le monde sait qu'il est difficile de s'en préserver même avec les piéges, les collets, la chasse au fusil; les *taupes*, utiles aux yeux de quelques naturalistes, sont généralement regardées comme nuisibles, les piéges et les taupiers en débarrassent; les oiseaux font des dégâts qu'ils compensent en détruisant les chenilles et les petits insectes; il faut seulement les écarter au moment de la maturité des grains ou des fruits par des épouvantails, mannequins, éperviers empaillés, miroirs suspendus.

Contre les *chenilles*, le remède le plus efficace est d'*écheniller* avec persévérance, enlever les nids en hiver et les brûler; il faut souvent visiter les plantes pour tâcher de prendre sur le fait ces affreux déprédateurs; les chenilles sont de tous les animaux nuisibles les plus terribles.

Résumé du Chapitre XXXVI

1. Les plantes des jardins, tout aussi bien que les plantes cultivées en plein champ, sont sujettes à divers genres d'altération et de maladies qui ont pour cause l'invasion des végétaux parasites ou les attaques des animaux nuisibles.

2. Le *rosier* est sujet à la *rouille* et au *blanc* ; contre la rouille il faut enlever et brûler les parties attaquées; contre le blanc, la fleur de soufre est le seul remède.

3. L'*œillet* a pour ennemi une chenille qui ronge le bouton, le forficule qui le perce, un thrips dont la larve dévore le cœur. Le tabac en poudre ou en infusion peut débarrasser cette plante de ces ennemis.

4. Les animaux nuisibles sont le *lapin*, le *loir*, le *rat*, la *souris*, le *campagnol*, l'*écureuil*. On ne peut les détruire que par la chasse, les collets et les piéges. Contre les *oiseaux* on a recours aux épouvantails, aux miroirs suspendus, etc.

5. Contre les *chenilles* le remède est l'échenillage. Il est d'autres insectes, tels que l'*alucite*, la *teigne*, le *hanneton*, qui font de grands dégâts. La recherche seule de ces animaux reste le moyen curatif.

L'eau de tabac détruit les *altises*; l'eau miellée les *guêpes*, l'huile les *courtillières*, les fumigations de tabac les *pucerons*.

6. La chasse minutieuse peut seule détruire les *limaces*, les *escargots*, mais un des meilleurs moyens de se débarrasser de ces animaux nuisibles c'est de propager et de respecter les animaux utiles destructeurs des premiers, tels que les hérissons, les musaraignes, les oiseaux de proie nocturnes, les hirondelles, les petits oiseaux du pays qui sont tous insectivores. Il faut donc respecter les nids, les oiseaux et les insectes qui nous rendent de grands services.

CHAPITRE XXXVII

LÉGISLATION RURALE

Etat de la propriété rurale. — Avant la Révolution de 1789, l'agriculture était grevée par les *droits seigneuriaux* que la féodalité avait créés. L'assemblée Constituante proclama que le territoire de la France, dans toute son étendue, est libre comme toutes les personnes qui l'habitent, que par conséquent toute propriété territoriale ne peut être sujette, envers les particuliers, qu'aux redevances et aux charges dont la convention n'est pas défendue par la loi, et envers la nation qu'aux contributions publiques établies par les assemblées délibérantes et aux sacrifices que réclame le bien général moyennant une juste et préalable indemnité.

Biens et usages ruraux. — D'après le code rural les propriétaires peuvent varier, à leur gré, la culture d'exploitation de leurs domaines, ensemencer à leur gré leurs récoltes, disposer de toutes les productions de leur propriété dans l'intérieur de l'Empire et au dehors. Ils ont la liberté d'avoir chez eux telle quantité et telle espèce de troupeaux qu'ils croient utiles à l'exploitation de leurs terres, et de les y faire pâturer exclusivement, sauf ce qui est réglé quant au parcours et à la vaine pâture : le droit de se clore et de se déclore appartient essentiellement à tout propriétaire. Chacun est libre également de faire sa récolte, quelle qu'elle soit, avec tout instrument et au moment qui lui plaît, pourvu qu'il ne cause aucun dommage aux propriétaires voisins. Il n'y a d'exception que pour les vignes non closes, dans les pays où le *ban de vendange* est en usage. Aucune autorité ne peut suspendre ou intervertir les travaux de la campagne dans les opérations de la semence et de la récolte.

Les autorités communales doivent pourvoir à faire serrer les récoltes d'un cultivateur absent, infirme ou accidentellement hors d'état de le faire lui-même et qui réclame ce secours. Il appartient aussi aux municipalités d'employer les moyens nécessaires pour favoriser la reproduction des animaux utiles, la destruction des animaux nuisibles, prévenir et arrêter les épizooties, etc.

Parcours et vaine pâture. — On appelle *vaine pâture* le droit réciproque des habitants d'une même commune de faire paître leurs troupeaux sur les terres les uns des autres ; le *parcours* est le même droit exercé non plus seulement entre les habitants d'une même commune, mais de commune à commune. C'est là une double servitude que le code rural a abolie partout où elle n'existait pas en vertu d'une loi ou coutume, d'un usage immémorial, ou d'un titre particulier. Là où elle existe, les propriétaires peuvent s'y soustraire par la *clôture* de leurs héritages. Si la vaine pâture existe entre particuliers d'après un titre, tout propriétaire peut s'y soustraire par le rachat : s'il n'existe pas de titre, par une simple clôture. Le droit de parcours et de vaine pâture ne peut jamais s'exercer sur les prairies artificielles : il ne peut avoir lieu partout ailleurs, qu'après la récolte. Quant au nombre de têtes de bétail que le propriétaire peut envoyer sur les terrains assujettis au parcours ou à la vaine pâture il est proportionné à l'étendue des terres lui appartenant, qui y sont soumises. Cependant tout chef de famille ayant son domicile dans la commune a le droit d'envoyer sur ces terrains au moins 6 bêtes à laine, et une vache avec son veau, quand même il n'aurait aucune parcelle de sol soumise à la jouissance commune.

Police rurale. — Il appartient aux gardes-champêtres, à la gendarmerie, aux commissaires de police et, dans les communes où il n'y a pas de commissaires de police, aux maires et adjoints de rechercher les délits ruraux et de les constater par des procès-verbaux. Les gardes-champêtres sont institués pour assurer les propriétés et veiller à la conservation des récoltes. Il doit y en avoir au moins un par commune rurale. Nommés par le Préfet sur la présentation du Maire, ils sont placés sous les ordres de ce dernier et payés par la commune. Ils peuvent être suspendus par les Maires et révoqués par le Préfet. Les particuliers peuvent aussi nommer leurs gardes, mais pour qu'ils aient un caractère public, leur nomination doit être approuvée par le Sous-Préfet, et ils doivent prêter serment devant le juge de paix.

Des animaux domestiques. — Tout propriétaire de bêtes à cornes, dont les animaux viennent à être atteints de maladie contagieuse, est tenu de faire la déclaration au maire qui doit, dans ce cas, prendre les mesures utiles pour empêcher la contagion de se répandre.

La destruction des animaux domestiques qui appartiennent à autrui, et les blessures qui leur sont faites sont punies des peines plus ou moins graves (emprisonnement d'un mois) suivant les cas. Les simples mauvais traitements exercés publiquement et abusivement soit par le propriétaire, soit par tout autre, sont punis d'amende et de prison.

Vices rédhibitoires. — La loi a déterminé pour les chevaux, ânes, mulets et pour les animaux des espèces bovine et ovine, les défauts cachés qui seraient réputés *vices rédhibitoires*, c'est-à-dire qui donneraient ouverture à une action en rescision (nullité) de la vente au profit de l'acheteur lésé. Cette action doit être intentée dans les trente jours de la livraison pour le cas de *fluxion périodique des yeux ou d'épilepsie*, dans les neuf jours pour les autres cas, plus les délais de distance. En outre, l'acheteur doit, dans les délais susdits, faire nommer, par le juge de paix du lieu où se trouve l'animal, des experts qui dressent procès-verbal.

Bornage. — Le droit de *bornage* dérive du droit de propriété : aussi la loi porte que « tout propriétaire peut obliger son voisin au bornage « de leurs propriétés contiguës, et comme cette délimitation d'héritage « est dans l'intérêt commun, la loi a voulu que le bornage se fît à frais « communs. » L'action de bornage est imprescriptible.

On entend par *borne* toute marque qui sert à désigner la ligne séparative de deux héritages. Le plus souvent ce sont des pierres plantées debout et enfoncées en terre aux confins des propriétés contiguës.

Comme preuve que ces bornes ont été placées dans ce but on met au pied des bornes des *garants ou témoins*, c'est-à-dire des tuileaux, du charbon, des morceaux de verre, en un mot ce qui indique la main d'homme.

Le bornage ou la reconnaissance des anciennes limites se fait à l'*amiable* si les deux voisins sont majeurs et d'accord; ils dressent un acte sous seing-privé en double ou le notaire rédige le procès-verbal authentique.

S'ils ne peuvent s'accorder, les bornes doivent être placées, en vertu d'un jugement, par des experts assermentés convenus entre les parties, ou nommés d'office par le juge. Chaque partie remet ses titres aux experts pour qu'ils puissent déterminer les endroits où les bornes doivent être placées.

Après la vérification des titres et le mesurage des terres on place les bornes, on dresse procès-verbal de l'opération, et, si le bornage est *judiciaire* les experts déposent leur rapport au greffe du tribunal qui statue conformément au Code de procédure civile.

L'enlèvement des bornes servant de séparation aux propriétés est puni d'un emprisonnement de 2 à 5 ans, et d'une amende de 16 à 500 fr.

Eaux. — Les sols inférieurs sont assujettis à recevoir les eaux qui découlent naturellement des fonds supérieurs : dans la partie inférieure, on ne peut rien faire qui en empêche la chute ; dans la partie supérieure, on ne peut rien faire qui en accélère la chute, sauf ce que réclame le danger imminent des inondations. Tout propriétaire qui a une source dans son fonds peut en user à volonté, sauf le droit que pourrait avoir acquis le propriétaire du fonds inférieur; il ne peut en détourner le cours si elle fournit l'eau nécessaire à une commune, à un village ou hameau. Cette servitude a pour raison l'intérêt public qui doit passer avant l'intérêt particulier. Le propriétaire dont le sol borde une eau courante, qui n'appartient pas au domaine public, peut s'en servir au passage pour l'irrigation de ses propriétés : si elle traverse sa propriété, il peut en user dans l'intervalle qu'elle y parcourt, sauf à la rendre à sa sortie à son cours ordinaire. En cas de contestation le tribunal doit concilier l'intérêt de la propriété avec celui de l'agriculture et observer les règlements sur les cours d'eaux. Tout propriétaire qui veut se servir pour l'irrigation de ses propriétés des eaux dont il a le droit de disposer peut, moyennant une indemnité équitable, obtenir le passage de ces eaux sur les fonds intermédiaires et la faculté d'appuyer sur la propriété du riverain opposé les ouvrages d'art nécessaires à sa prise d'eau : dans ce dernier cas, le riverain pourra obtenir l'usage commun du barrage à la condition de partager les frais d'établissement et d'entretien. Les propriétaires des fonds inférieurs devront, moyennant indemnités, recevoir les eaux qui s'écoulent ainsi des terrains arrosés. La faculté de passage sur les fonds intermédiaires pourra aussi être accordée au propriétaire d'un terrain submergé pour faire écouler les eaux nuisibles. Ces deux servitudes ne s'appliquent pas aux maisons, cours, enclos attenant aux habitations.

Mitoyenneté. — La *mitoyenneté* est la copropriété, par portions indivises, d'un objet intermédiaire servant de limite et de séparation à des propriétés contiguës. Ainsi, quand un mur est mitoyen chaque propriétaire a un droit égal et rival sur chacune des propriétés dont ce mur se compose. Chacun d'eux peut en tirer tous les avantages que le mur mitoyen peut lui procurer, à la condition de ne pas nuire au droit de l'autre propriétaire; ainsi il peut placer des poutres et des solives dans toute l'épaisseur du mur, à 0.054 près, le faire exhausser. On peut aussi acquérir, en tout temps, la mitoyenneté, moyennant indemnité. Un mur est reconnu mitoyen : 1° quand il a été construit à frais communs par deux propriétaires voisins; 2° quand l'un des propriétaires voisins a contraint l'autre à la construction d'un mur de séparation; 3° quand le mur étant construit par un propriétaire seul, l'autre en a acquis la mitoyenneté.

La mitoyenneté d'un mur n'est pas douteuse quand il existe un titre : à défaut de titre, il y a marque de non-mitoyenneté du mur : 1° lorsque la sommité du mur est droite et à plomb de son parement d'un côté et présente de l'autre un plan incliné : alors le mur jette son égout d'un seul côté, du côté où se trouve le plan incliné. 2° lorsqu'il n'y a que d'un *côté* un *chaperon* ou des *filets* : on appelle *chaperon* une espèce de toit placée au haut du mur, et filet la partie du chaperon qui déborde le mur pour prévenir les dégradations de la chute de l'eau; 3° lorsqu'il n'existe que d'un côté des *corbeaux* de pierre (pierres en saillies), destinées à supporter les poutres ou solives du bâtiment construit ou à construire.

Les charges de la mitoyenneté sont relatives à la réparation et à la reconstruction du mur : elles sont supportées par ceux entre lesquels le mur est mitoyen et proportionnellement au droit de chacun.

Quant aux fossés, la loi dit positivement : « tous fossés entre deux « héritages sont présumés mitoyens, s'il n'y a titre ou marque du « contraire. » Il y a marque de non mitoyenneté quand la levée ou le rejet de la terre se trouve d'un côté seulement du fossé. Le fossé est alors censé appartenir exclusivement à celui du côté duquel se trouve le rejet. Le fossé qui est mitoyen doit être entretenu à frais communs.

Tout propriétaire qui veut creuser un fossé pour clore sa propriété, doit laisser de son terrain, en accotement du voisin, une largeur égale à la profondeur qu'il veut donner à son fossé.

Toute haie qui sépare des héritages est réputée mitoyenne. Cette présomption de mitoyenneté cesse :

1° Lorsqu'un seul des héritages séparé par la haie est en *état de clôture*. Dans ce cas la haie est réputée être la propriété exclusive du propriétaire de l'héritage clôturé.

2° S'il existe un titre d'où l'on puisse tirer la preuve du contraire,

3° Lorsqu'il il y *possession suffisante*.

L'arbre qui se trouve dans une haie mitoyenne est lui-même mitoyen quand même il serait plus d'un côté que de l'autre, les propriétaires se partagent également son fruit lorsqu'il est sur pied, ses branches lorsqu'on l'émonde, son bois lorsqu'il est abattu.

Plantation. — Le droit de jouissance absolue de la chose entraîne le droit général d'y faire toutes les plantations qu'on juge utiles, pourvu qu'on respecte les droits d'autrui et l'intérêt public.

Un propriétaire peut établir un *mur* ou une *haie sèche* sur la dernière limite de son héritage, mais il n'en est pas de même des *arbres* et des *haies*. La loi a prescrit certaines distances qui doivent être laissées entre les plantations et la limite du terrain sur lequel on les fait. S'il s'agit d'*arbres de haute tige* la distance est de *deux mètres*, d'un *demi-mètre* pour les autres arbres et haies vives. Lorsque des arbres plantés à une distance moindre que celle qui est prescrite par la loi existent depuis moins de trente ans et sans titre, le propriétaire voisin peut exiger qu'ils soient abattus. La loi ajoute : « Celui sur la propriété duquel « avancent les branches des arbres du voisin peut contraindre celui-ci « à couper ses branches. » « Si ce sont des racines qui avancent sur son « héritage il a le droit de les couper lui-même. »

Droit de passage. — L'intérêt général ne permet point qu'un fonds reste nécessairement inculte et abandonné, c'est ce qui explique pourquoi le propriétaire dont le fonds n'a aucune issue sur la voie publique peut réclamer un passage sur les fonds de ses voisins, à la charge d'une indemnité proportionnée au dommage qu'il peut occasionner. L'établissement d'une servitude implique toujours la concession de tout ce qui est nécessaire pour en user. Ainsi, la servitude de puiser de l'eau à une fontaine d'autrui emporte implicitement le droit de passage : ce droit de passage n'est donc qu'un accessoire de la servitude : il ne lui survit pas si la servitude vient à s'éteindre. Il suit de là que le propriétaire du fonds dominant a le droit de faire, même sur le fonds servant, tous les ouvrages nécessaires pour l'exercice et la conservation de la servitude.

Du Drainage. — Tout propriétaire qui veut assainir son fonds par le drainage ou un autre mode d'assèchement, peut, moyennant une juste et préalable indemnité, en conduire les eaux, souterrainement ou à ciel ouvert, à travers les propriétés qui séparent ce fonds d'un cours d'eau ou de tout autre voie d'écoulement. Ne sont pas astreints à cette servitude les maisons, cours, enclos attenant aux habitations. Les propriétaires des fonds voisins ou traversés peuvent profiter, s'ils veulent faire assécher leurs propres terrains, des travaux faits ou à faire, en contribuant proportionnellement à leur établissement et à leur entretien.

Des associations peuvent s'établir, entre propriétaires, pour faire des des opérations de ce genre et ces associations peuvent être constituées en *syndicats* par arrêtés préfectoraux. Le juge de paix, est juge en premier ressort des contestations relatives aux opérations de drainage.

Pigeon. — Les pigeons des colombiers sont considérés comme immeubles par destination : Ainsi lorsque les pigeons de colombier passent dans un autre colombier, ils deviennent aussitôt la propriété du maître du nouveau gîte pourvu que la désertion ne soit pas le résultat d'une pratique frauduleuse.

La loi donne à chacun le droit de tuer les pigeons trouvés sur son terrain du moment où ils peuvent faire des dommages, sans pouvoir dans aucun cas s'approprier les animaux morts : il doit faire prévenir le propriétaire des animaux ; il en est du même des dindons et autres volailles.

Contraventions. — Les cultivateurs ont besoin de connaître les contraventions ou infractions à la loi dont ils ont l'occasion de se rendre coupables, même involontairement. Ainsi la loi punit la négligence de celui qui n'échenille pas ; l'imprudence de celui qui allume des feux dans les champs à moins de 100 mètres des maisons, édifices, bruyères, vergers, plantations, bois, meules, tas de fumier, paille, foin, fourrages, à peine d'une amende de 50 à 500 fr.

Parmi les faits punis par les lois il faut placer ceux qui portent atteinte aux champs, aux fruits et aux récoltes : ainsi il est défendu à ceux qui ne sont ni propriétaires, ni usufruitiers, ni locataires, ni fermiers, ne

jouissant d'un terrain ou d'un droit de passage d'entrer ou de passer sur
ce terrain ou sur une partie de ce terrain, s'il est *préparé ou ensemencé*, à peine d'une amende de 1 à 5 fr. Le même article punit de la
même peine ceux qui auront laissé passer leurs bestiaux ou leurs
bêtes de trait, de charge ou de monture sur le terrain d'autrui, avant
l'enlèvement des récoltes. Le délit devient plus grave si le terrain est
chargé de fruits ; la peine est alors de 6 fr. à 10 fr. La même peine est
prononcée contre ceux qui auraient fait ou laissé passer des bestiaux,
animaux de trait, de charge ou de monture, sur le terrain d'autrui
ensemencé ou chargé d'une récolte, en quelque saison que ce soit, ou
dans un bois taillis appartenant à autrui.

La loi ne punit pas seulement de peines de police l'intention coupable ; la simple négligence donne lieu à l'application de ces peines,
lors même qu'il n'en serait résulté aucun dommage pour la propriété
d'autrui.

Ainsi, le simple *abandon* de bestiaux sur le terrain d'autrui constitue un délit rural, et les dégâts que ces bestiaux laissés à l'abandon
feront sur les propriétés d'autrui seront payés par les personnes qui ont
la jouissance des bestiaux.

Le propriétaire qui éprouvera le dommage aura le droit de saisir les
bestiaux sous l'obligation de les faire conduire, dans les 24 heures, au
lieu de dépôt désigné par le maire. Si les bestiaux ne sont pas réclamés,
ou si le dommage n'a pas été payé dans la huitaine du jour du délit ; il
sera satisfait au dégât par la vente des bestiaux.

Le passage des bestiaux est le plus souvent l'exercice d'une servitude
légale dans les pays, par exemple, soumis au parcours et à la vaine
pâture, ou lorsque le fonds est enclavé. Alors le passage est de droit,
mais il y aurait délit si celui qui a droit d'user de ces servitudes aggra-
vait la position de l'héritage soumis à ce droit en ralentissant la marche
de ses troupeaux pour les faire pâturer.

La loi entoure d'une protection spéciale les objets que les cultivateurs laissent dans les champs pour continuer leurs travaux. Toute
rupture ou destruction d'ustensiles d'agriculture, de parcs et de bestiaux, etc., est puni d'un emprisonnement d'un mois à douze mois.

Le glanage donne à la classe pauvre la faculté de ramasser les épis
épars que les moissonneurs laissent échapper des gerbes, mais ce ne
peut être une occasion de dérober avec plus de facilité une partie des
récoltes. Le glanage et le râtelage ne s'exercent dans les champs que
lorsque la récolte a été entièrement enlevée : le glanage et le grapillage
ne sont permis que dans les champs ouverts ; ils sont défendus en tout
temps dans tout enclos rural.

Tels sont, en quelques mots, les faits essentiels à connaître de la législation rurale ; pour la faire connaître entièrement il faudrait, pour ainsi
dire, un traité spécial, mais il nous suffit d'attirer l'attention du cultivateur sur une législation qui le concerne spécialement et qu'il est dangereux de ne pas connaître.

CALENDRIER DU JARDINIER

Jardin Fruitier

Janvier. — Travaux de défoncement. Plantation des arbres. Taille des arbres à fruits à pépins précoces. Fabrication des paillassons et des treillages. Emoussage et chaulage des arbres. Coupe des greffes.

Février. — Plantation des arbres. Labour et fumure. Taille des fruits à noyau. Taille de la vigne. Provignage. Pose des abris.

Mars. — Fin de la plantation et de la taille. Greffe en fente. Semis d'amandes et de noyaux. Paillis. Labour de printemps. Echenillage.

Avril. — Ebourgeonnement. Pose de tuteurs. Arrosages en cas de hâle. Chasse aux limaçons. Greffe en couronne, en écusson, à œil poussant. Marcottage.

Mai. — Suppression des fruits superflus, des pousses inférieures de la greffe. Palissage. Ebourgeonnement de la vigne. Premiers pincements. Binages et sarclages des pépinières.

Juin. Suppression du bois inutile sur les arbres à noyau. Récolte des fruits rouges. Pincement des bourgeons et des branches gourmandes. Continuation de la greffe. Façon à la vigne. Deuxième suppression des fruits superflus. Seringuage des branches atteintes de pucerons, de tigre. Binage des plates-bandes. Greffe des rosiers. Ebourgeonnement de la vigne.

Juillet. — Enlèvement des ligatures des sujets greffés. Etayage des arbres surchargés de fruits. Arrosages. Commencement de la récolte des poires hâtives. Cassements en vert. Palissage des prolongements. Labours légers.

Août. — Continuation de l'écussonnage, du palissage. Récolte des fruits à noyau et à pépins. Derniers pincements. Derniers cassements en vert. Seringuages. Greffe herbacée et greffe de boutons à fruits. Ablation de feuilles pour avancer la maturité des fruits.

Septembre. — Continuation de la greffe. Retranchement des branches gourmandes. Emoussage, binage des pépinières. Cueillette des fruits.

Octobre. — Semis d'arbres fruitiers (excepté noix, châtaigniers, etc). Commencement des plantations. Préservation des raisins par mise en sacs. Cueillette des fruits de garde.

Novembre. — Pose des tuteurs. Commencement de la taille des vieux arbres à pépins, des pommiers et des poiriers en espaliers. Continuation des plantations. Préparation du sol. Défoncement. Chaulage. Labour des pépinières.

Décembre. — Continuation de la taille des plantations. Recherche des anneaux de chenilles. Labours. Fabrication des paillassons. Transport des terres.

Jardin Potager

Janvier. — Labours à la bêche. Fumure des carrés de légumes. Ouverture des fosses destinées à la plantation des asperges. Semis de pois hâtifs, Prince-Albert, Michaux, nain de Hollande, de fèves de marais, oignons, carottes, toupie de Hollande. Ces semis doivent être faits à l'abri du vent froid.

Bassinage des semis de carottes avant la levée de la graine, arrosage des carottes levées. En cas de pluie dégarnir les pieds d'artichauts.

Février. — Labour. Fumure. Semis de poireaux, ciboule, laitue, épinard, chicorée, panais sauvage, cresson alénois, persil, cerfeuil, pois hâtifs, fève de marais, lentille, oignons blancs, scorsonère, salsifis. Enlèvement des couvertures des artichauts. Plantation des pommes de terre.

Mars. — Continuation des semis de février. Semis de betteraves, radis, oseille, épinard, oignons, grande chicorée, pois mange-tout, de choux-fleurs, de chou de Milan, des Vertus, carotte, poirée, haricots, panais ; en pépinière, de choux d'York, Milan, choux-raves, asperges. Plantation d'oseille, ail, échalottes, griffes d'asperges, pommes de terre hâtives, fraisier, estragon, ciboule, échalote, des porte-graines de navets, de carottes, de betteraves, d'oignons. Débuttage des artichauts. Binage et fumure des asperges. Sarclages.

Avril. — Arrosages soir et matin. Continuation des semis de céleri, chicorée d'été, haricots, d'asperges, de carottes, pois, cornichons, concombres, potirons, tétragone, navet, cardon, persil, laitues, romaine, cerfeuil, radis, épinard, betterave, choux pommés et frisés, panais, salsifis. Transplantation des radis porte-graines. Binages fréquents. Œilletonnage des artichauts. Plantation des pommes de terre et d'asperges.

Mai. — Semis de pourpier, chicorée, raiponce, épinards, cardons, brocolis, navet hâtif, salsifis, chou, chou-fleur, pois, haricot, maïs, concombre pour cornichon, laitue. Repiquage des choux, laitues et betteraves, ciboule, estragon, poireau. Pincement des pois et fèves. Récoltes en oignons, champignons, choux-fleurs, pois, asperges. Binages, sarclages et arrosages. Éclaircie des semis trop drus. Plantation des patates. Mise en place des tomates et des melons. Nettoyage des planches de fraisiers.

Juin. — Continuation des semis de mai et semis de haricots suisses et flageolets, de pois, radis. Binage des pépinières. Pose de rames aux haricots et aux pois. Arrosages fréquents. Mise en place des légumes, semis en pépinières. récolte des porte-graine. Taille des melons.

Juillet. — Derniers semis de pois clamart. Semis et repiquage des choux d'York, de poireaux, de cardes, d'oignons, de scorsonères, de salsifis. Arrosements des melons. Torsion des tiges d'oignons à conserver. Récolte de l'ail et des échalotes. Buttage des céleris. Labours fréquents. Palissage des tomates.

Août. — Semis de fèves, de laitue d'hiver, choux-fleurs, chicorée frisée, escaroles, carottes, navets, mâches, oignons, persil, cresson, épinard, haricots flageolets, raiponce. Récolte des cornichons. Repiquage des fraisiers. Récolte des graines. Bassinage des cucurbitacées. Semis de fraisiers de Gaillon. Arrachage de pommes de terre hâtives.

Septembre. — Renouvellement des bordures de thym. Continuation de la récolte des semences, des graines d'oignons, poireaux, betteraves, concombres, haricots. Rentrée des concombres et des potirons. Repiquage de céleri. Plantation de fraisiers. Arrachage des pommes de terre. Plantation de choux d'hiver, échalotes, ail, rocambole, de chicorée. Semis de haricots flageolets, pois de clamart, *laitue de passion*, choux rouges, endives, petits radis, choux-fleurs, salades pour l'hiver.

Octobre. — Plantation d'œilletons, d'artichauts, de fraisiers, de porte-graines, de chicorée. Conservation pour l'hiver des artichauts, choux, choux-fleurs, salades, pommes de terre. Coupe des tiges d'asperges et plantation d'asperges. Semis de mâches, épinards, carottes, endives, pois Michaux, cerfeuil, radis. Repiquage des choux d'York et laitue-passion, et en ados, de l'oignon blanc. Labour des carrés vides. Fumure des terres pauvres.

Novembre. — Semis d'asperges, carottes, panais, pois Michaux. Buttage des artichauts et couverture pendant la gelée, des choux, choux-navets, céleri. Fumure des asperges, céleri, chicorée, escaroles, choux-fleurs. Mise en cave des betteraves, navets, salsifis, chicorées, etc., avant la gelée.

Décembre. — Couverture des choux. Défoncement des terrains libres. Battage et nettoyage des graines. Classement et étiquetage. Semis de romaines, de laitues, de radis.

Jardin d'Agrément

Janvier. — Taille des rosiers. Couverture de litière sèche pour œillet en temps de dégel. Abri sous des paillassons mobiles, du jeune plant d'auricules et de pensées. Couverture en paillis pour jacinthes. Arrosages modérés des plantes de terre, aération des serres.

Février. — Transplantation dans les plates-bandes des campanules, œillets de poëte, héliantes vivaces. Plantation de muguet. Semis de fleurs annuelles de pleine terre. Aération de temps à autre des plantes couvertes ou empaillées. Arrosages assez fréquents des plantes en fleurs dans les serres.

Mars. — Labour et engrais aux plates-bandes abritées. Plantation des plantes à fleurs précoces. Mise en place des griffes d'anémones et de renoncules. Renouvellement des bordures d'œillet-nain. Premier semis en place de plantes annuelles dans les plates-bandes. Pose de toiles aux serres pour éviter les coups de soleil trop vifs. Tonte des haies et arbustes.

Avril. — Semis et plantation des plantes annuelles d'ornement. Fauchaison du gazon. Cessation du feu dans l'orangerie et la serre tempérée. Sortir de la serre les plantes les moins délicates.

Mai. — Semis de renoncules et de fleurs annuelles. Mise en place des tubercules de dahlias. Semis de graines exotiques en serre.

Juin. — Multiplication par marcottes des œillets. Enlèvement des bulbes de tigridia, des oignons de tulipes et de jacinthes. Greffe des rosiers. Arrosements larges des orangers. Bouture des plantes qui aiment l'ombre, des plantes de serre.

Juillet. — Enlèvement des fleurs passées et grappes défleuries. Marcottage des œillets. Transplantation des asters, balsamines, tagetès élevées sur couche. Renouvellement des semis des plantes annuelles épuisées, zinnias, belle-de-nuit, de jour.

Août. — Mise en place des plantes bulbeuses de collection. Renouvellement de la serre pour jacinthes et tulipes. Marcottage des œillets. Récoltes des graines. Coupe des roses. Écussonnage des rosiers. Rempotage des plantes de serre et d'orangerie.

Septembre. — Pose des tuteurs des dahlias. Arrosages fréquents des semis de campanules, œillet de poëte. Rempotage en serre. Rentrée des plantes de serre chaude.

Octobre. — Enlèvement des plantes défleuries. Greffe des rosiers. Semis d'automne. Rentrée des orangers, grenadiers, lauriers-roses.

Novembre. — Recépage des rosiers du Bengale. Couverture en feuilles des souches délicates. Dédoublement des pieds trop vigoureux des asters, phlox, héliantes. Arrachage et rentrage des tubercules de dahlias. Bassinage des feuilles de camélias.

Décembre. — Taille des rosiers greffés sur églantier. Élagage, récépage. Empaillage des plantes et arbustes de terre de bruyère. Aération de l'orangerie.

CALENDRIER DU CULTIVATEUR

Janvier. — *Intérieur*. — Diminuer le grain aux chevaux qui ne sortent guère de l'écurie. Augmenter la ration du bœuf à l'engrais. Faire sortir les moutons chaque jour, excepté les moutons à l'engrais. Battre les grains, égrener le maïs. Remettre le matériel en état.

Extérieur. — Garantir le fruitier. Enterrer le fumier par labour. Labourer les terres destinées aux semailles de printemps. Transporter les fumiers et les épandre. Marner les terres. Récolter les topinambours. Émonder saules, peupliers, etc.

Février. — *Intérieur*. — Mêmes soins que précédemment. Mener les troupeaux au pâturage.

Extérieur. — Semer le blé vers la fin du mois, avoine, navet, etc. Provigner et planter les vignes, les mûriers. Semer les glands, les faines. Écheniller et émousser.

Mars. — *Intérieur*. — Terminer l'engraissement des bœufs par des rations en tourteaux et grains. Sevrer les porcelets.

Extérieur. — Semer dans les labours anciens. Herser les blés quand la terre est ressuyée. Semer l'avoine, l'orge, et dans les blés d'hiver, la luzerne, le trèfle, le sainfoin, la minette. Semer la garance, le lin, le tabac. Planter les topinambours. Enlever les souches des défrichés, enfouir les gazons, brûler les bruyères. Échalasser la vigne. Semer les arbres résineux.

Avril. — Herser les avoines qui ont deux feuilles. Reherser plus rarement les orges que les avoines, herser les topinambours, semer orges, choux, betteraves, maïs du 10 au 25, semer la luzerne dans une céréale. Planter les houblons après labour, fumure, hersage. Faucher le seigle semé en automne, le colza pour être donné aux bêtes à cornes. Labourer les olivettes.

Mai. — Envoyer le bétail au vert. Achever les labours. Herser les pommes de terre, les orges et les avoines de printemps. Sarcler les carottes, choux, topinambours, lin. Semer colza de printemps, la cameline, le chanvre, les haricots. Repiquer les plants de choux, betteraves et rutabagas. Récolter trèfle incarnat, vesce d'hiver, lentille d'automne.

Juin. — Donner aux chevaux et aux bêtes à cornes nourriture verte : livrer aux troupeaux vesces d'hiver, vieilles luzernes, vesces de mars. Tondre les moutons. Remuer les grains au grenier pour les débarrasser des charançons. Retourner les champs qui porteront le colza d'hiver. Biner et sarcler pommes de terre, betteraves, maïs, carottes, féverolles, haricots, tabac, choux-navets, choux-raves. Enfouir les récoltes. Engrais. Chauler champs et jachère. Semer sarrazin, navets, navette d'été, sainfoin, trèfle, luzerne. Transplanter choux, choux-navets, choux-raves, betteraves. Drainer les prairies marécageuses. Tailler les mûriers.

Juillet. — Nourrir les chevaux au fourrage sec. Faire monter les brebis. Envoyer les porcs au bois. Biner et sarcler. Semer le colza qui doit être repiqué après une céréale, le sarrazin, après une récolte commencée en vert. Récolter seigle, féverolle d'hiver, vesces d'hiver, pavot, fourrages hâtifs mélangés, le lin.

Août. — Donner le dernier labour de jachère. Déchaumer les terres. Labourer les terres pour colza, navets, navette. Fumer les terres. Semer colza, navette d'hiver, trèfle incarnat, spergule. Récolter le blé, l'épautre, les orges de printemps, l'avoine, les lentilles, le millet, le maïs, fourrage, le chanvre. Faire la seconde coupe du trèfle, le sainfoin, la troisième de luzerne. Récolter les olives, les amandes.

Septembre. — Trier les semences, les cribler, les chauler, les sulfater. Semer le blé s'il est possible. Semer le seigle et l'épeautre, l'orge, l'avoine d'hiver, vesce d'hiver, les féverolles d'hiver, les pois gris d'hiver. Repiquer les plantes semées en juin en pépinière, choux, colza, cardère. Arracher pommes de terre, couper maïs, arracher haricots, récolter sarrazin et colza de mars, quatrième coupe de luzerne, le houblon, le tabac.

Octobre. — Rentrer les moutons. Semer froment, épeautre. Arracher betteraves, carottes, panais. Chauler les prés. Faire la vendange. Récolter pommes et poires, olives, glands, faînes, semences d'arbres. Planter.

Novembre. — Porter le fumier et l'épandre sur les trèfles. Exécuter labour d'hiver. Finir les semailles. Récolter les navets, les raves, les turneps.

Décembre. — Faire l'inventaire. Réparer les greniers, magasins, outils. Enfouir les fumiers. Abriter les ruches. Faire les plantations d'arbres.

TABLE ANALYTIQUE DES MATIÈRES